PLANÈTE MÉTÉO

CLIMAT • PHÉNOMÈNES • PRÉVISIONS

Parragon

Bath · New York · Singapore · Hong Kong · Cologne · Delhi · Melbourne

Queen Street House
4 Queen Street
Bath, BA1 1HE
Royaume-Uni

Réalisation : InTexte, Toulouse
Traduction de l'anglais : Nicolas Blot

ISBN : 978-1-4075-2770-3

Imprimé en Chine
Printed in China

SOMMAIRE

Introduction

Pour la plupart d'entre nous, le temps n'est un problème qui mérite attention que lorsqu'il s'agit de décider, le matin, des vêtements que l'on va porter, ou peut-être lorsque l'on doit choisir une destination de vacances. Fait-il froid ou chaud ? Est-ce qu'il va pleuvoir ? En d'autres occasions, cela n'est pris en considération que lors d'un phénomène inhabituel – épisode caniculaire ou tempête, par exemple. Cependant, la météo est sans doute le plus courant des sujets de conversation, et ce dans de nombreuses sociétés. C'est de plus en plus ce caractère inhabituel des événements météorologiques qui nous pousse à nous y intéresser.

Si le capitaine Edward Smith avait compris que El Niño bouleversait la donne climatique, peut-être le *Titanic* aurait-il survécu à son voyage. En 1912 en effet, la planète était en proie à ce phénomène cyclique capable de griller les forêts pluviales et de faire verdoyer les déserts, responsable alors des vents du nord inhabituellement puissants qui poussèrent l'iceberg bien plus au sud qu'à l'habitude – les conséquences en furent fatales pour l'« insubmersible » paquebot.

La météorologie est une science jeune : on sait depuis deux siècles seulement que l'énergie solaire agit sur l'enveloppe atmosphérique de la Terre de telle sorte qu'elle produit les divers épisodes météorologiques et définit les différentes zones climatiques de la planète. Nous ne croyons plus, comme jadis les peuples dits « primitifs », que les orages, les arcs-en-ciel et autres phénomènes météo sont des présages envoyés par les divinités du ciel. Nous tentons de maîtriser le temps qu'il fait, d'exploiter les extraordinaires forces atmosphériques, et cependant nous sommes toujours à la merci des caprices climatologiques de la nature.

Cet ouvrage veut démystifier certains phénomènes, des halos aux ouragans, des parhélies aux tornades et aux orages supercellulaires. Il traite aussi du changement climatique actuel qui installe la géographie sous le feu des projecteurs du débat politique. Dans quelle mesure l'humanité est-elle responsable du fait que 19 des 20 années reconnues comme les plus chaudes soient intervenues depuis 1980 ? Même si les émissions de dioxyde de carbone étaient radicalement réduites, avons-nous déjà atteint le point de non-retour ?

Les températures planétaires ont connu des fluctuations au fil de l'histoire de la Terre (longue de 4,6 milliards d'années), et il est attesté que cinq vagues d'extinction massives d'espèces animales et végétales liées au climat se sont produites. On possède peu de certitudes, mais une chose est sûre : si le capitaine Smith entreprenait aujourd'hui son voyage, le *Titanic* traverserait sans encombre l'Atlantique : les eaux sont désormais trop chaudes pour que des icebergs surgissent

LES ZONES CLIMATIQUES

MÉTÉO ET CLIMAT

L'atmosphère est animée de mouvements permanents, et c'est cela qui donne la météo, ou « le temps qu'il fait » – ces termes désignant l'état de l'atmosphère, en un lieu et à un moment donnés. Ce temps qu'il fait est pris en compte comme relevant d'un phénomène à échelle réduite, en termes de superficie comme de temps chronologique. Les prévisions météo sont établies sur une base quotidienne pour un lieu donné.

Le climat, en revanche, est l'état général à plus long terme de l'atmosphère. Pour l'évaluer on prend en compte des moyennes à long terme sur un minimum de 30 ans, ce afin d'éliminer les effets d'événements « hors normes » et donc de donner une image plus nette de ce à quoi l'on doit s'attendre.

La météorologie, ou étude scientifique des phénomènes atmosphériques, s'est développée de manière très significative au cours des 50 années écoulées, mais nous possédons des données fiables portant sur au moins deux siècles. Des informations supplémentaires sont en outre disponibles, en provenance de diverses sources historiques ; elles sont actuellement étudiées dans le but de nous donner une image beaucoup plus nette du passé (ce qui pourrait nous aider non seulement à mieux comprendre ce passé, mais aussi à mieux prévoir l'avenir).

Les zones climatiques

Les conditions météorologiques moyennes en un lieu donné constituent le climat. Les plus importantes de ces conditions sont les températures mensuelles moyennes et les précipitations mensuelles moyennes. Le monde est divisé en régions en fonction de leur climat ; les contours de ces régions ne sont pas toujours nettement définis, un type de climat se fondant dans le type de climat voisin. On note en outre des différences d'une année à l'autre. Ainsi, les étés longs et chauds qui surviennent parfois dans le nord-ouest de l'Europe sont qualifiés de « type méditerranéen », car ils relèvent davantage de ce dernier climat.

Le philosophe grec Aristote (384-322 av. J.-C.) est le premier à avoir défini les zones climatiques. Il divisa le monde en trois zones (torride, tempérée et froide) en fonction de la hauteur du soleil. Les cartes actuelles distinguent bien plus de régions, selon des critères de latitude, d'altitude, de distance par rapport à l'océan, de températures et de précipitations. Les zones climatiques se déclinent en termes de latitude « tropicale » (chaude, sans saisons fondées sur les températures) de « moyenne latitude » (tempérée, cycle des saisons printemps-été-automne-hiver) et de « polaire » (froide, saisons marquées, longs hivers).

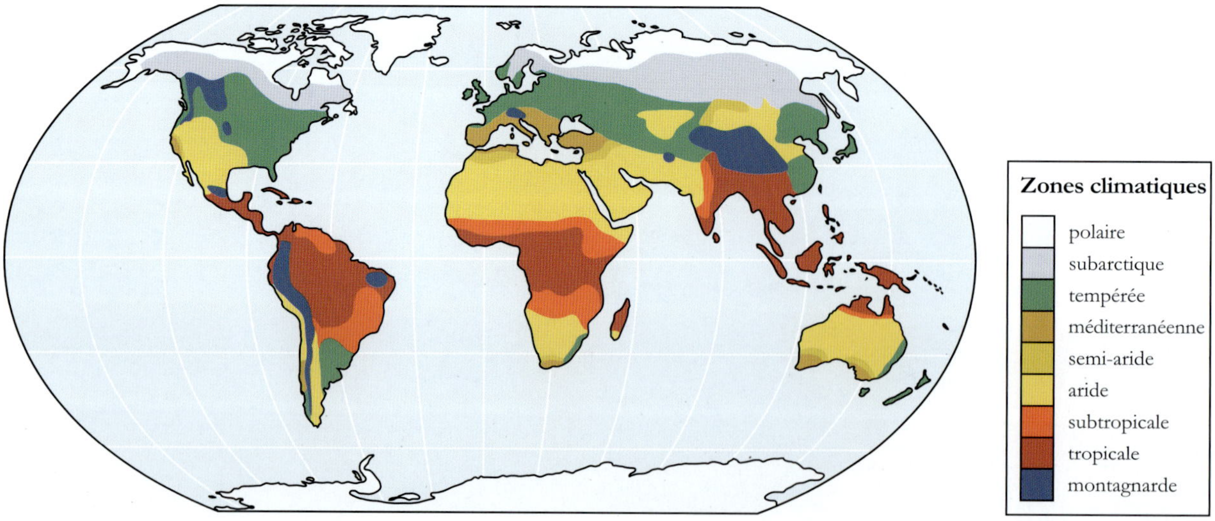

Ci-dessus : plage tropicale aux Seychelles. La république des Seychelles s'étend sur un archipel comptant plus de 100 îles tropicales de l'hémisphère austral (entre 4° et 10° de latitude sud), dans l'océan Indien. Dans ce paradis tropical, il est rare que les températures descendent au-dessous de 24 °C ou qu'elle s'élèvent au-dessus de 32 °C.

Ci-contre : plaques de glace dérivantes (ou floes) dans l'Antarctique. Les climats varient dans d'énormes proportions de par le monde, ce qui affecte le caractère de telle ou telle région, des plantes et des animaux qui y vivent, des hommes qui les peuplent et l'habitat de ces derniers. Aux abords de l'équateur le climat est chaud et le plus souvent humide. Les déserts sont arides, alors que les pôles sont pris toute l'année dans les glaces et les neiges.

Ci-dessus : la forêt pluviale se divise en quatre parties distinctes. La couche émergente comprend le petit nombre d'arbres (dits « émergents ») qui s'élèvent au-dessus de la canopée. Celle-ci, qui contient la majorité des grands arbres, recèle quelque 40 % de toutes les espèces végétales. Le sous-étage (ou étage dominé), où vivent de nombreux oiseaux, serpents et lézards, est l'espace compris entre la canopée et le sol de la forêt. Celui-ci, où la végétation est relativement peu abondante, est principalement constitué de matières organiques d'origine végétale et animale en décomposition (couverture morte ou litière).

Ci-dessus : les forêts pluviales abritent les deux tiers de toutes les espèces animales et végétales de la planète. Le singe-araignée laineux, hôte des forêts pluviales atlantiques du Brésil, est en danger du fait de la chasse et de la disparition de ses habitats.

Page ci-contre, en haut : sur la côte californienne, les étés sont généralement chauds, les hivers doux et humides. Les températures estivales dépassent parfois les 32 °C, et le smog pose alors divers problèmes. En hiver, les températures tombent à 12 °C en moyenne ; les pluies sont alors susceptibles de survenir.

Climat tropical

Les zones tropicales s'étendent entre les tropiques du Cancer et du Capricorne (latitude 23,5° N et S). C'est là seulement que le soleil passe au zénith et donc que les températures sont toujours élevées (hormis en altitude) et que les saisons ne sont marquées que par des changements de régime des vents et des pluies.

Ces conditions sont idéales pour la végétation, de sorte que les plus grandes forêts denses humides du monde sont situées à moins de 10° de l'équateur. Les plus connues sont celles de l'Amazone au Brésil, du bassin du Congo en Afrique centrale et des jungles de Malaisie, d'Indonésie, de Birmanie et du Viêt-nam.

Dans les forêts tropicales humides, il pleut chaque jour et une chaleur moite règne toute l'année. Il y fait sombre et humide sous des arbres qui s'élèvent à 60 m pour atteindre la lumière – il s'agit de la canopée. Sous ce couvert végétal croissent des arbres plus petits, des plantes grimpantes et autres lianes qui s'accrochent aux troncs et aux branches pour tenter elles aussi d'accéder à la lumière.

La structure étagée de la forêt pluviale procure différentes quantités de lumière du sol jusqu'au sommet, ce qui permet à des milliers d'espèces de plantes de prospérer et d'assurer la survie d'une immense diversité d'espèces animales (reptiles et mammifères, oiseaux et insectes...).

Climat subtropical

Les zones subtropicales sont situées immédiatement au nord et au sud des tropiques du Cancer et du Capricorne (entre les latitudes 23,5° et 35° N et S). Ces contrées connaissent des étés chauds à très chauds, mais des hivers sans caractère tropical. Sous un climat subtropical, la température ne descend pas au-dessous de 0 °C. Parmi les régions subtropicales, mentionnons le littoral californien, le sud de la Floride, le nord de l'Inde, le littoral australien, le Texas et le littoral sud-africain. En règle générale, on n'y distingue pas de saison humide ou sèche, les pluies tendant à se répartir également au long de l'année.

Ci-contre : l'acacia qui croît dans les déserts d'Afrique s'est doté de moyens de subsister sous les climats chauds et secs. Sous l'effet de l'évolution, ses feuilles se sont muées en de minuscules et nombreuses folioles qui s'orientent afin d'absorber le maximum de lumière ou de l'éviter pour réduire la transpiration.

Ci-dessous : dunes du désert du Namib, à Sossusvlei, en Namibie. Le désert du Namib connaît très peu de précipitations (moins de 10 mm par an), hormis lors de rares orages. La seule autre source d'humidité est la brume ou le brouillard d'advection. L'aridité de cette région est due à l'apport d'un air sec refroidi par le courant froid de Benguela circulant au long des côtes de Namibie.

Climat aride

Les régions désertiques et semi-désertiques chaudes occupent un cinquième des terres émergées. Les déserts sont des étendues sèches et dénudées recevant des précipitations annuelles inférieures à 250 mm. La gamme des températures y est étendue. Dans la journée, il peut faire plus de 50 °C mais l'air très sec retient peu la chaleur : dès que le soleil se couche, le désert se refroidit vite ; de plus, les cieux sans nuages favorisent l'évacuation nocturne de la chaleur.

La formation des déserts s'effectue de différentes façon, mais elle intervient toujours sous l'effet d'un manque d'eau. Les paysages désertiques présentent fréquemment des surfaces sableuses et rocheuses. On distingue trois types principaux : les déserts sableux (ergs), les déserts rocheux (hamadas) et les déserts pierreux (regs). Les déserts recèlent parfois des gisements minéraux de valeur, constitués dans cet environnement aride ou exposés par l'érosion. De par la sécheresse qui y règne, les déserts se prêtent idéalement à la conservation des fossiles et des objets façonnés par la main de l'homme.

Les déserts ont la réputation de ne pas permettre la vie, quand en fait ils abritent souvent une faune très diversifiée ; nombre de leurs occupants demeurent cachés dans la journée afin de maîtriser la température de leur organisme et de limiter leurs besoins en eau. Les – rares – averses ont pour effet de déclencher le cycle biologique d'insectes en dormance tels que les locustes, dont les œufs demeurent parfois des années durant enfouis dans le sable sec.

Climat semi-aride (prairies tempérées)

De vastes étendues herbeuses couvrent l'intérieur des continents de la zone tempérée, dans les régions où les précipitations ne sont pas assez abondantes pour que les arbres s'y développent et où le climat se caractérise par des étés chauds, des hivers froids ainsi que des précipitations annuelles comprises entre 250 et 500 mm de pluie (ou l'équivalent en neige). Les sols sont trop humides pour que l'on parle de désert, mais trop secs pour que des forêts s'y maintiennent. Parmi les noms donnés à ces étendues figurent ceux de prairie, de steppe et de pampa. Ces contrées peuvent être semi-désertiques, couvertes d'herbes et/ou de buissons et d'arbustes, selon la saison et la latitude.

La région de steppes la plus vaste du monde s'étend en Asie centrale (centre de la Russie et pays voisins), où elle s'étire sur quelque 3 000 km. Les pampas d'Argentine, d'Uruguay et du Brésil s'étendent pour leur part des contreforts des Andes jusqu'à l'Atlantique. Le veld de l'est de l'Afrique du Sud, proche de la mer, ne subit pas autant d'écarts de températures. Les prairies tempérées d'Australie occupent la majeure partie du bassin Murray-Darling. Autre steppe d'importance, qui ne laisse pas place à un désert : le Sertão, dans le nord-est du Brésil.

Les grandes plaines d'Amérique du Nord, qui comptent parmi les plus connues des prairies des zones tempérées, vont de la Prairie canadienne jusqu'aux abords du golfe du Mexique, et vers l'est jusqu'au sud des Grands Lacs. D'immenses troupeaux de pronghorns (*Antilocapra*) et de bisons sillonnaient ces prairies avant d'être décimés par les colons au XIXe siècle. Aujourd'hui, la majeure partie de ces terres sont emblavées.

Les prairies naturelles tendent actuellement à se raréfier : les deux tiers des grandes prairies du Canada et la moitié de celles des États-Unis ont été transformées en immenses exploitations céréalières (blé, avoine, orge et maïs) et il ne reste presque plus rien de la végétation originelle. La majeure partie du veld sud-africain a également été détruite.

En haut : le bison d'Amérique est le plus grand animal terrestre d'Amérique du Nord. Les bisons sont des bovidés qui se déplaçaient en imposants troupeaux dans les Grandes Plaines, vaste étendue de prairies et de steppes qui s'étend à l'est des Rocheuses aux États-Unis et au Canada.

Climat méditerranéen

Malgré son appellation, ce climat n'est pas seulement celui des pays méditerranéens. L'on trouve en effet des climats de type méditerranéen entre 30° et 40° de latitude (N et S), par exemple dans des régions des États-Unis, d'Afrique du Sud, d'Australie, du Chili, de l'Argentine et de l'île du Nord en Nouvelle-Zélande.

En été, des vents chauds et secs soufflent de l'équateur et apportent un temps sec. En hiver, les vents soufflent vers l'équateur, et des vents d'ouest apportent la pluie. Les étés sont chauds et les hivers assez doux pour que la végétation s'épanouisse. Les gelées et la neige sont rares, sinon dans les montagnes.

Dans le Bassin méditerranéen, la mer affecte le climat. En été, elle est plus fraîche que la terre, de sorte que l'air descend au-dessus de la mer et de ses alentours – il y a alors peu de pluie. À nuages rares, températures élevées. En hiver, la mer est moins froide que la terre, aussi les hivers sont-ils doux cependant que l'air maritime doux et humide apporte la pluie. Dans d'autres régions ayant ce climat, des courants océaniques froids exercent aussi leur influence.

Le climat méditerranéen se prête idéalement à la culture de nombreuses variétés de fruits, en particulier les melons, les agrumes et les raisins (nombre des régions mentionnées plus haut brillent dans le domaine de la viticulture). On y cultive l'olivier depuis des siècles : l'olive fournit son huile dans des contrées où il n'est pas aisé de produire du lait et du beurre. Les légumes prospèrent aussi ; il est souvent possible d'effectuer plusieurs récoltes par an, surtout là où l'irrigation vient suppléer aux maigres précipitations estivales. Autre activité majeure des régions au climat méditerranéen : le tourisme.

En haut, à gauche : le tourisme est devenu une industrie majeure dans de nombreuses régions du littoral méditerranéen. Les étés chauds et secs font de ces contrées des destinations de vacances privilégiées pour les Européens du Nord, avides de profiter des bienfaits du climat méditerranéen.

Ci-contre : la vigne aux longues racines et à la robuste écorce est bien adaptée au climat méditerranéen : de nombreux vignobles s'étendent dans ces régions.

Climat tempéré

Les régions tempérées de la planète s'étendent entre les tropiques et les cercles polaires – dans la zone des vents d'Ouest. Les changements entre été et hiver n'ont généralement rien de très extrême – l'on passe dans ces régions du tiède au frais plus que du torride au glacial. Un climat tempéré peut cependant connaître des variations imprévisibles : un jour le soleil brille, il pleut le lendemain, et le surlendemain le ciel est couvert... Ces changements erratiques du temps se produisent en été aussi bien qu'en hiver.

Les systèmes atmosphériques apportent tout au long de l'année des épisodes pluvieux qui pénètrent profondément à l'intérieur de continents tels que l'Europe (dépourvue de barrières montagneuse). Parmi les climats tempérés l'on compte ceux de régions de l'Europe septentrionale et centrale, de la Colombie-Britannique ainsi que les États de l'Oregon et de Washington en Amérique du Nord, du sud du Chili, de la Tasmanie et de l'île du Sud en Nouvelle-Zélande.

Dans les zones tempérées, la latitude et l'abri procuré ou non par des collines ou des montagnes exercent les effets les plus marqués sur les températures et les précipitations moyennes. Toutefois, toutes ces régions comprennent une saison de repos végétatif lors de laquelle la température est inférieure à 6 °C. Les conditions sont généralement favorables à l'épanouissement d'une faune et d'une flore abondantes ; par ailleurs, les quatre cinquièmes de la population de la planète vivent dans des zones tempérées.

En haut, à droite : Tsitsikamma, sur la côte sud de l'Afrique du Sud, jouit d'un climat tempéré maritime. Les précipitations annuelles y atteignent environ 1 200 mm, les mois les plus humides étant ceux de mai et d'octobre, les plus secs ceux de juin et juillet.

Ci-contre : les zones tempérées, caractérisées par la douceur du climat, l'abondance des précipitations et – généralement – la fertilité des sols, abritent une flore et une faune d'une grande diversité. Bien qu'elles ne représentent que 7 % environ des terres émergées de la planète, ces zones sont les plus propices à l'établissement des populations humaines : quelque 80 % des habitants de la planète y vivent.

Climat subarctique

Ce climat est propre à l'hémisphère nord, où les continents les plus vastes s'étendent jusqu'à l'Arctique. Les régions au climat subarctique se caractérisent par de longs hivers très froids et de brefs étés doux. Ce type de climat présente des variations de températures extrêmes (jusqu'à -40 °C en hiver et 30 °C en été). Les températures moyennes étant inférieures à 0 °C six ou sept mois consécutifs, toute l'humidité du sol et du sous-sol gèle sur des mètres et des mètres de profondeur. La saison sans gel est très courte, et la chaleur estivale est insuffisante pour assurer une fonte autre que superficielle, de sorte que le permafrost (ou pergélisol) s'étend sous d'immenses étendues de ces contrées.

La végétation associée au climat subarctique est presque entièrement constituée de conifères, qui survivent à des froids extrêmes et supportent fort bien la neige. La faune était naguère abondante – on comptait notamment de très nombreux cervidés, ours bruns et loups – mais les pratiques de chasse ont eu pour conséquence dans une période récente un net déclin des populations animales.

Ci-dessus : aux montagnes sont associés des climats particuliers. Plus on s'élève en altitude et plus les températures sont basses, en raison du fait que l'air est plus éloigné de la surface de la Terre.

Ci-dessous : six espèces de phoques vivent en Antarctique. Ces phoques crabiers vivent sur le rebord de la banquise ; nonobstant leur nom, ils se nourrissent principalement de krill. Les phoques sont des mammifères marins à la silhouette profilée, parfaitement adaptés à une existence dans les eaux froides de l'Antarctique (ils possèdent une épaisse couche de graisse et une fourrure dense).

Climat polaire

Le climat le plus rude prévaut à l'intérieur des cercles arctique et antarctique. Dans ces déserts de glace, un froid intense règne toute l'année. La température la plus basse enregistrée fut -89 °C à la station soviétique de Vostok, le 21 juillet 1983. Si les hautes pressions s'y maintiennent, de fortes dépressions apportent des épisodes neigeux, des vents puissants et des blizzards.

La région polaire de l'hémisphère austral comprend un continent presque recouvert de glace, entouré d'un océan partiellement couvert de glaces flottantes, même en été. Le climat est si rude que les hommes ne s'y sont jamais établis. Toutefois, des scientifiques y séjournent : plus de 40 stations fonctionnent toute l'année.

La région polaire boréale est un bassin océanique entouré de terres. La banquise recouvre une grande partie de l'océan Arctique. La neige disparaît en été dans les secteurs les moins glacials ; le sol rocheux est alors occupée par une végétation de toundra, c'est à dire d'herbes, de mousses et de lichens.

Ces régions n'ont pour occupants permanents que des phoques, des otaries et des manchots dans l'Antarctique, des ours blancs dans l'Arctique. On n'y pratique pas d'agriculture, mais la pêche se solde par des prises d'importance en été.

Ci-dessus : l'Antarctique est un continent isolé qui n'abrite plus d'animaux terrestres, mais une faune abondante occupe cependant la plate-forme antarctique. Plusieurs espèces de manchots vivent sur la glace au bord de la péninsule Antarctique ainsi que sur les plus gros des icebergs qui se détachent des masses de glace antarctiques. Pour supporter les conditions qui règnent en Antarctique, leur organisme est protégé par une épaisse couche de graisse et par un dense plumage parfaitement imperméable.

Climat montagnard

Les montagnes engendrent des climats distinctifs. Dans ces régions, les températures sont plus fraîches, les vents plus violents et les précipitations plus abondantes. Les précipitations prennent plus souvent la forme de neige. Présents à des latitudes diverses, les climats montagnards diffèrent les uns des autres : une montagne qui se dresse à l'équateur ne connaîtra pas les même conditions climatiques qu'une autre plus proche du pôle.

L'ATMOSPHÈRE : PHÉNOMÈNES PLANÉTAIRES

LES ACTEURS DU TEMPS

Le temps qu'il fait là où l'on se trouve à un instant donné découle d'un ensemble de facteurs liés entre eux. Certains de ces facteurs exercent leur influence à grande échelle, et affectent toutes les régions de la Terre. Ainsi de l'énergie des rayons du Soleil et de l'inclinaison de la Terre sur son axe, qui conditionnent les saisons ; ainsi également de la quantité de vapeur d'eau et d'autres gaz dans l'atmosphère, qui influent sur les températures au niveau planétaire. L'incidence des systèmes de hautes et basses pressions ainsi que celle des grands courants océaniques (qu'il soient permanents ou périodiques) revêtent une importance fondamentale dans l'établissement de tel ou tel climat, de telle ou telle situation météorologique.

D'autres facteurs, qui n'affectent que des régions réduites de la planète, ont une influence localisée : on dit parfois que ces effets s'exercent à mésoéchelle, voire à microéchelle. Tel est le cas de l'altitude (il fait d'autant plus froid et humide que l'on s'élève) ; des vents locaux, chauds comme les vents de Santa Ana californiens ou froids comme le mistral du Midi de la France ; de la nature rurale ou urbaine d'un secteur (les zones urbaines suscitent leurs propres microclimats). D'autres aspects locaux de la géographie, tels que les vallées ou les côtes, influent sur la météo locale : certaines vallées fluviales connaissent des brouillards fréquents ; il fait plus frais en été et plus doux en hiver dans les zones littorales – les vents, brises de terre et de mer, tendent à y soufflent davantage.

Outre les effets de l'environnement naturel, les facteurs anthropogéniques (liés aux activités des hommes) sont aujourd'hui causes d'une inquiétude croissante. Le retentissement médiatique de questions telles que le réchauffement planétaire nous rend plus conscients de l'impact que l'homme peut produire sur la météo et le climat.

Ci-dessus : un arc-en-ciel est susceptible de se dessiner chaque fois que des gouttes d'eau sont présentes dans l'air alors que le soleil brille derrière l'observateur.

Page ci-contre : coucher de soleil sur la cuvette inondée d'Etosha, en Namibie. Les coloris du couchant sont parfois exaltés par des phénomènes atmosphériques d'origine naturelle et/ou artificielle tels que nuages, fumées et smog, ainsi que par les cendres provenant d'éruptions volcaniques.

Ci-contre : l'éclair est une puissante et brutale décharge électrostatique naturelle produite lors d'un orage, qui s'accompagne de l'émission de lumière visible et d'autres formes de rayonnements électromagnétiques.

LE SOLEIL

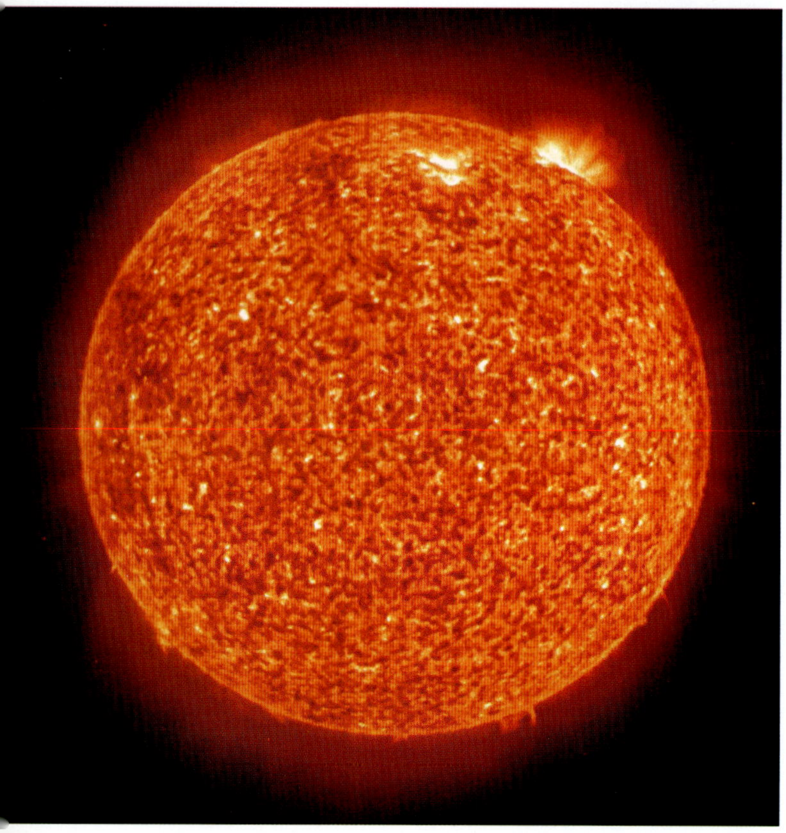

L'énergie solaire

Le Soleil fournit l'énergie qui fait fonctionner les systèmes atmosphériques de la Terre. Cette énergie provient des réactions thermonucléaires en son noyau, qui donnent des températures de surface de quelque 6 000 °C. L'énergie produite par ces réactions se déplace dans toutes les directions. Seule une petite part – vitale, cependant – en est captée par la Terre qui décrit son orbite autour du Soleil en 365,25 jours (le quart de jour étant « arrondi » tous les quatre ans, lors des années bissextiles). L'orbite terrestre est elliptique, de sorte que la distance de la Terre au Soleil connaît une variation atteignent 4 800 000 km.

Une proportion de quelque 46 % de l'énergie dégagée par le Soleil prend la forme de lumière ; une quantité équivalente prend celle de rayonnement infrarouge (de chaleur), et le reste celle d'ultraviolets (ces UV qui provoquent les « coups de soleil »).

Des éruptions solaires se produisent parfois et libèrent en quantités considérables de l'énergie supplémentaire ; elles auraient des effets temporaires significatifs sur notre atmosphère.

Ci-dessus : le Soleil est une gigantesque boule d'hydrogène, ionisé en plasma par les températures phénoménales dues à la fusion nucléaire régnant au cœur de l'astre. Cette fusion est déclenchée par la pression découlant de la masse du Soleil. Un soleil actif tend à éjecter du plasma de sa surface : son niveau d'activité varie en effet, avec un pic tous les 11 ans environ. La lumière et la chaleur du Soleil procurent directement ou indirectement la quasi-totalité de l'énergie nécessaire à la vie sur Terre, ce malgré les quelque 150 millions de km qui séparent l'étoile de notre planète.

Ci-contre : vue en coupe montrant les couches du Soleil. Dans le noyau, les atomes d'hydrogène, soumis à une fusion nucléaire, produisent de l'hélium et libèrent de l'énergie – la chaleur et la lumière. Cette énergie traverse sous forme de photons la zone radiaire puis traverse par convection la zone convective externe. La température à la surface du Soleil (photosphère) est d'environ 5 500 kelvins (K), soit 5 500 °C, à comparer aux 15 millions de degrés Celsius (autant de kelvins) qui règnent dans le noyau. Des champs magnétiques turbulents provoquent en surface des phénomènes tels que les taches sombres (zones plus froides) et les protubérances solaires (des éruptions de particules chargées, en haut à droite).

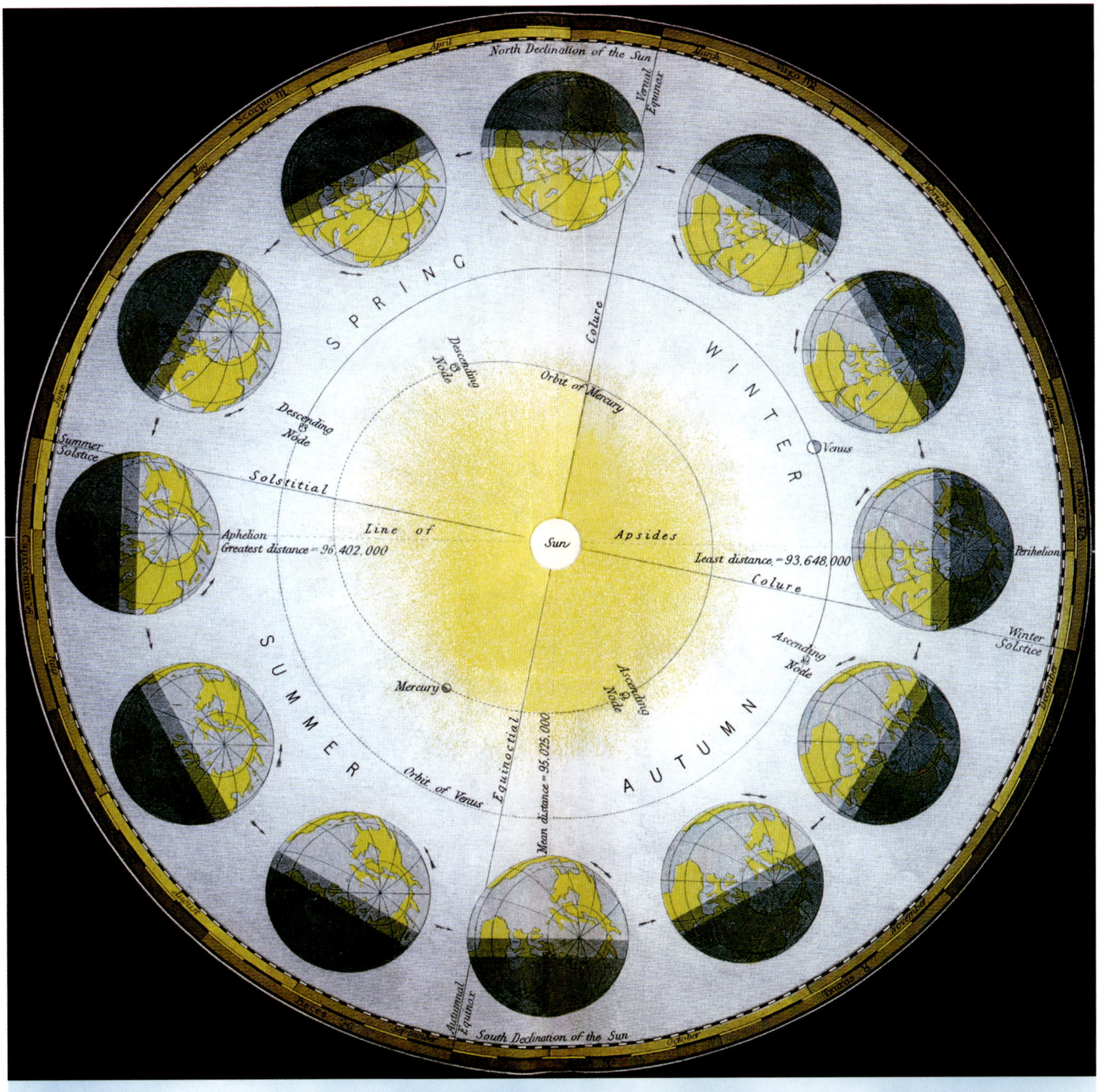

Ci-dessus : illustration historique montrant la révolution de la Terre autour du Soleil. Notre planète met environ 365 jours à décrire son orbite autour de l'astre diurne. Cette orbite n'est pas parfaitement circulaire, mais elliptique. De plus, la Terre est inclinée sur son axe de rotation, ce qui donne lieu aux saisons. Lorsque le pôle Nord est orienté à l'écart du Soleil, c'est l'hiver dans l'hémisphère nord, et lorsqu'il est orienté en direction de celui-ci, c'est l'été dans ce même hémisphère. Cette illustration est extraite de *The Popular Encyclopedia, Conversations Lexicon*, ouvrage publié à Londres par Blackie & Son vers 1879.

Les saisons

La Terre décrit un tour sur elle-même en 24 heures, ce qui définit un jour, ou plus exactement un nycthémère (1 jour + 1 nuit). Il faut 365,25 jours à la Terre pour accomplir une révolution autour du Soleil. La planète étant inclinée sur son axe – à 23,5° –, différentes parties du monde reçoivent différentes quantités de lumière à différentes époques de l'année. À l'équateur, on ne note que d'infimes variations dans la lumière reçue, dans les températures et dans la longueur du jour, il n'y a donc pas de saisons perceptibles.

Du fait de l'inclinaison de la Terre, lorsque celle-ci décrit son orbite autour du Soleil les hémisphères nord et sud sont plus ou moins orientés vers ou à l'écart du Soleil, qui paraît plus haut ou plus bas dans le ciel pendant des périodes plus longues ou plus courtes ; ses rayons frappent plus ou moins directement ou obliquement. Dans l'hémisphère nord, le jour le plus long, celui du solstice d'été, est le 21 juin – qui coïncide avec le solstice d'hiver, jour le plus court, dans l'hémisphère sud.

Dans les régions polaires et tempérées, l'année astronomique est divisée en quatre parts égales par les deux solstices (qui voient le soleil à ses déclinaisons boréale et australe maximales) et les deux équinoxes (qui voient le Soleil franchir l'équateur céleste). Les solstices marquent les jours les plus longs et les plus courts de l'année, cependant qu'aux équinoxes de printemps et d'automne le jour et la nuit ont la même durée.

Les quatre saisons (printemps, été, automne, hiver) sont en termes astronomiques séparées par les équinoxes (vernal et automnal) et les solstices (d'été et d'hiver), chacun de ces événements marquant la fin d'une saison et le commencement d'une autre. En termes météorologiques toutefois, les saisons sont ressenties comme commençant quelque trois semaines avant ces événements. Il convient de souligner qu'à tout moment de l'année, chaque hémisphère connaît la saison « opposée » à celle de l'autre hémisphère, de telle sorte que le jour le plus long dans l'hémisphère nord coïncide avec le jour le plus court dans l'hémisphère sud (et vice versa).

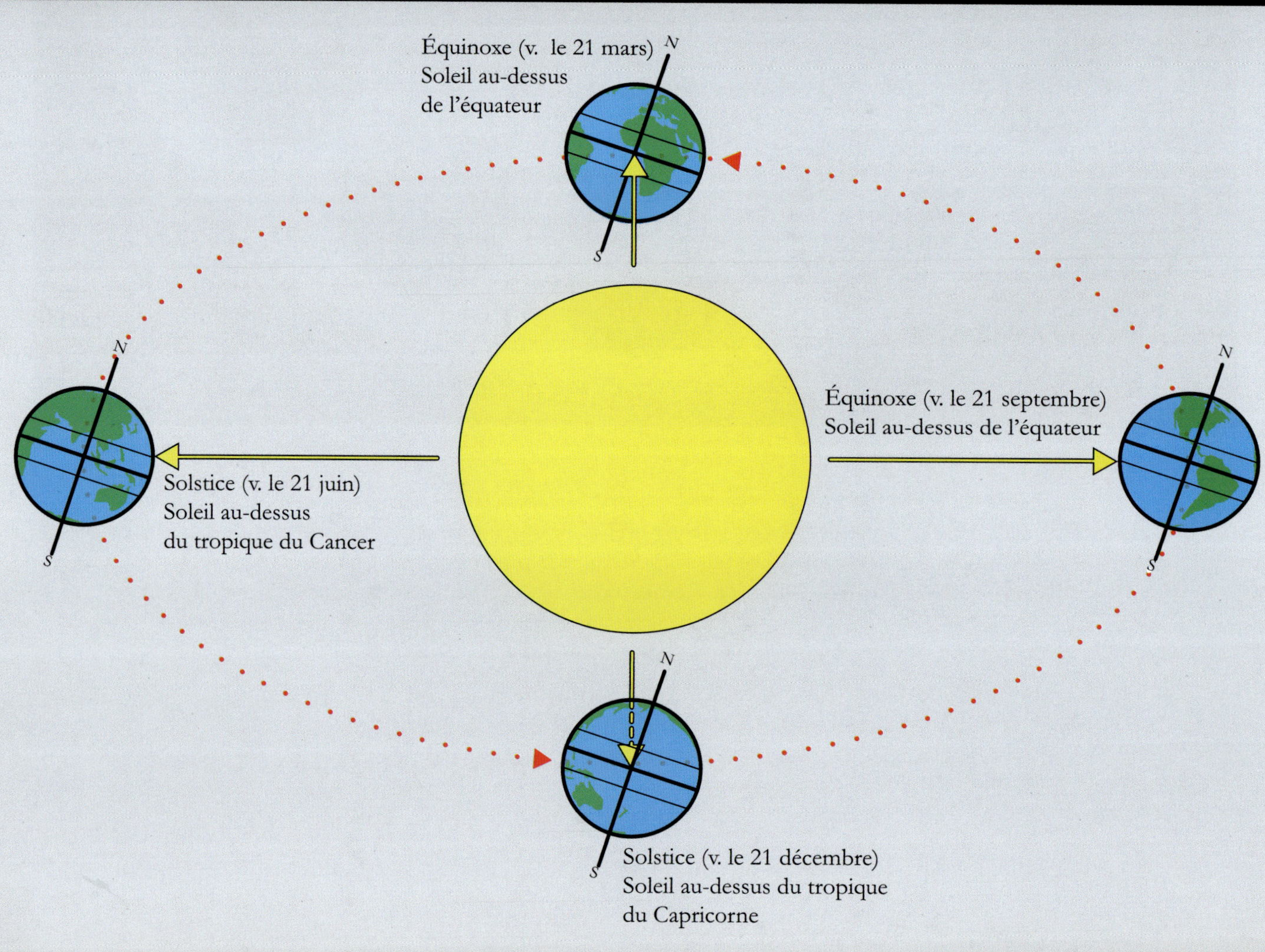

Ci-dessus : la lavande est l'une des plantes les plus accommodantes qui soient : il lui suffit de disposer d'un sol alcalin bien drainé. Originaire des régions méditerranéennes, elle s'acclimate dans le monde entier, pour peu que la condition susmentionnée et le climat lui soient favorables.

Ci-contre : dans maintes régions du monde, l'aspect des arbres feuillus est lié à la saison. Les branches, nues en hiver, se parent de verts éclatants au printemps, lorsque les jeunes feuilles gorgées de chlorophylle se déploient. Une fois qu'elles sont parvenues à maturité, en été, des teintes plus ternes prédominent. À l'arrivée de l'automne la chlorophylle se décompose en révélant d'autres pigments jusqu'alors masqués, qui donnent les tons de rouge, de bronze et de jaune caractéristiques des paysages automnaux.

Page ci-contre : nous connaissons les saisons parce que la Terre est inclinée sur son axe et qu'elle demeure inclinée selon le même angle tout au long de sa révolution autour du Soleil. Pendant une partie de l'année, l'hémisphère nord est incliné vers le soleil, ce qui offre à cette partie du monde les longues et chaudes journées d'été. Au même moment, l'hémisphère sud, incliné à l'écart du Soleil, traverse l'hiver aux courtes et froides journées. Lorsque la Terre passe de l'autre côté du Soleil, l'hémisphère sud se trouve incliné vers l'étoile, et les saison s'inversent.

Ci-dessus : l'amanite tue-mouche, l'un des nombreux champignons à apparaître en automne, surgit du jour au lendemain dans les bois et les prés.

Ci-dessous : les effets de la condensation sur la toile d'une orbitèle. De telles toiles d'araignée, qui se rencontrent souvent à l'automne sur les plantes et autres buissons, sont plus faciles à observer le matin, lorsqu'elles sont, comme ici, couvertes de rosée.

Plus près de l'équateur, dans les régions tropicales et subtropicales, le degré d'exposition aux rayons du soleil est relativement constant, mais le mouvement de la bande pluvieuse tropicale, qui traverse l'équateur d'un hémisphère à l'autre, tend à donner deux saisons : la saison des pluies (saison humide, mousson), et la saison sèche, entre lesquelles le régime des précipitations varie parfois considérablement. Sur l'équateur lui-même, l'on peut rencontrer deux saisons humides et deux saisons sèches par an.

Printemps

En termes astronomiques, le printemps commence vers le 21 mars dans l'hémisphère nord et vers le 21 septembre dans l'hémisphère sud ; il y dure respectivement jusqu'aux environs du 21 juin et du 21 décembre (le 22 en 2007, par exemple).

Au printemps, la Terre est inclinée vers le Soleil, de sorte que les journées s'allongent et les températures s'élèvent. L'hémisphère concerné est réchauffé, ce qui entraîne la fonte des neiges hivernales, une pousse accélérée de nouvelles plantes et l'épanouissement d'une profusion de fleurs. De nombreux animaux donnent naissance à leurs petits durant cette période, qui par ailleurs voit le réveil des hibernants. Le printemps est considéré comme une époque de naissance et de croissance, de jaillissement vital. Cette saison n'est toutefois pas exempte d'épisodes de « mauvais temps » : fortes précipitations, vents violents, orages, inondations, tornades, ouragans…

Été

En termes astronomiques, l'été commence vers le 21 juin dans l'hémisphère nord et vers le 21 décembre dans l'hémisphère sud ; il y dure respectivement jusqu'aux environs du 21 septembre et du 21 mars.

Comme au printemps, la Terre est inclinée vers le Soleil en été ; les températures continuent de croître. Les soirées et les nuits qui suivent les longues et chaudes journées estivales sont elles-mêmes parfois très chaudes, jusqu'à l'inconfort. L'humidité rend parfois le temps très « lourd », jusqu'à produire de fréquents orages. Les plantes, qui croissent avec vigueur du fait de l'abondante luminosité, donnent souvent des fruits, cependant que de nombreux animaux se reproduisent tout au long de la saison.

Automne

L'automne commence aux environs du 21 septembre (le 23 en 2007, par exemple) dans l'hémisphère nord et du 21 mars dans l'hémisphère sud, pour y durer respectivement jusqu'au 21 décembre et au 21 juin. En termes météorologiques cependant, on considère souvent que l'automne couvre dans leur totalité les mois de septembre, octobre et novembre.

L'automne marque la transition entre été et hiver ; la Terre s'incline à l'écart du Soleil, les températures fraîchissent et les jours raccourcissent. Les précipitations s'accroissent dans certaines régions. Les arbres à feuillage caduc commencent à perdre leurs feuilles. La disparition de leur pigment vert révèle des rouges, des jaunes, des orangés et des bruns. De nombreuses récoltes s'effectuent à cette époque de l'année. Les fêtes des vendanges, moissons et récoltes dominent cette saison depuis les temps les plus reculés.

Hiver

L'hiver commence dans l'hémisphère nord vers le 21 décembre et dans l'hémisphère sud vers le 21 juin, pour se prolonger jusqu'aux environs du 20 mars et du 20 septembre, respectivement.

Comme en automne, la Terre est inclinée à l'écart du Soleil. Les jours sont courts, les températures basses. L'hiver est marqué par des niveaux de précipitations élevés et, sous les latitudes septentrionales, par des chutes de neige, des blizzards et des brouillards givrants. Les plantes meurent ou entrent en repos végétatif, cependant que maints oiseaux migrent vers des cieux plus cléments. Certains mammifères hibernent, mais d'autres demeurent actifs, vivant sur les réserves de nourriture stockées lors des mois d'été et d'automne. De nombreux mammifères se dotent d'une épaisse fourrure qui les isole du froid, et dans les régions souvent enneigées, certains oiseaux et mammifères adoptent une fourrure ou un plumage blanc afin de se camoufler. Les hommes se livrent à des activités de loisir hivernales telles que la luge ou le patinage, et les célébrations de Noël tombent juste après le solstice d'hiver (dans l'hémisphère nord).

En haut, à droite : en hiver, la neige se dépose sur les montagnes. On peut alors pratiquer le ski et le snowboard.

Ci-contre : ciel hivernal et lignes à haute tension. Le solstice d'hiver (vers le 21 décembre), qui correspond au jour le plus court de l'année, marque le début de l'hiver dans l'hémisphère nord.

La Terre, un système

La Terre peut être considérée comme un système dans lequel toutes les composantes sont liées entre elles, ces composantes étant l'atmosphère (l'air), la lithosphère (les terres), la cryosphère (les glaces), la biosphère (les plantes et animaux) et l'hydrosphère (l'eau).

Ce système est déclenché par l'apport d'énergie provenant du Soleil et aboutit au renvoi d'énergie dans l'espace, qui empêche la Terre de surchauffer. Entre ces flux, l'énergie chauffe la planète, met en branle le moteur atmosphérique et fait fonctionner le cycle de l'eau. Celui-ci permet à l'eau d'alterner les phases liquide, solide et gazeuse. D'autres corps chimiques, tel le dioxyde de carbone, traversent aussi ce cycle.

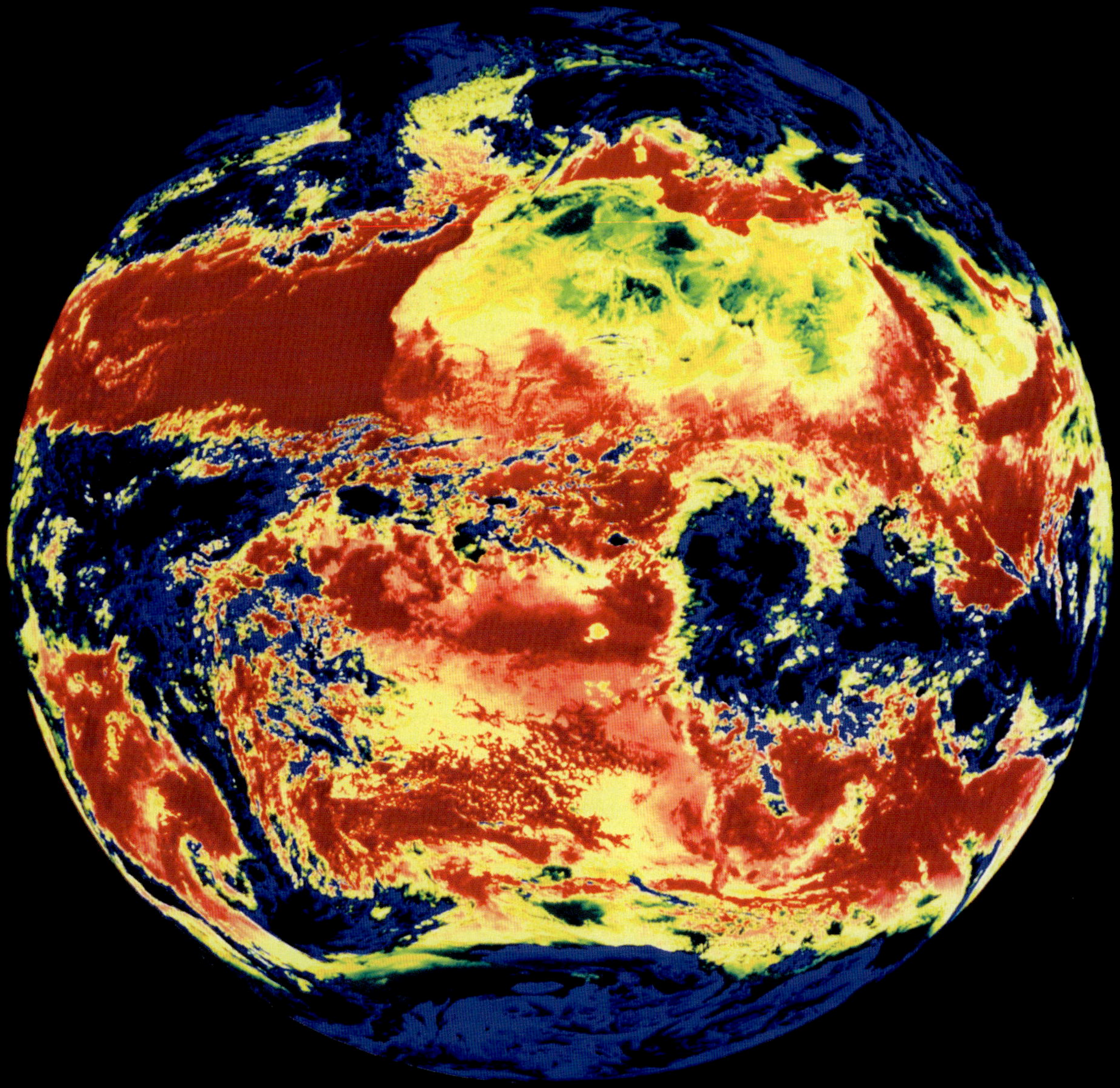

Ci-dessus : vue infrarouge de la Terre en fausses couleurs, prise par un satellite de Météosat. Les couleurs codées figurent des températures, du bleu (les plus basses) au rouge (les plus élevées). Les taches bleues sont les sommets de vastes bancs de nuages ; les nuages plus bas et moins froids sont représentés en jaune et en rose, les zones rouges sont généralement les mers et océans vus au travers de trouées dans le couvert nuageux. Les terres émergées, telles que le désert du Sahara et l'Afrique du Nord (jaune/vert, au-dessus du centre) sont souvent plus fraîches que les mers environnantes durant la nuit, du fait de la déperdition de chaleur par radiation.

Le cycle de l'énergie

Le Soleil fournit l'énergie qui fait fonctionner l'atmosphère, influe sur les températures et donc conditionne le temps qu'il fait.

Un rayonnement solaire chargé d'énergie pénètre dans l'atmosphère terrestre, atteint la surface de notre planète et la chauffe. La Terre ainsi réchauffée chauffe à son tour l'atmosphère. Une partie de l'énergie est absorbée et réfléchie par les gaz de l'atmosphère, une autre est rejetée dans l'espace, une autre encore fait évaporer l'eau, qui se condense et se refroidit pour former des nuages qui à leur tour absorbent et réfléchissent de l'énergie…

Ce recyclage des radiations solaires reçues par la planète est à l'origine de tous les phénomènes météo.

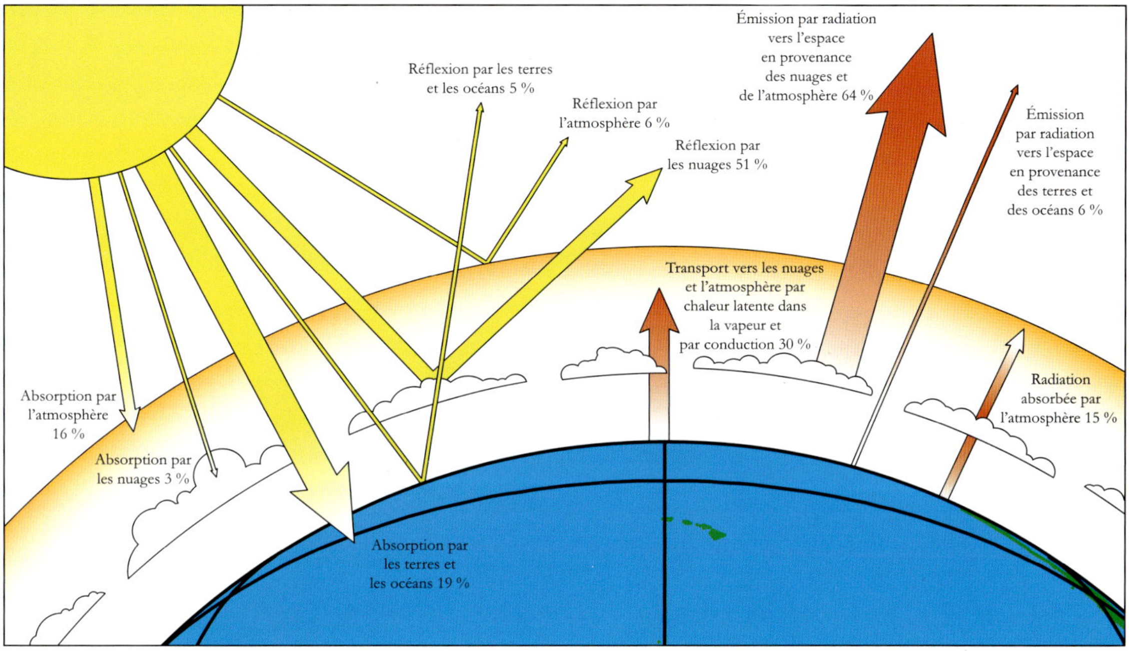

Ci-dessus : le rayonnement solaire atteint le sol puis est absorbé par l'atmosphère et la surface de la Terre. Une certaine proportion de ce rayonnement est réémise dans l'espace. Des gaz tels que le dioxyde de carbone retiennent une partie de ce rayonnement réfléchi, avec pour résultat que la température moyenne de surface s'accroît : ce phénomène est connu sous le nom d'« effet de serre » car la couche de dioxyde de carbone joue un rôle comparable à celui de la vitre d'une serre, qui laisse entrer la chaleur et la retient à l'intérieur.

Ci-contre : carte satellite des températures de surface moyennes dans le monde. Les coloris représentent des températures, comme suit : mauve = -38 °C ; bleu = de -37 à -12 °C ; vert = de -11 à 0 °C ; jaune = de 1 à 4 °C ; rose et rouge = de 16 à 35 °C ; rouge foncé et noir (comme en Australie) = de 36 à 40 °C. Ces données ont été enregistrées par des instruments de type HIRS (High Resolution Infrared Sounder/détecteur à infrarouge haute résolution) et MSU (Microwave Sounding Unit/sondeur à hyperfréquences) embarqués à bord d'un satellite de la NOAA (National Oceanic and Atmospheric Administration).

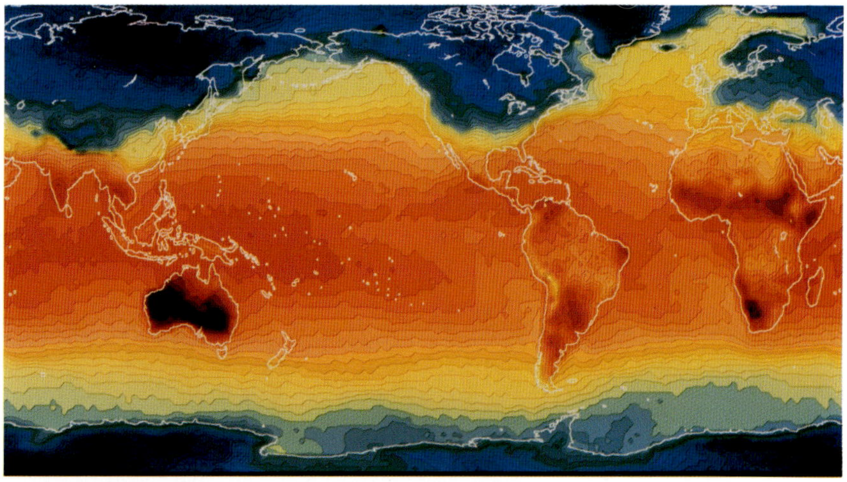

Qu'est-ce que l'atmosphère ?

L'atmosphère est d'une importance cruciale pour notre survie. Elle absorbe l'énergie dont nous avons besoin, renvoie le surplus dans l'espace et protège des éléments nocifs des radiations émises.

Elle contient des gaz (l'oxygène et l'azote sont les principaux), des nuages, des particules de poussière et d'autres particules dites « aérosols ».

Elle s'organise en couches, sans présenter de limite externe discernable. Toutefois, la majeure partie de la masse atmosphérique se trouve en deçà de 100 km d'altitude. L'atmosphère est donc très mince, l'équivalent pour la Terre de ce qu'est une pelure pour un oignon.

Depuis quelques années, des inquiétudes croissantes s'expriment quant aux changements potentiellement néfastes qui se produiraient dans la composition gazeuse de l'atmosphère.

Ci-contre : nuages nocturnes lumineux (dits aussi nuages noctilumineux ou noctilucents), vus de la station spatiale internationale ISS. Ces nuages (les traînées blanches qui barrent le centre de l'image), très minces, se forment au-dessus de la Terre, à des altitudes comprises entre 75 et 90 km. Du fait de leur finesse et de leur éloignement de la surface terrestre, ils ne sont visibles qu'au crépuscule du soir (ils s'illuminent dans l'éclat du soleil couchant), aux latitudes hautes et basses. Les trois couches inférieures de l'atmosphère (en partant de la surface) sont la troposphère (orangée, 15 km d'épaisseur), la stratosphère et la mésosphère (toutes deux bleu pâle, 35 km d'épaisseur). Au-dessus, l'atmosphère se fond graduellement dans l'obscurité de l'espace. Un croissant de lune est également visible. L'ISS est en orbite à quelque 380 km d'altitude.

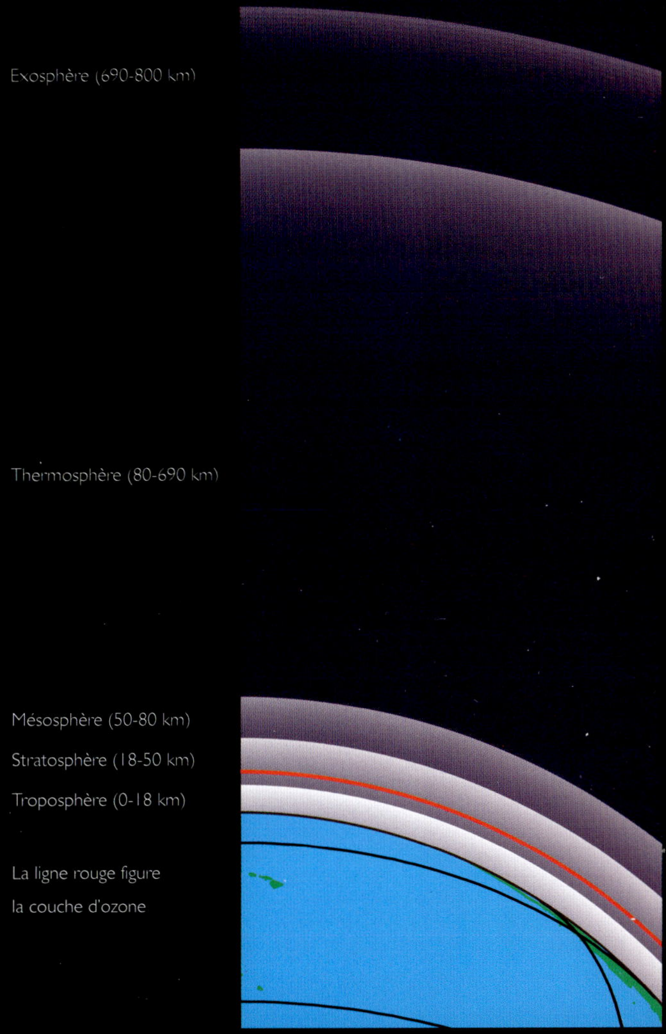

Ci-dessus : les scientifiques divisent l'atmosphère terrestre en quatre zones, en fonction principalement de leur température, de leur densité et de leur composition chimique. La troposphère, couche la plus proche de la surface, est la partie la plus dense de l'atmosphère. La stratosphère, moins dense, est en outre plus chaude car elle absorbe davantage le rayonnement solaire (et constitue de ce fait une enveloppe protectrice autour de la Terre). La mésosphère est plus froide que la stratosphère, alors que les températures de la thermosphère s'élèvent considérablement sous l'effet de la proximité du Soleil, pour atteindre quelque 1 700 °C.

LE VENT

La circulation des vents

Aristote, le premier, supputa dans son traité *Les Météorologiques* que le mouvement des vents était dû au réchauffement de l'atmosphère par le Soleil.

En raison de ce que la surface de la Terre se réchauffe de façon inégale, l'air s'écoule en différentes bandes qui produisent des effets météo divers.

Entre les tropiques, le réchauffement est intense et homogène. Cela déclenche de puissants courants de convection dans l'air. L'élévation de l'air provoque un abaissement de la pression au sol. Comme l'air est chaud, il s'élève – d'où cette basse pression. Ce phénomène concerne une ceinture entourant le globe. L'air qui s'est élevé atteint la limite de la troposphère, ne peut aller plus loin, donc se refroidit et descend dans la région comprise entre 30° N et S. L'air qui s'est élevé est remplacé par de l'air venu des environs de 30° N et S. La circulation qui en résulte constitue une cellule de Hadley (du nom du savant qui évoqua le premier cette notion au XVIIIe siècle). De telles cellules donnent naissance aux alizés, et transportent l'air chaud à l'écart de l'équateur. La zone proche de l'équateur est celle des calmes équatoriaux. Aux latitudes moyennes, l'air s'élève et retombe vers les pôles en un mouvement circulaire : ce sont les cellules de Ferrel, qui transportent l'air frais en direction de l'équateur. Le mouvement théorique des vents devrait s'effectuer selon un axe N/S, mais en réalité ces vents se déplacent en direction du NE, sous l'effet de la force de Coriolis s'exerçant à la surface de la Terre du fait de la rotation de celle-ci sur son axe.

Au-dessus des cellules susmentionnées s'étend le domaine de vents très rapides, les jet-streams.

L'effet de Coriolis

L'effet de Coriolis, provoqué par la rotation de la Terre, dévie les corps qui se déplacent à la surface de notre planète, vers la droite dans l'hémisphère nord et vers la gauche dans l'hémisphère sud. En conséquence, les vents qui tournent autour du centre d'un cyclone le font dans le sens inverse à celui des aiguilles d'une montre dans l'hémisphère nord, dans le sens des aiguilles d'une montre dans l'hémisphère sud.

Si la surface de la Terre était lisse, uniforme et stationnaire, la circulation atmosphérique serait très simple. Le fait qu'elle soit chauffée de façon irrégulière constitue le principal moteur des circulations atmosphériques de notre planète ; c'est aussi ce qui donne naissance au modèle de circulation selon trois types de cellules (de Hadley, de Ferrel, polaires).

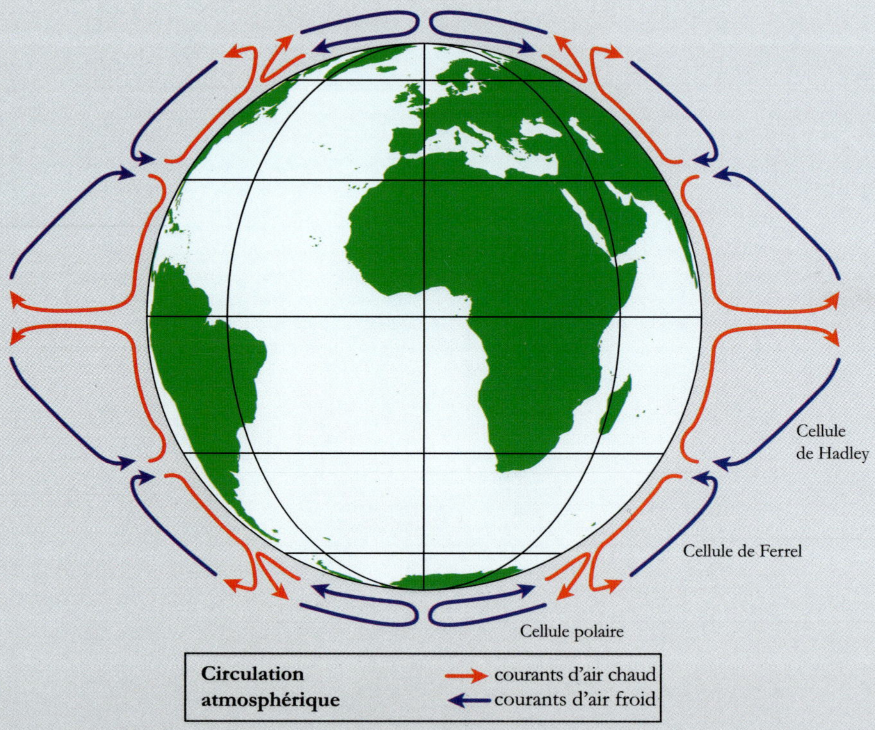

La cellule de Hadley est un mode de circulation de l'air évoquant un tapis roulant, qui prédomine dans l'atmosphère tropicale ; elle est liée aux alizés, aux bandes pluvieuses tropicales, aux déserts subtropicaux et aux jet-streams. La cellule de Ferrel a trait au flux de surface dans la zone tempérée, et donc dans la zone des vents d'ouest (ces vents prédominent entre 30 et 60° de latitude). La cellule polaire, entre 60° N et le pôle Nord (pour prendre l'exemple de l'hémisphère boréal), donne des vents souvent faibles et irréguliers.

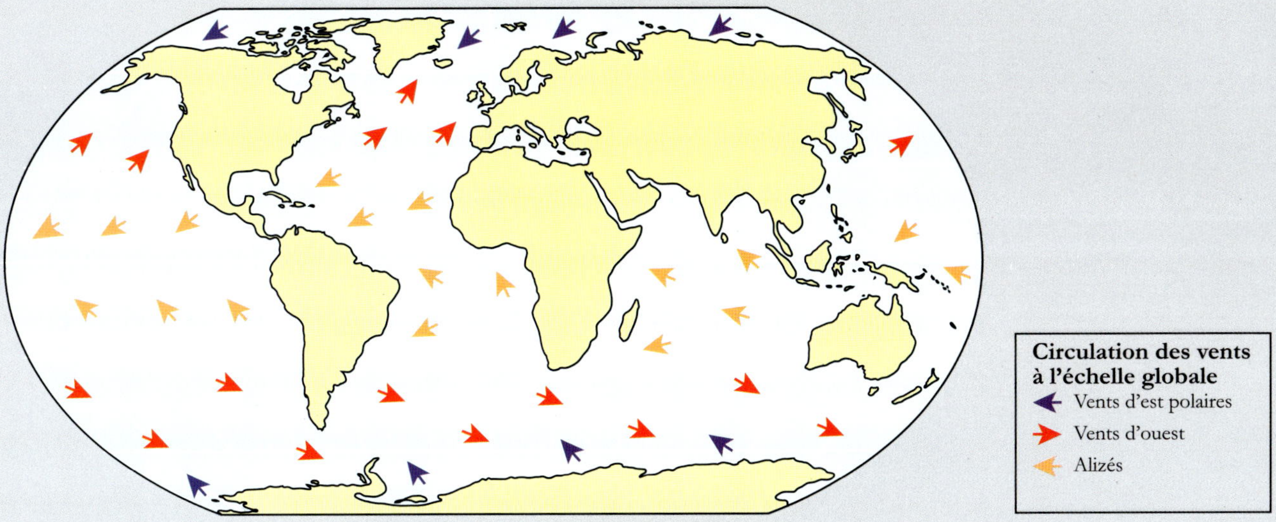

Ci-dessous : les vents d'été contribuent à la propagation des incendies dans les secteurs où règne la sécheresse.

Les jet-streams

La haute atmosphère contient de vastes cellules verticales de vents en rotation qui contribuent à redistribuer la chaleur à partir de l'équateur. Généralement stables, elles se rompent parfois pour se reformer ensuite : elles sont alors associées à des épisodes inhabituels de canicule ou de pluies torrentielles. La grande sécheresse qui a touché l'Europe du Nord-Ouest en 1976 aurait été provoquée par la persistance de hautes pressions, le mouvement normal des hautes pressions ayant été tiré vers le nord par les jet-streams.

La température de l'air va diminuant de l'équateur vers les pôles, et la vitesse des vents dans la haute atmosphère est proportionnelle à ces changements de température. Elle est très forte là où les masses d'air équatoriales et subtropicales se rencontrent, et là où les vents d'ouest rencontrent les vents polaires – vers 30° et vers 60° de latitude. Dans ces secteurs, d'étroites bandes de vent, les jet-streams (ou courants-jets), soufflent souvent avec une grande violence, à des vitesses comprises entre 160 et 240 km/h, pour dépasser même parfois les 320 km/h. On estime que le mouvement des jet-streams est susceptible d'affecter notablement les conditions météo normales.

Ci-dessus : nuages associés au courant-jet (ou jet-stream) au-dessus du nord-ouest de la Libye. Les jet-streams sont des courants d'air de haute altitude très rapides, qui s'étirent sur plusieurs milliers de kilomètres. Les cirrus qui se forment à ces altitudes (de 7 à 14 km) sont entraînés dans le courant-jet où la vitesse du vent est de plusieurs centaines de kilomètres à l'heure. Les jet-streams apparaissent sous l'effet de phénomènes thermiques qui se dessinent à la frontière entre une masse d'air chaud et une masse d'air froid.

Ci-contre : la couverture nuageuse de la Terre en 3D. Cette image en couleur composée de la Terre, qui montre les températures de surface (en diverses couleurs) ainsi que les nuages (en blanc), a été créée par intégration de données provenant de multiples satellites. Il s'agit de la première représentation tridimensionnelle de la couverture nuageuse de notre planète, combinant des mesures électromagnétiques, spectroscopiques et thermiques de cette couverture ainsi que des températures terrestres et océaniques. Les températures sont figurées par des couleurs codées, du rouge (pour les plus élevées) jusqu'au bleu foncé (pour les plus basses). Le courant océanique chaud El Niño apparaît nettement dans le Pacifique (bande rouge au centre). Les zones rouges sur le continent américain (Nord et Sud) vert et brun correspondent à des feux de forêt.

Les masses d'air

La Terre n'étant pas chauffée de façon homogène, certains lieux sont plus chauds que d'autres. Ces zones d'air couvrent souvent, à la surface de la planète, d'immenses superficies (parfois des continents entiers). Au sein de telles « masses d'air », les températures, les pressions et les degrés d'humidité sont plus ou moins semblables. Ces masses d'air se mettent naturellement en mouvement à mesure que l'air chaud s'élève pour être remplacé par un air plus froid.

Une masse d'air est qualifiée de continentale (sèche) ou maritime (humide) selon qu'elle s'est formée au-dessus des terres ou des mers. Elle est soit polaire (froide), soit tropicale (chaude) selon la latitude à laquelle elle s'est formée.

Là où des masses d'air de températures différentes se rencontrent apparaissent des fronts, lignes tracées sur les cartes météo dites « synoptiques ». Ces rencontres se caractérisent par le déclenchement de systèmes de basses pressions (ou dépressions).

Ci-contre : dans la province du Cap-Nord, en Afrique du Sud. En été, une grande partie de l'Afrique australe est baignée par un air tropical maritime caractérisé par des températures élevées, une forte humidification des basses couches atmosphériques sur les océans et une stratification stable. L'air étant chaud et humide près de la surface, des nuages stratiformes se développent sous l'effet du déplacement de l'air de sa source vers le pôle.

LA PRESSION ATMOSPHÉRIQUE

L'organisation des pressions atmosphériques

La pression atmosphérique, soit le poids de l'air sur la terre, se mesure en hectopascals (anciennement, en millibars : 1mbar = 1hPa), au moyen d'un baromètre. Elle est enregistrée localement et au niveau planétaire. En joignant des points où règne la même pression atmosphérique par des lignes dites « isobares » portées sur une carte, un schéma complexe apparaît, et avec lui des zones distinctes de hautes et basses pressions ; à l'échelle planétaire, elles forment des bandes qui coïncident dans une large mesure avec les latitudes.

L'air chauffé par la surface de la Terre s'élève, ce qui réduit la pression au sol. À l'inverse, l'air d'altitude, plus frais que celui qui se trouve au-dessous de lui, tend à descendre et ainsi à accroître la pression à la surface de la Terre. L'air se déplace naturellement des zones de haute pression vers les zones de basse pression. Imaginons un ballon de baudruche empli d'air. L'air emprisonné à l'intérieur de l'enveloppe est placé sous une importante pression. Si l'on défait le nœud du ballon, l'air retenu à l'intérieur s'échappe aussitôt vers la zone de pression inférieure à l'extérieur. Dans l'atmosphère, ce mouvement de l'air de la haute pression vers la basse pression prend évidemment le nom de vent.

Des conditions météo distinctes correspondent aux zones de hautes et basses pressions. Les hautes pressions apportent un temps sec et calme, qui peut conduire à la sécheresse, ou en hiver à de fortes gelées. Quant aux basses pressions, elles sont associées à un temps nuageux, venteux et humide. Des zones de pressions très basses sont susceptibles d'entraîner des tempêtes tropicales, les ouragans.

Ci-contre : un barographe, baromètre enregistreur qui relève la pression atmosphérique dans le cadre des prévisions météorologiques. Sur ce baromètre anéroïde, les changements de pression atmosphérique entraînent l'expansion ou la contraction d'une enceinte hermétique et vide (au centre). Sous l'effet de la déformation, une aiguille se déplace à la surface du papier millimétré en indiquant la pression atmosphérique. Ce baromètre est calibré en pouces de mercure (1 pouce = 25,36 mm). Les hautes pressions (plus de 30 pouces = plus de 760 mm) annoncent généralement une période de temps sec, alors que les basses pressions tendent à s'accompagner de pluies.

Ci-contre : image satellite d'une dépression au large des côtes du sud de l'Australie. Les terres apparaissent en brun, l'eau en bleu foncé et les nuages en blanc. De tels systèmes se développent lorsqu'une différence de pressions entre un centre et ses environs, se combinant à l'effet de Coriolis, entraîne une circulation de l'air. Les nuages tourbillonnants qui en résultent (au centre) effectuent leur rotation dans le sens des aiguilles d'une montre dans l'hémisphère sud.

En bas, à gauche : carte isobare de l'Europe de l'Ouest (en vert) montrant une dépression (système de basses pressions) centrée sur le sud de la Grande-Bretagne et le nord de la France, entourée de plusieurs anticyclones (systèmes de hautes pressions). Sur la carte figurent des isobares, lignes de pression atmosphérique égale. La pression de l'air au sein de la dépression tombe vers le centre de ses isobares serrées ; la pression de l'air au sein des anticyclones s'élève vers le centre de leurs isobares espacées (ces anticyclones apportent un temps sec et stable, des vents légers). Les cartes isobares sont nécessaires à toute prévision météorologique d'une certaine précision.

En bas, à droite : les symboles des fronts froid, chaud et occlus.

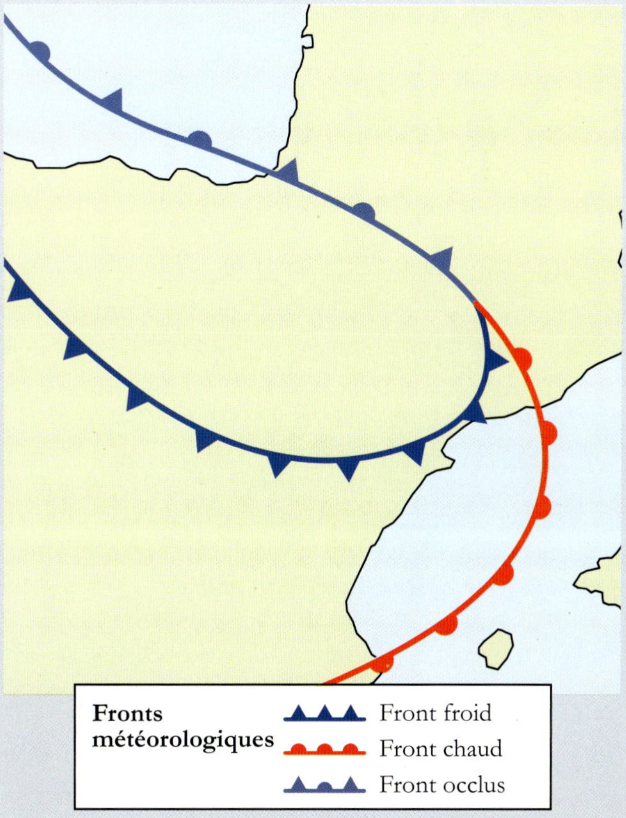

Les hautes pressions

La pression atmosphérique n'est autre que le poids de l'air s'exerçant sur la surface de la Terre. Si la pression est élevée, l'air froid descend en ajoutant du poids – de la pression – sur le sol. Cet air se réchauffe en atteignant les basses couches de l'atmosphère ; les molécules d'air, dans leur expansion, deviennent plus grosses que les molécules de vapeur d'eau, qui sont alors absorbées. Cela signifie que l'air est sec (absence de nuages), calme ou parcouru de vents légers (qui soufflent dans le sens des aiguilles d'une montre dans l'hémisphère nord, en sens inverse dans l'hémisphère sud). Les systèmes de hautes pressions sont désignés sous le nom d'anticyclones.

Un temps est associé aux hautes pressions. En été, l'air calme ou le vent léger et l'absence de nuages signifient que le temps est sec et ensoleillé. L'absence de précipitations, pour agréable qu'elle soit aux yeux des vacanciers et des agriculteurs à l'époque des moissons, peut toutefois poser des problèmes : la sécheresse est un phénomène caractéristique des hautes pressions persistantes. Une telle situation s'est produite en Europe occidentale lors des étés de 1976, 1993, 2003 et 2006, qui ont vu des systèmes de hautes pressions s'installer pendant des périodes allant jusqu'à trois mois sans interruption.

En hiver, les conditions météo sont proches de celles qui règnent en été : le temps est sec et calme, le ciel est bleu. Une belle journée d'hiver est propice aux promenades, mais un tel temps n'est pas sans inconvénients : l'absence de couvert nuageux suscite des températures extrêmement basses, la nuit surtout. La chaleur de la journée s'échappe dans l'atmosphère, et en l'absence de nuages qui pourraient le retenir, les gelées sont fréquentes. Si les conditions s'y prêtent, des brouillards peuvent apparaître, givrants parfois. Les automobilistes redoutent ces situations météorologiques – statistiquement, les accidents de la route surviennent alors en nombre.

Ci-contre : image satellite de l'Europe occidentale. Les couleurs sont proches de la réalité : les terres paraissent vertes, l'eau est bleue, les nuages sont blanc et rose. On distingue l'Irlande et la Grande-Bretagne au large des côtes françaises, ainsi que l'Espagne et le Portugal. Les nuages tourbillonnants indiquent la position d'une dépression ou aire cyclonale, où règne une basse pression atmosphérique, sur l'océan Atlantique. Une zone sans nuages, de hautes pressions (aire anticyclonique), s'étend sur les îles Britanniques (au centre).

Page ci-contre : Namaqualand, en Afrique du Sud. Lorsque les hautes pressions sont établies, les conditions météo tendent à être stables, avec un temps calme, des vents légers et variables. Les contrées proches des chaînes montagneuses connaissent souvent des conditions météo qui varient en un laps de temps relativement bref car les montagnes provoquent une élévation de l'air, ce qui favorise la formation de nuages et les précipitations.

Ci-dessous : les hautes pressions hivernales apportent des ciels bleus, mais l'absence de couverture nuageuse fait que les températures nocturnes sont basses.

Les basses pressions

Un temps humide, souvent froid et gris, résulte de systèmes de basses pressions atmosphériques – ou systèmes frontaux, selon une désignation fréquente. Ceux-ci sont courants dans les bandes des latitudes moyennes qui ceinturent la planète, où on les appelle aussi dépressions ou cyclones. De l'espace, les dépressions sont visibles en tant que tourbillons de nuages porteurs de pluie. Dans les cas extrêmes, les basses pressions peuvent s'accentuer jusqu'à mettre en branle des ouragans.

Les dépressions se forment là où deux masses d'air de températures différentes se rencontrent, au long d'une ligne appelée front, identifiable à la traînée nuageuse qui l'accompagne. L'air froid est dense et lourd, alors que l'air chaud est plus léger. Lorsqu'ils se rencontrent, la masse d'air chaud s'élève au-dessus de l'air froid car elle est plus légère. En s'élevant, elle crée une zone de basses pressions où pénètre l'air froid ; le bord de cette pénétration est le front froid. L'air chaud qui s'élève crée des nuages, voire de la pluie. Les fronts entrent en rotation vers le haut et vers l'extérieur tandis que l'air s'élève, sous l'effet de la force de Coriolis (effet de tourbillon dû à la rotation de la Terre sur son axe). Cette rotation s'effectue dans le sens inverse à celui des aiguilles d'une montre dans l'hémisphère nord, dans celui des aiguilles d'une montre dans l'hémisphère sud).

Trois fronts peuvent exister dans la dépression, en fonction des conditions qui s'y développent. Le front froid marque l'avancée de la masse d'air froid, alors que le front chaud fait de même pour la masse d'air chaud. Un front occlus se produit lorsque le front froid rattrape le front chaud et qu'ils se soulèvent. Cela laisse un air plus homogène à la surface et finit par entraîner la dégradation du système.

Les dépressions sont ensuite emportées vers l'est dans l'hémisphère nord, au gré des ondes de Rossby.

Ci-dessus : image satellite en couleurs codées d'un système frontal au-dessus de l'Atlantique nord. Le Royaume-Uni et la France sont visibles en bas à droite. En haut au centre, la calotte glaciaire groenlandaise. Le système frontal est la masse de nuages tourbillonnante au centre à gauche, avec une aire dépressionnaire au centre de la spirale. Les nuages de basse altitude apparaissent en jaune, ceux de haute altitude en blanc. La zone jaune pâle en haut à droite est un vaste banc de brouillard marin.

Ci-contre : nuages de tempête vus de la navette Challenger en vol spatial. Cette photographie montre les nuages associés à une perturbation cyclonique, de celles que l'on trouve à proximité d'une aire de basses pressions et que l'on appelait naguère cyclone de latitude moyenne. Si les pressions sont très basses au centre de l'aire cyclonique, l'on peut avoir des tempêtes relativement violentes accompagnées de vents forts. Le centre de ce système apparaît sous la forme d'une spirale de nuages juste au-dessous du rebord apparent de la Terre, en haut, au centre de l'image.

Ci-contre : bourrasques de pluie sur le Loch Broom, en Écosse. Dans une zone de basses pressions, l'air a tendance à s'élever. Du fait de ce mouvement ascendant, l'air exerce moins de pression sur le sol. En s'élevant l'air se refroidit, et s'il contient assez de vapeur d'eau, celle-ci est susceptible de se condenser pour former des nuages et donner de la pluie. Pour cette raison, les basses pressions sont généralement associées à un temps humide.

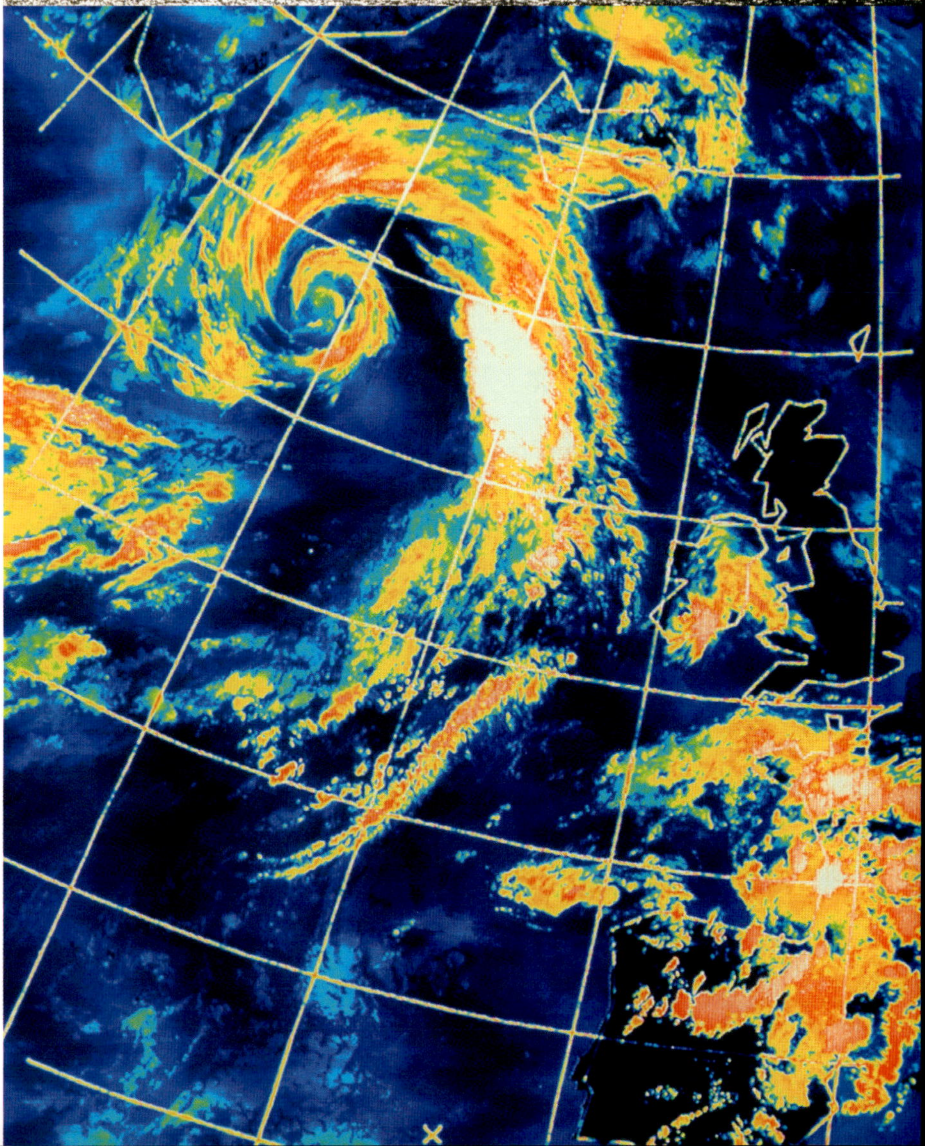

Ci-contre : image satellite en couleurs codées d'un système frontal (dépression) sur l'Atlantique nord, qui se traduit par une masse de nuages tourbillonnante (au centre). Les nuages de basse altitude sont représentés en jaune et rouge, ceux de haute altitude en blanc. Les parallèles et les méridiens (lignes de latitude et de longitude) sont portés sur l'image ; tout comme les contours des côtes. En bas à droite, on distingue ainsi la Grande-Bretagne, la France, l'Espagne et le Portugal, en haut au centre l'Islande et le Groenland. Dans une dépression, la pression atmosphérique décroît vers le centre de la spirale de nuages.

Les fronts

Un front est une ligne imaginaire tracée sur une carte météo – une carte synoptique – qui figure la rencontre entre une masse d'air froid et une masse d'air chaud. Les fronts occupent une place importante dans les dépressions.

Il existe trois types de fronts – froid, chaud et occlus – dont chacun est représenté sur une carte synoptique sous la forme d'une ligne continue à laquelle des symboles particuliers sont ajoutés pour identifier de quel genre de front il s'agit : des demi-cercles pleins pour le front chaud, des triangles pour le front froid ; pour le front occlus, représenté comme le mélange des fronts froid et chaud, demi-cercles et triangles alternent au long de la ligne.

Dans un front froid, l'air froid et dense se déplace sous l'air chaud en le forçant à s'élever. Cette élévation provoque refroidissement, condensation et formation de nuages, ce qui peut donner des averses, voire des orages.

Au niveau d'un front chaud, l'air s'élève et passe au-dessus d'une masse d'air plus froid et plus dense. Cela crée une zone de nuages qui s'épaissit et gagne progressivement des attitudes plus basses, donnant ainsi un temps gris et humide.

Les fronts occlus se dessinent lorsqu'une masse d'air froid rattrape une masse d'air chaud au déplacement plus lent. En un laps de temps d'environ 48 heures, l'air froid et dense situé derrière le front passe sous l'air chaud, rattrape le front chaud et force l'air chaud à s'élever. Les effets du front chaud s'évanouissent et si des pluies surviennent alors, elles sont rarement fortes.

Ci-contre : un grain approche. La ligne de nuages associée à un front froid marque la frontière entre deux masses d'air de températures différentes. Au passage de la ligne de bourrasques, la vitesse du vent s'accroît soudainement, et d'autres modifications violentes des conditions météo interviennent fréquemment. Un changement de direction du vent, une élévation de la pression et une chute de la température accompagnent ce passage du front.

Ci-dessus : pluie et brume automnales dans les bois.

Ci-contre : image d'un cyclone vu de l'espace (par une navette spatiale). Un cyclone est une formation constituée par le mouvement giratoire des vents qui décrivent une spirale vers un centre où règne une basse pression barométrique. Le cyclone forme un tourbillon nuageux entourant l'« œil » du cyclone (au centre). Les cyclones peuvent se présenter comme des ouragans ou typhons. L'œil contient un air relativement calme, dépourvu de nuages, à une pression très basse. C'est autour de cet œil que font rage les vents les plus puissants du cyclone. Les cyclones, qui se forment dans les régions tropicales, sont provoqués par des phénomènes d'évaporation et de convection à grande échelle, eux-mêmes causés par la température élevée de la mer.

Page ci-contre : des grains cinglent l'île Gravina, en Alaska (dans le borough de Ketchikan).

Le déroulement d'une dépression

Une dépression atmosphérique se forme lorsqu'une masse d'air froid rencontre une masse d'air chaud. De telles rencontres, fréquentes sous les latitudes moyennes, sont responsables d'une grande partie des précipitations annuelles de ces régions ; elles tendent à donner un temps très humide (et venteux).

Une dépression se développe en 48 heures environ avant de se disperser pour se reformer par la suite, selon le processus de cyclogenèse (ou cyclogénèse).

Le temps qui accompagne une dépression varie selon la nature particulière des masses d'air en cause, mais on note des caractéristiques communes.

À mesure que le front chaud avance, la pression atmosphérique décroît peu à peu ; les températures restent stables ; la vitesse du vent s'accroît, il tourne légèrement. Le ciel se couvre, la visibilité décroît, les cirrus sont remplacés par des altostratus puis par des nimbostratus. Au passage du front, les vents changent de direction, la température et l'humidité s'élèvent ; les pluies, précédemment fortes et continues, s'apaisent ou cessent. À ce stade, la zone située en arrière du front chaud mais devant le front froid constitue le « secteur chaud » de la perturbation.

À mesure que le front froid progresse, la pression atmosphérique chute, la vitesse des vents s'accroît et les températures baissent. La couverture nuageuse faite de stratus et d'altostratus est basse, la visibilité médiocre ; une pluie légère tombe puis forcit au passage du front froid ; grêle et orage sont possibles.

Une fois que le front froid est passé, la pression atmosphérique s'élève. Les vents tournent et se font moins forts. Les températures restent basses, la visibilité s'améliore, des nuages d'averse remplacent le ciel bas et le temps gris ; éclaircies et averses alternent.

Vents de mer, vents de terre

Quiconque s'intéresse à la pratique de la voile sait que les zones côtières connaissent de nettes inversions de direction du vent dans la journée et dans la nuit. Ceci est dû au réchauffement diurne de la Terre. Au-dessus de la surface chauffée par le soleil s'élèvent des « thermiques », des ascendances d'un air chaud simultanément remplacé par des courants descendants d'air d'altitude. La nuit, la surface de la Terre perd rapidement de la chaleur, en particulier si le ciel est dégagé (donc si les nuages n'exercent pas leur pouvoir isolant). Des inversions de températures peuvent se dessiner : les températures sont alors plus élevées en altitude qu'au niveau du sol – les vents, sous l'inversion, se font légers et variables. Peu après le lever du soleil, le sol est de nouveau chauffé, et le cycle se répète. Les brises de mer, fréquentes sur le littoral, apparaissent sous l'effet de ces variations et des mouvements de l'air qui en résultent.

Dans la journée, la terre ferme se réchauffe plus vite que la mer. La pression atmosphérique chute au-dessus des terres à mesure que l'air s'élève ; un air plus frais vient de la mer pour le remplacer. Ce vent (la brise de mer) est généralement au plus fort en fin d'après-midi.

Dans la nuit, la terre ferme se refroidit plus vite que la mer. L'air de surface, plus frais que l'air marin, s'abaisse et s'écoule en direction de l'océan.

Page ci-contre : les vagues viennent s'écraser au pied du phare de Tévennec, dans le Finistère.

Ci-contre : dans la journée, la Terre se réchauffe, le vent vient de la mer (en haut) ; la nuit, la mer retient plus longtemps la chaleur, de sorte que la direction du vent s'inverse (en bas).

Ci-dessous : les surfeurs adorent les rouleaux de ce genre.

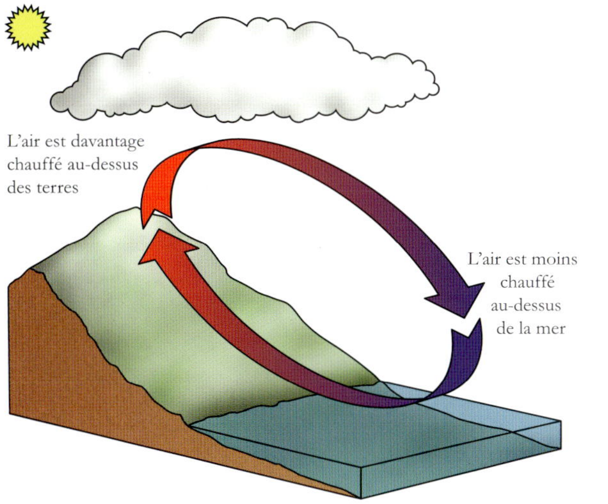

Le jour : une vigoureuse brise de mer

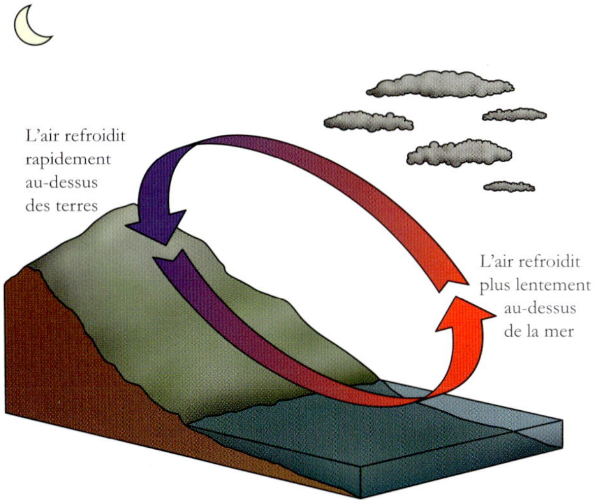

La nuit : une faible brise de terre

Les moussons

La mousson est un type de circulation atmosphérique caractérisé par des changements saisonniers dans la direction des vents, accompagnés de fortes pluies, que l'on rencontre dans des régions tropicales telles que l'Inde, le Bangladesh et le Pakistan. Le phénomène de la mousson s'apparente, à grande échelle, à celui des brises. Il résulte des changements des systèmes de pressions barométriques d'une saison à l'autre. Au cours de l'hiver (dans l'hémisphère nord), un air sec et dense détermine une puissante zone anticyclonique en Sibérie. De forts vents de nord-est soufflent vers la mer (mousson sèche).

En été, la terre se réchauffe plus vite que la mer. L'anticyclone faiblit. À sa place, un système dépressionnaire se développe et attire des vents marins de sud-ouest, qui s'accompagnent de très fortes précipitations (mousson humide). En Inde, à Cherrapunji, les précipitations moyennes s'élèvent à 20 mm en janvier, mais à 2 450 mm en juillet. Bien qu'elles jouent un rôle crucial pour les habitants, les pluies qui tombent lors de la mousson sur le sous-continent indien sont la cause de multiples périls ; les inondations annuelles représentent une source de perturbations dans les transports, l'industrie, le système scolaire…

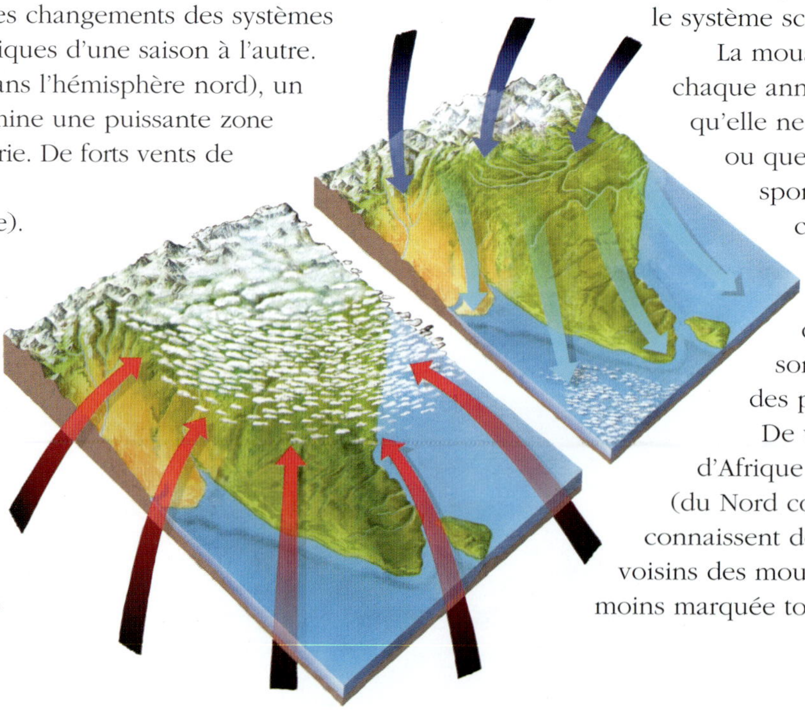

La mousson revient chaque année, mais il arrive qu'elle ne se déclenche pas, ou que les pluies soient sporadiques. Les conséquences sont catastrophiques pour les paysans dont les récoltes sont tributaires des pluies.

De vastes régions d'Afrique et d'Amérique (du Nord comme du Sud) connaissent des phénomènes voisins des moussons, de façon moins marquée toutefois.

À droite : en Inde, plaines cultivées envahies par les eaux sous l'effet des pluies qui accompagnent la mousson estivale. Les vents de mousson soufflent en Inde de juin à la mi-décembre, mais certaines années ils arrivent avec plusieurs semaines de retard – parfois même ils sont totalement absents. L'Asie est la région du monde où le régime de moussons est le plus prononcé, en particulier en Inde, au Bangladesh, en Birmanie, en Thaïlande et aux Philippines.

Page ci-contre, en haut : une rue de Bénarès, en Inde, noyée sous les pluies de mousson.

Page ci-contre, en bas : les moussons en Asie du Sud, en été (à gauche) et en hiver (à droite). En été, le continent se réchauffe plus vite que l'océan ; l'air chaud s'élève, ce qui crée une vaste zone de basses pressions. Un air plus frais et humide est attiré de l'océan, déclenchant un vent régulier du sud-ouest. Lorsque l'air humide atteint la chaîne de l'Himalaya, des nuages se forment et de grandes quantités de pluies tombent : vitales pour les cultures, ces pluies causent aussi de fréquentes inondations. En hiver, la situation s'inverse. La mer refroidit plus lentement que la terre, et les basses pressions se dessinent sur l'océan. Elles attirent l'air froid des montagnes et apportent des vents de nord-est.

Ci-dessous : scène de rue sous les pluies de mousson à Mogadiscio, en Somalie.

L'EAU

Le cycle de l'eau

Les relations entre l'eau et la façon dont elle est transférée d'un état ou d'un lieu à un autre constitue le cycle hydrologique. Ce mécanisme de déplacement de l'eau existe en raison de ce que l'air absorbe et libère de la vapeur d'eau.

Près des neuf dixièmes de l'eau de la Terre sont stockées dans les océans, les cours d'eau et les nappes d'eau – l'hydrosphère. La seconde plus grande réserve d'eau est présente sous forme de glace dans les glaciers et banquises (cryosphère). L'eau de mer représente plus de 97 % de l'eau de la Terre ; les 3 % restants constituent la seule eau douce de la planète. Près des quatre cinquièmes de cette eau sont stockés sous forme de glace. Le reste se trouve dans la lithosphère, sous terre, dans les nappes phréatiques ou aquifères (22 % de l'eau douce), ou dans l'atmosphère. La vapeur d'eau, l'humidité du sol, les cours d'eau, les lacs et les mers intérieures ne constituent qu'un centième de toute l'eau douce.

Le cycle de l'eau commence par son évaporation depuis une surface telle que la mer. Les vents de mer contraignent la vapeur d'eau qui en résulte à s'élever puis, si la température chute assez, elle atteint son point de rosée (de saturation). La condensation de la vapeur en nuages se produit, suivie parfois de précipitations. Lorsque celles-ci atteignent le sol, différents phénomènes peuvent se produire.

Une partie des précipitations s'infiltre dans les roches sous-jacentes et se stocke dans des nappes aquifères si la géologie s'y prête (présence de roches poreuses). Une partie, absorbée par le sol, s'écoule sous l'effet de la gravité pour regagner la mer. Une partie tombe sous forme de neige et au fil du temps se mue en glace stockée jusqu'à une date ultérieure, puis l'évaporation et la fonte retransforment la glace en eau. Une partie est stockée dans les cours d'eau, les lacs et les mers intérieurs, où l'évaporation intervient aussi. La végétation joue un rôle dans l'usage des précipitations au sein du cycle : les plantes absorbent l'eau pour assurer leur croissance, le surplus étant évacué par transpiration au niveau des feuilles, ou bien ces feuilles interceptent les précipitations, rendues ensuite au cycle de l'eau par évaporation.

L'eau contenue dans les mers est d'une importance toute particulière dans le domaine météorologique, dans la mesure où les courants océaniques redistribuent l'eau chaude ou froide par le biais de la circulation thermohaline, « grand tapis roulant » au fonctionnement crucial pour la régulation climatique planétaire.

Page ci-contre : la côte près d'Arniston, dans la province du Cap-Ouest, en Afrique du Sud. Les courants océaniques produisent des effets météorologiques majeurs sur les terres avoisinantes. L'air au-dessus des courants froids ne transporte guère d'humidité, ce qui contribue à l'apparition de déserts sur les façades occidentales des continents. Le contraste entre les basses températures océaniques et la tiédeur des terres déclenche en outre des brises de mer au long de ces côtes.

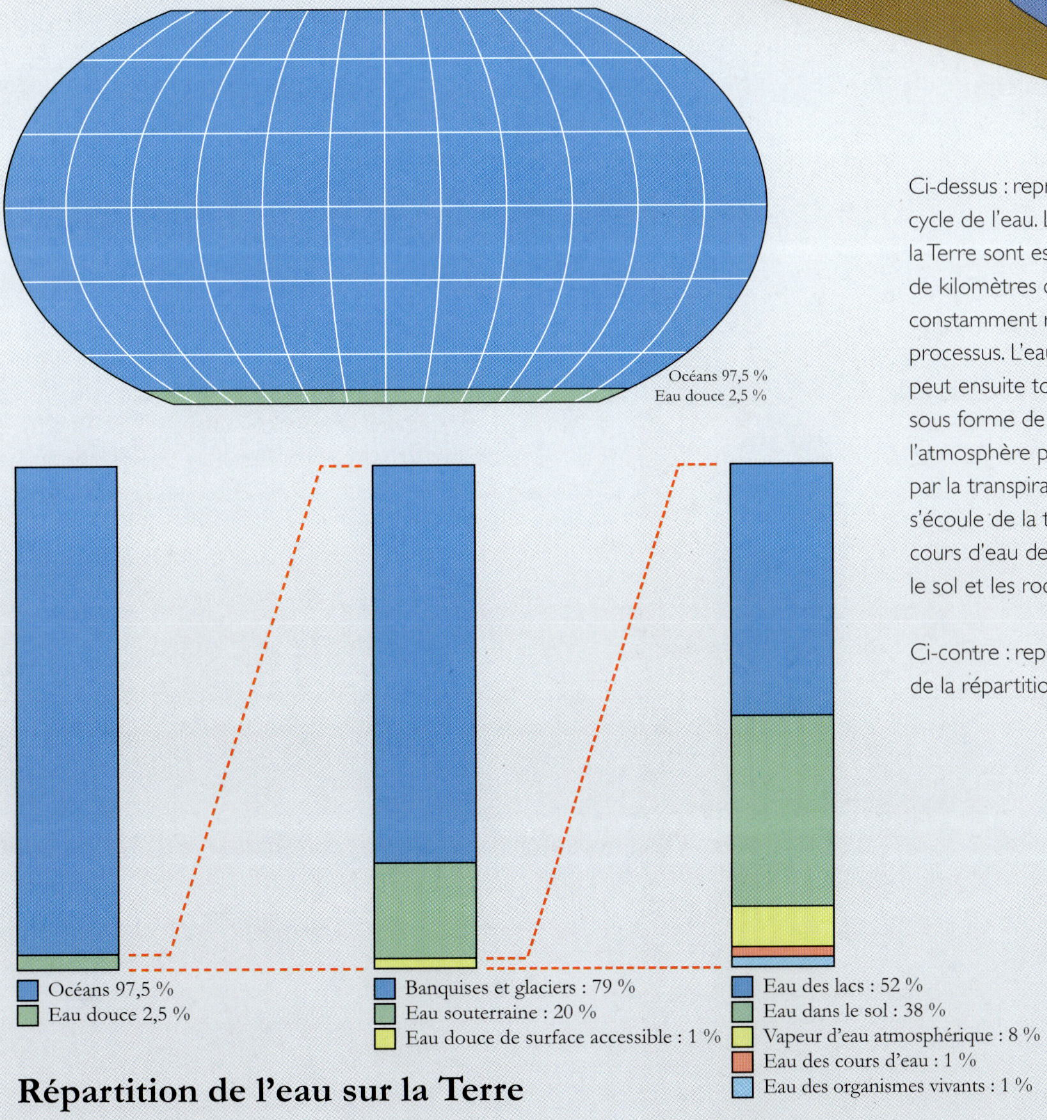

Répartition de l'eau sur la Terre

Ci-dessus : représentation schématique du cycle de l'eau. Les réserves d'eau totales de la Terre sont estimées à plus de 1,3 milliard de kilomètres cubes. Cette eau est constamment redistribuée, au gré de divers processus. L'eau s'évapore de l'océan et peut ensuite tomber sur la terre ferme sous forme de précipitations. L'eau regagne l'atmosphère par évaporation ainsi que par la transpiration des plantes ; elle s'écoule de la terre vers la mer dans des cours d'eau de surface et se déplace dans le sol et les roches sous-jacentes.

Ci-contre : représentation schématique de la répartition de l'eau sur la Terre.

L'humidité

L'humidité atmosphérique est la quantité de vapeur d'eau (gaz incolore) présente dans l'atmosphère. Une humidité élevée correspond à la présence d'une grande quantité d'eau dans l'atmosphère. Dans de telles conditions, on a l'impression que le temps est « lourd », que l'air est « moite ». Une faible humidité atmosphérique procure plus de confort, mais un air trop sec peut nuire au bien-être. L'humidité de l'atmosphère dépend de la provenance de l'air et de sa température, aussi est-elle très variable d'un lieu à l'autre. Aux pôles, il n'y a pas d'humidité, mais sous les tropiques, l'eau peut représenter 4 % du volume d'air total.

À mesure que la température de l'air s'élève, les molécules d'eau s'évaporent, certaines finissant par se condenser pour donner un état liquide. Lorsque l'équilibre s'établit entre vitesse d'évaporation et vitesse de condensation, le point de saturation (ou point de rosée) est atteint ; l'air ne peut plus alors contenir davantage de vapeur d'eau. Une déposition d'eau intervient, sur des surfaces solides ou dans l'atmosphère.

Il existe trois façons de mesurer l'humidité atmosphérique.

L'humidité relative est la quantité de vapeur d'eau exprimée en pourcentage de la quantité maximale que peut contenir un volume d'air donné. Cette mesure, la plus couramment employée, est souvent mentionnée dans les bulletins de prévisions météorologiques. Elle est importante en cela qu'elle indique une probabilité de pluie, de rosée, de brouillard... Une forte humidité donne une impression de chaleur accrue en été car elle empêche la sudation.

L'humidité absolue, mesure de la masse d'eau présente dans l'atmosphère, s'exprime sous la forme du nombre de grammes d'eau par mètre cube d'air.

L'humidité spécifique est la proportion de vapeur d'eau par rapport à l'air sec dans un volume d'air donné, exprimée en kilogrammes de vapeur d'eau par kilogramme d'air.

La vapeur d'eau est un gaz à effet de serre : elle absorbe une énergie qui sans cela s'échapperait dans l'espace, et provoque une élévation de la température à la surface de la Terre. À noter que plus l'air est chaud plus il peut contenir de vapeur d'eau, de sorte qu'il chauffe davantage, et ainsi de suite.

À gauche : la forêt pluviale se caractérise par l'importance de ses précipitations annuelles, alors même que la saison des pluies y est brève ; l'humidité atmosphérique y est donc élevée. La quantité de vapeur d'eau contenue dans l'air est encore accrue du fait qu'une grande part de l'évaporation ne peut s'élever au-dessus de la canopée et être entraînée au loin : cette vapeur d'eau retombe sous forme de pluie.

Page ci-contre, en haut : les chutes Victoria sur le Zambèze. Le climat tropical du Zimbabwe, soumis aux effets modérateurs de l'altitude, connaît une saison humide de novembre à mars.

Page ci-contre, en bas : carte réalisée à l'aide du satellite Aqua, représentant la vapeur d'eau atmosphérique au-dessus des océans. La quantité de vapeur d'eau (qui constitue les nuages) est traduite en couleurs codées, du bleu clair (moindre quantité) au bleu foncé (plus grande quantité). Les petites zones jaunes correspondent à des régions de fortes précipitations. La neige et la glace sont jaunes aussi, les déserts vert foncé et les autres terres émergées, noires.

Ci-dessus : la gelée blanche se forme lorsqu' un air saturé de vapeur d'eau refroidit rapidement, la vapeur se précipitant alors directement sur une surface gelée. Une couche de cristaux de glace, aux motifs complexes de fleurs et d'étoiles le plus souvent, se forme alors sur le sol, les plantes, les vitres et autres objets.

Ci-contre : des glaçons couvrent les bourgeons d'un arbre fruitier. Le glaçon en forme de stalactite se forme lorsqu'une eau à une température supérieure au point de congélation s'écoule ou goutte dans de l'air plus froid que le point de congélation. L'eau gèle à mesure qu'elle se déplace, en formant un cône pointe en bas, qui croît en longueur comme en épaisseur tout en restant plus large en haut qu'en bas.

Page ci-contre : la rosée sur une toile d'araignée. La rosée est faite de gouttelettes d'eau de condensation de moins de 1 mm de diamètre qui apparaissent sur les objets le matin ou le soir.

Rosée, givre et gelée

La rosée qui se forme sur la pelouse et le givre qui recouvre le pare-brise les matins d'hiver résultent de la saturation en vapeur d'eau de l'air proche de la surface de la Terre. Le jour, le sol chauffe l'air. La nuit, le sol se refroidit vite, surtout si le ciel est dégagé. L'air en contact avec le sol refroidit mais l'air situé au-dessus est moins froid (l'air est très isolant). L'air situé au sol se refroidit jusqu'à atteindre le point de saturation – le point de rosée –, température à laquelle la vapeur d'eau commence à se condenser. Lorsque le point de saturation est supérieur au point de congélation de l'eau (0 °C), de la rosée se forme. S'il est au-dessous du point de congélation, c'est du givre (ou de la gelée blanche) qui apparaît.

Lorsque les météorologues font référence au gel au sol, cela signifie que la couche superficielle du sol est gelée mais que la température de l'air est encore à 3 ou 4 °C. Une situation d'air gelé prévaut lorsque les températures dans un abri météorologique (écran de Stevenson) atteignent le zéro alors que le sol reste parfois au-dessus de ce zéro. Ce phénomène est fréquent en automne, saison à laquelle le sol conserve encore une peu de la chaleur de l'été.

Il existe deux sortes de gelées, qui créent des splendeurs dans le paysage et en particulier sur la végétation. La gelée blanche se forme lorsque l'air refroidit et que l'eau se condense en une structure glacée ; elle n'apparaît que lorsque les vents sont légers et constitue une structure cristalline fragile, entrelacée sur les éléments par étapes ou par couches. Le blanc est dû aux bulles d'air emprisonnées dans la glace, qui en réduisent la transparence. Les faces lisses des cristaux de gelée blanche la font scintiller sous le soleil. Le givre apparaît sous l'effet de gelées rapides ; il est courant lors des épisodes de brouillards dans lesquels des gouttelettes d'eau proches du point de congélation entrent en contact avec des surfaces gelées. Vu de près, il présente un aspect grenu (tel le sucre ou le sel) et forme des aiguilles ou des plumes ; dépourvu de structure cristalline reconnaissable, il est plus dense et plus dur que la gelée blanche.

La vitesse du vent influe sur la sévérité des gelées. Les vents forts ralentissent le refroidissement nocturne et réduisent le risque de gelée. Cependant les vents puissants soufflant après que la température est tombée au-dessous de 0 °C peuvent entraîner des gelées pénétrantes, risquant de causer des préjudices.

Il importe de disposer de prévisions fiables quant aux risques de gelée. Les paysans doivent être tenus au courant des périls encourus par leurs cultures, les automobilistes veulent savoir s'il y aura du verglas sur leur parcours.

LES NUAGES

Qu'est-ce qu'un nuage ?

Un nuage est un amas de gouttelettes d'eau ou de cristaux de glace réunis en une formation assez dense pour être visible. La vapeur d'eau a besoin de la présence de corpuscules dans l'atmosphère pour que la condensation ou l'accumulation puissent se produire. Ces noyaux de condensation (ou noyaux hygroscopiques) sont souvent des grains de poussière.

Ci-contre : nuage lenticulaire. Vue en très grand angle (fish-eye) d'un nuage lenticulaire (*Altocumulus lenticularis*) au-dessus de Sandstone, dans les Alabama Hills, en Californie, au coucher du soleil. Un nuage lenticulaire doit son nom à sa forme de lentille. Lorsque le vent souffle à travers des montagnes, il tend à provoquer des « vagues » sur le côté sous le vent desdites montagnes. Les nuages lenticulaires se forment quand l'humidité de l'air se condense au sommet de ces ondes. Si la montagne présente une silhouette régulière et si le vent souffle à une vitesse constante, la formation du nuage sera marquée par la stabilité ; le nuage, de forme régulière, demeurera pratiquement stationnaire dans le ciel pendant une longue période. Le Sandstone est une arche naturelle façonnée par l'érosion.

Comment se forment les nuages

Les nuages se forment là où la vapeur d'eau est refroidie jusqu'au point de saturation (ou point de rosée). S'ensuit une condensation qui mène à la formation de gouttelettes d'eau ou à la déposition de cristaux de glace. La température baisse à mesure que l'on s'élève en altitude (gradient) : à haute altitude, tous les nuages sont constitués de cristaux de glace alors qu'à basse altitude, ils sont faits de gouttelettes d'eau.

Les nuages sont liés à des phénomènes mécaniques (orographiques) – quand l'air s'élève au-dessus des montagnes –, ou de convection – ce qui signifie que l'air chaud, plus léger que l'air environnant, s'y élève –, ou encore d'ascendance dynamique – notion liée aux mouvements de l'air à grande échelle dans des dépressions ou au long de fronts. On peut ainsi dire que des nuages se forment là où se produisent élévation, refroidissement et condensation.

En bas : des cumulonimbus se reflètent dans les eaux d'un lac. Les cumulonimbus sont de gros nuages turbulents, chargés de pluie ou de grêle.

Page ci-contre, en haut : marais salants et nuages au Botswana. Les cumulus se forment à basse altitude à partir de gouttelettes d'eau qui se condensent dans des colonnes ascendantes d'air humide.

Page ci-contre, en bas à droite : nuages sur la mer du Nord. L'étude des nuages est appelée « néphologie ».

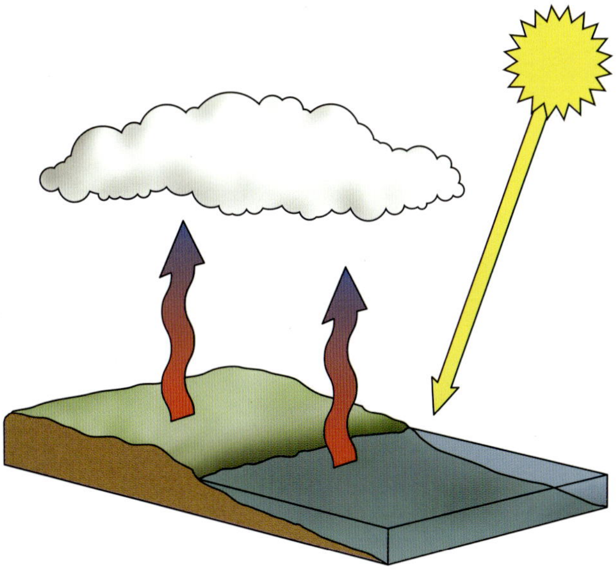

Ci-dessus : un air chaud et humide s'élève, puis se refroidit en altitude, ce qui entraîne la condensation de la vapeur d'eau et l'apparition de nuages.

Les différents types de nuages

Les nuages se classent en fonction de leur forme et de leur altitude, sur ce que l'on appelle parfois un « atlas des nuages ». L'Organisation mondiale de météorologie (OMM) dénombre dix types de nuages. Chaque type est classé selon l'altitude à laquelle il se développe ainsi que selon la forme qu'il prend.

Il existe en fait deux grandes catégories de nuages : les stratus, nuages en couches qui couvrent complètement le ciel et sont associés à des conditions météo stables, et les nuages en monceaux tels que les cumulus.

Ci-dessus : on dénombre une dizaine de types de nuages.

Ci-contre : cirrus Kelvin-Helmholtz, dont la forme distinctive « en tire-bouchon » provient de ce que des couches d'air se croisant en provenance de directions opposées déclenchent une série de mouvements de l'air entre eux. Ce genre de nuages, qui se forme généralement à haute altitude, se dissipe rapidement.

Page ci-contre : plumets épars de cirrus dans le ciel. Certains cirrus sont d'aspect fibreux, d'autres semblent chevelus. Les cirrus sont des nuages de cristaux de glace qui forment en haute altitude de délicats filaments. Ils sont généralement considérés comme des nuages de beau temps.

En haute altitude

Ils sont surtout constitués de cristaux de glace et se développent jusqu'à près de 20 km d'altitude.

Cirrus
Ils se forment à l'étage supérieur, à des altitudes moins élevées aux pôles qu'ailleurs en raison de la température plus basse qui y règne. Faits de cristaux de glace, il ont un aspect plumeux, duveteux.

Cirrostratus
Ces nuages en voile couvrent la majeure partie du ciel. Généralement annonciateurs de mauvais temps, ils forment parfois un halo autour du soleil ou de la lune.

Cirrocumulus
Ces nuages de glace, qui forment habituellement de fort esthétiques motifs irréguliers, sont une variante floconneuse des cirrus.

Ci-dessus : cirrus. Le cirrus est un nuage de haute altitude constitué de cristaux de glace qui forme de délicats filaments, taches ou traînées de couleur blanche. Dans certaines contrées, les longues traînées aux extrémités plumeuses comme celles-ci sont qualifiées de « queue-de-chat ». L'apparition de cirrus isolés dans le ciel est fréquemment annonciatrice de l'approche d'une dépression.

Page ci-contre, en haut : cirrus (en haut), cirrocumulus (dans la couche de nuages principale) et cumulus (bas sur les collines), sur les contreforts de l'Himalaya, dans l'est du Népal.

À droite : les cirrus sont visibles à des altitudes élevées, généralement au-dessus de 5 000 m. Ils sont composés de minuscules cristaux de glace, que les vents organisent en délicats filaments. Un banc de cirrus indique souvent l'approche d'un front météorologique.

Page ci-contre, en bas : cirrocumulus undulatus au coucher du soleil. Les nuances rosées sont dues à la réflexion de la lumière rougeâtre du soleil couchant sur la base des nuages. Leur apparence ridée, conséquence du cisaillement du vent, leur a valu le nom d'undulatus. S'ils couvrent une part grandissante du ciel, ils indiquent l'approche d'un système de fronts.

Les nuages de moyenne altitude

Ils évoluent à des altitudes comprises entre 2 500 et 5 000 m.

Altocumulus
Ces nuages blanc et gris en forme de globes aplatis (de galets, de rouleaux...) mêlent glace et eau en surfusion. Ils constituent souvent le premier signe annonciateur d'un orage à venir.

Altostratus
Comme leur nom l'indique, ces nuages d'une couleur gris terne forment des couches – ils donnent souvent un aspect laiteux au soleil et constituent fréquemment un signe annonciateur de pluie.

Nimbostratus
Versions plus épaisses et plus basses des altostratus, les nimbostratus sont toujours associés à des chutes de pluie ou de neige. Ils sont parfois si épais et si sombres que sous leur couvert il fait presque nuit en plein jour.

À gauche : ces altocumulus donnent au ciel un aspect pommelé fort spectaculaire qui pourrait bien annoncer l'approche d'un front météorologique et de chutes de pluie.

Page ci-contre, en haut : altocumulus éclairés par le soleil couchant. Les altocumulus sont généralement plus gros (et plus sombres) que les cirrocumulus de haute altitude, mais plus petits que les stratocumulus de basse altitude.

Page ci-contre, en bas : altocumulus iridescents. La réfraction de la lumière qui filtre à travers les nuages donne parfois de tels ciels multicolores, irisés. Ce phénomène relativement rare, surtout observable au-dessus des montagnes en hiver, ne se produit toutefois que lorsque le soleil ou la lune ne sont pas directement au zénith et que le nuage vient de se former. Les altocumulus sont composés de gouttelettes d'eau et de cristaux de glace. Ils évoluent à des altitudes moyennes, comprises entre 2 000 et 7 000 m.

Les nuages de basse altitude

La base de ces nuages constitués d'eau s'établit aux environs de 2 000 m d'altitude.

Stratocumulus
Ces nuages arrondis en rouleaux, composés d'eau, sont gris et blanc, avec des zones plus sombres à l'intérieur.

Stratus
Nuages d'eau gris, qui forment des couches uniformes et donnent de la bruine ou de la neige. Ces nuages, bas dans le ciel, causent le « brouillard » sur les montagnes ou les côtes.

Cumulus
Ces gros nuages arrondis, bourgeonnants, « en chou-fleur », sont gris à la base et blancs au sommet.

Cumulonimbus
Ce sont les classiques nuages d'orage en forme d'enclume, qui peuvent s'élever jusqu'à 12 000 m d'altitude – là où leur sommet est constitué de glace.

Page ci-contre, en haut : ciel peuplé jusqu'à l'horizon de cumulus de beau temps au-dessus de la mer, au coucher du soleil. Les cumulus dits « de beau temps » sont de petits nuages sans grande extension verticale, associés à une météo clémente. Les cumulus, d'aspect ouateux, sont arrondis au sommet. Leur base plane, comme on l'observe ici, indique nettement le niveau de condensation, où se forment ces nuages. Les cumulus sont produits aux marges d'un système frontal ou en conséquence d'une activité de cellule convective, avec une base nuageuse en basse altitude (entre 300 et 1 000 m). L'épaisseur des nuages varie généralement entre 500 et 1 500 m.

Page ci-contre, en bas : gros plan sur des cumulus dans un ciel bleu. Le mot *cumulus*, qui signifie « amas » en latin, rend bien compte de l'aspect gonflé et cotonneux de ce type de nuage.

À droite : couche de stratocumulus (blancs) au-dessus de l'océan Pacifique, vue de l'espace. Ces nuages communs ne sont généralement pas porteurs de pluies.

Ci-dessus : ciel du Kalahari, en Afrique du Sud. Les coloris rouges, jaunes et dorés sont dus au fait que l'air lui-même, les grains de poussière et autres particules en suspension dispersent plus les rayons bleus et verts que les rayons jaunes et rouges, de longueur d'onde supérieure. La lumière directe, non diffractée, qui subsiste est atténuée, mais relativement enrichie en rouges et en jaunes. Les rayons du soleil couchant sont parfois réfléchis et renvoyés entre les nuages et le sol, ce qui contribue à peindre des cieux spectaculaires, comprenant toues les nuances de la palette.

À droite : coucher de soleil sur la mer dans le nord du Natal, en Afrique du Sud. Les rayons du couchant traversent la basse atmosphère, qui joue le rôle de lentille et réfracte les rayons obliques en traînées incurvées. L'air, les poussières en suspension et les gouttelettes d'eau dispersent et absorbent les rayons.

Page ci-contre, en haut : les nuées d'orage sont constituées de gros nuages turbulents, porteurs de pluie ou de grêle. Lorsque ces nuées s'amoncellent, de vastes contrées sont susceptibles d'être obscurcies par les nuages.

Page ci-contre, en bas : un horizon ennuagé et des poussières en suspension dans l'atmosphère dispersant la lumière produisent parfois des couleurs spectaculaires au coucher du soleil.

Nuage lenticulaire

Ci-contre : nuage lenticulaire ou altocumulus lenticularis. Les nuages lenticulaires doivent leur désignation à leur apparence lisse évoquant celle d'une lentille. Ils apparaissent généralement lorsque l'air se déplace en ondes sur le versant sous le vent des montagnes ; l'humidité de l'air se condense au sommet de ces ondes et se dissipe au creux des ondes. La constitution des nuages dépend de la vitesse du vent et de la forme des montagnes. Un vent constant peut produire des nuages stables, qui demeurent pratiquement stationnaires dans le ciel pendant de longues périodes. Les nuages lenticulaires sont parfois pris pour des ovnis (« soucoupes volantes »). Celui-ci a été photographié à Mauna Kea (Hawaii), aux États-Unis.

Nuages insolites

Nuages lenticulaires
L'air, se déplaçant au-dessus de montagnes isolées, s'élève pour les franchir. La vapeur d'eau qu'il contient atteint alors le point de rosée et se condense pour former des nuages. Ceux-ci se développent en forme de lentilles (lenticulaires), souvent perpendiculairement à la direction du vent. Certaines montagnes sont surmontées en permanence d'un tel nuage : c'est le cas de certains pics himalayens ou de la montagne de la Table, au Cap, souvent couverte du nuage lenticulaire désigné sous le nom de « la nappe ».

Ondes de ressaut
Lorsque l'air souffle par-dessus une montagne, il doit s'élever pour franchir l'obstacle, avant de retomber sur le versant sous le vent en décrivant une onde. Chaque fois que l'air s'élève, il atteint le point de rosée ; apparaît alors une formation de nuage(s), qui se disperse en redescendant. C'est ainsi qu'en dépit du mouvement de l'air, le nuage – sorte de nuage lenticulaire – semble stationnaire.

Nuages nacrés
Ces nuages de haute altitude, qui se forment jusqu'à 30 km du sol dans la stratosphère et la mésosphère, sont rares ; ils n'apparaissent qu'au crépuscule ou à l'aube, lorsque le soleil est entre 5 et 10° sous l'horizon. Ils ressemblent à des cirrus de haute altitude. Le soleil illumine les nuages de façon spectaculaire. Ceux-ci, qui semblent immobiles, se forment sous l'effet d'une rapide élévation de l'air au-dessus de montagnes.

Noctiluques
Ces nuages rapides se forment à des altitudes très élevées, à 60 km du sol, parfois plus (80 km), au sommet de la mésosphère (plus haut que certains satellites). Ils ne sont visibles qu'en été, entre 50 et 65° de latitude (N et S). À l'instar des nuages nacrés, ils apparaissent quand le soleil est entre 6 et 12° sous l'horizon, quand le sol et les basses couches de l'atmosphère sont dans l'ombre. Leur déplacement est très rapide : bien que leur mode de formation ne soit pas parfaitement élucidé, on pense que ces nuages nocturnes lumineux sont associés au jet-stream (d'où des vitesses allant jusqu'à près de 500 km/h).

Traînées de condensation et de dissipation
Les réacteurs des avions laissent un sillage, une traînée de condensation, véritable nuage artificiel. En se déplaçant dans les airs, l'avion libère de la vapeur d'eau et d'autres gaz qui se condensent dans l'air glacial. Les chutes de pression qui se dessinent en bout d'aile peuvent aussi former de petits tourbillons (vortex) où la vapeur d'eau se condense ou gèle, ce qui provoque des effets comparables à des ronds de fumée au long de la traînée de condensation (dite aussi « traînée de vapeur », « traînée blanche » ou encore « cotra » – de l'anglais *contrail* pour *condensation trail*)

Nuage stratosphérique polaire

Ci-dessus : nuage stratosphérique polaire – blanc – et autres nuages colorés par le coucher du soleil. Les nuages stratosphériques polaires (ou PSC, pour Polar Stratospheric Clouds), dits aussi « nuages de nacre », sont des nuages de glace de l'étage supérieur de l'atmosphère, qui se forment à des altitudes de 25 km dans la stratosphère polaire. Ils n'apparaissent qu'en hiver, lorsque la température descend sous -80 °C. Les PSC jouent un rôle dans la destruction de l'ozone par le chlore. Ils convertissent en effet des formes inoffensives de chlore en d'autres formes réactives. Le chlore est transporté dans la stratosphère au sein des CFC (chlorofluorocarbures), gaz employés en tant que réfrigérants et dans la fabrication de plastiques expansés. Cette photographie a été prise au début de janvier au-dessus de la Laponie suédoise.

Ci-contre : image prise par le satellite Aqua de nuages formant un alignement tourbillonnaire dit « allée de tourbillons de Karman » ou « allée de Bénard-Von Karman » (sorte de « tresse », au centre) au-dessus de l'île Jan Mayen (au sommet de l'allée de tourbillons). Le vent souffle du sommet de la photographie. De tels vortex se forment lorsque des vents soufflant à basse altitude sur une mer plane sont perturbés par un obstacle tel qu'une île. Les vortex s'alignent dans le sens du vent, avec apparition de vortex alternés aux sens de rotation opposés.

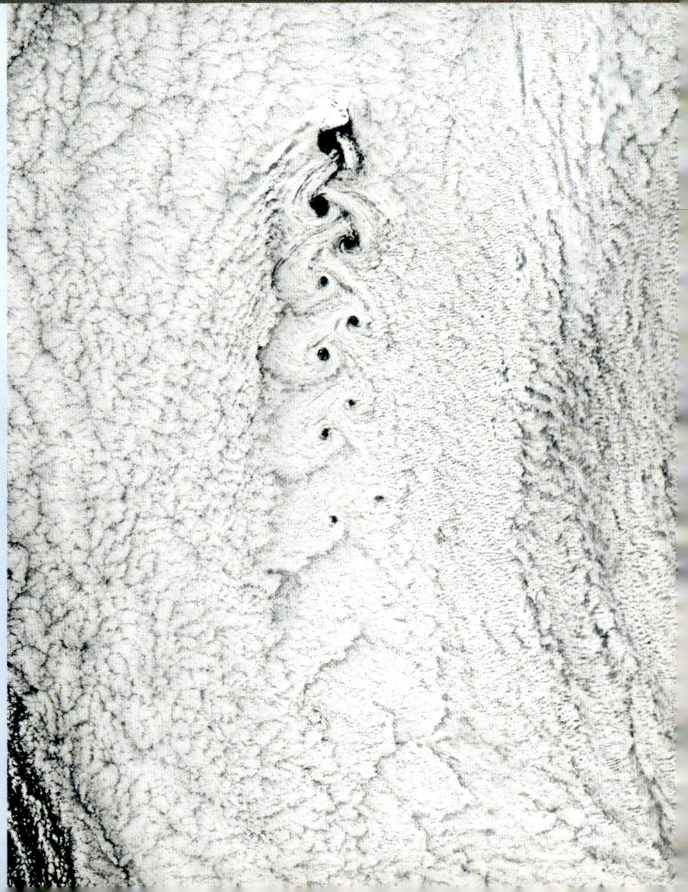

Ci-dessus : les rayons crépusculaires (alternance d'ombre et de lumière) sont provoqués par la diffraction de la lumière du soleil sous l'effet de la présence de particules atmosphériques ou de trouées dans une couche nuageuse. L'apparente divergence est un effet de perspective, les rayons sont en fait parallèles.

Ci-dessus : les traînées de condensation sont des nuages artificiels formés par les gouttelettes d'eau gelée provenant de l'échappement des réacteurs d'avion. Elles apparaissent lorsque les appareils volent à des altitudes supérieures à 5 000 m, lorsque l'atmosphère est quasiment saturée de vapeur d'eau. Dans un air sec, la traînée de condensation se dissipe rapidement. Il arrive qu'au moment de la dissipation apparaissent des motifs « chromosomiques » tels que ceux-ci.

Ci-dessus : nuage lenticulaire dans le Colorado. L'air qui atteint dans son déplacement des collines ou des montagnes isolées est amené à s'élever pour les franchir ; la vapeur d'eau qu'il contient se refroidit alors jusqu'à atteindre le point de rosée et se condense en formant des nuages. Ceux-ci, « bossus » ou en forme de lentille (d'où le qualificatif de « lenticulaire »), se développent habituellement à la perpendiculaire de la direction du vent.

Brumes et brouillards

Brumes et brouillards sont des nuages qui se forment au sol ; comme les nuages, ils apparaissent lorsque la vapeur d'eau atteint le point de rosée et condense. Ils sont constitués de gouttelettes d'eau en suspension, la différence entre la brume et le brouillard résidant dans la densité des gouttelettes. Selon la définition officielle, en aviation notamment, le brouillard est associé à une visibilité inférieure à 1 000 m (mais inférieure à 200 m sur la terre ferme ou en mer), et donc à une forte densité de gouttelettes d'eau dans le secteur. Lorsque la visibilité tombe en dessous de 50 m, les transports sont perturbés, avec des risques d'accidents significatifs.

Brouillard de rayonnement

C'est le type de brouillard le plus courant. Le sol absorbe la chaleur dans la journée, puis la rejette nuitamment en se refroidissant – et en refroidissant aussi l'air environnant. Si le refroidissement est assez important, de la vapeur d'eau se condense en gouttelettes de nuage au sol et forme ainsi du brouillard. Les conditions les plus propices à ce phénomène sont des vents légers (nécessaires pour remuer l'air froid et créer de la condensation sur une vaste zone), des ciels clairs et de longues nuits. Après le lever du soleil, les rayons solaires réchauffent la terre et l'atmosphère, dissipant ainsi le brouillard. En hiver, les températures demeurent parfois si basses que le brouillard se maintient toute la journée.

En haut : le Golden Gate Bridge émerge du dense brouillard qui enveloppe San Francisco, en Californie. Le brouillard, composé de minuscules gouttelettes d'eau, se forme lorsqu'un air relativement chaud et humide se refroidit et qu'une partie de la vapeur d'eau présente dans l'air se condense en gouttelettes – phénomène lié au fait que l'air froid ne peut contenir autant de vapeur d'eau qu'un air plus chaud.

Brouillard d'advection
Un tel brouillard se forme lorsqu'un air humide et chaud passe sur une surface froide. Les couches inférieures de l'air sont refroidies jusqu'au point de condensation, ce qui crée du brouillard. Ce type de brouillard est typique de celui que l'on observe fréquemment sur le Golden Gate, à San Francisco, en Californie (aux États-Unis), car des brises de mer humides soufflent en été sur les eaux froides du Pacifique.

Brouillard de pente
Ce type de brouillard se forme lorsqu'un air doux et humide monte au long d'une pente au vent, où il se refroidit et – si l'air est saturé – condense. Si cette condensation intervient au-dessous du sommet, il y a brouillard.

Brouillard côtier
Il se forme lorsqu'un courant d'air tiède passe sur une eau froide, de sorte que ses couches inférieures sont refroidies en deçà du point de rosée, d'où l'apparition d'un brouillard dont on note fréquemment qu'il survient avec la marée montante.

Brouillard givrant
Il est constitué de gouttelettes d'eau en surfusion (qui demeurent liquides alors même que la température de l'air est inférieure au point de congélation). Comme son nom l'indique, le brouillard givrant produit du givre, fait de cristaux de glace plumeux qui se déposent sur le côté au vent de surfaces verticales (sur les poteaux télégraphiques, par exemple).

Smog
De l'anglais *smoke* (« fumée ») et *fog* (« brouillard »). La pollution de l'air crée des conditions idéales pour la formation de gouttelettes d'eau, qui en se mélangeant aux particules polluantes provenant des combustibles fossiles créent un épais brouillard délétère. Les célèbres « purées de pois » qui sévissaient à Londres au XIXe siècle et au début du XXe siècle constituaient des exemples caractéristiques de smog urbain.

Ci-dessus : circulation automobile dans le brouillard. Le brouillard réduit la visibilité, et si la plupart des navires peuvent le « percer » au moyen de leurs radars, les véhicules routiers doivent se déplacer avec lenteur et circonspection, en usant de leurs phares antibrouillards. Les brouillards localisés sont dangereux, dans la mesure où ils sont susceptibles de surprendre les automobilistes.

Ci-dessous : brouillard en mer du Nord. Cette image satellitaire montre un vaste banc de brouillard en mer du Nord. Les coloris de surface ont été traités pour être proches des tons naturels. Les îles Britanniques et les côtes de l'Europe septentrionale (Scandinavie, notamment) sont visibles. De minces couches de nuages d'altitude apparaissent au-dessus de l'Allemagne et de l'Autriche, et masquent partiellement quelques contrées alpines enneigées. La majeure partie de la Suède (en haut, à droite) est également recouverte de neige. Les nuances rougeâtres à gauche de l'image sont dues aux reflets du soleil sur les eaux de l'Atlantique – le Soleil éclairait en oblique la région lorsque cette image fut captée par un satellite de la NOAA (US National Oceanic and Atmospheric Administration).

LES PRÉCIPITATIONS

Tout liquide – ou liquide gelé – qui tombe de l'atmosphère sur la surface de la Terre sous l'influence de la gravitation est qualifié de précipitation. Les précipitations ont une importance cruciale en ce qu'elles assurent la circulation de l'eau entre les réserves atmosphériques, les océans, les glaciers et les calottes glaciaires, les lacs et les cours d'eau…

Il existe trois types de précipitations, classés en fonction de leur état – liquide (eau), solide (glace) ou en phase de congélation (neige ou grêle), au sein desquels on distingue la neige, la grêle, le grésil, la bruine et, bien évidemment, la pluie.

Seuls les nuages ayant une certaine épaisseur apportent de la pluie : nimbus et cumulonimbus donnent les précipitations les plus abondantes. Certains nuages engendrent des précipitations qui n'atteignent pas toujours le sol car les gouttes d'eau s'évaporent parfois avant d'atteindre la base du nuage. La quantité totale de pluie qui tombe sur la Terre en une année est d'environ 5 millions de milliards de tonnes. Une goutte de pluie contient un million de fois plus d'eau qu'une gouttelette de nuage moyenne ; les plus rapides de ces gouttes d'eau tombent à 9 m/s, alors que la neige ne tombe qu'à 0,5 m/s.

Maintes régions du monde ne reçoivent presque pas de précipitations, sous quelque forme que ce soit. Dans le nord du désert d'Atacama, au Chili, la ville de Calama n'a pas reçu de pluie pendant 400 ans, puis, en 1972, des pluies torrentielles s'y sont abattues, provoquant inondations, glissements de terrain et dégâts de grande ampleur dans la ville.

Ci-dessous : chute de neige à New York.

Ci-dessus : les gouttes de pluie prennent souvent la forme de larmes dans les dessins (animés ou non). En réalité, cela n'est vrai que lorsqu'elles dégouttent d'une surface. Les petites gouttes de pluie sont sphériques ; plus grosses, elles s'aplatissent à la base ; les très grosses ont une forme de parachute.

Ci-contre : la pluie au loin dans la Vallée de la Mort, en Californie (aux États-Unis). L'averse apparaît (en bas, au centre) comme un voile gris rosé surgissant des cumulus. La pluie est la précipitation de petites gouttes d'eau. Les masses d'air se chargent d'humidité en passant au-dessus de nappes d'eau tiède ou de terres humides. Cette humidité est emportée vers le haut sous l'effet des turbulences et de la convection. Les pluies résultent du refroidissement et de la condensation de cette vapeur d'eau sous l'effet des vents ou de l'élévation forcée au-dessus des reliefs terrestres. La pluie est un phénomène très rare dans la Vallée de la Mort. Cet épisode pluvieux a été provoqué par El Niño, survenu en 1998 dans l'océan Pacifique, à quelque distance vers l'ouest.

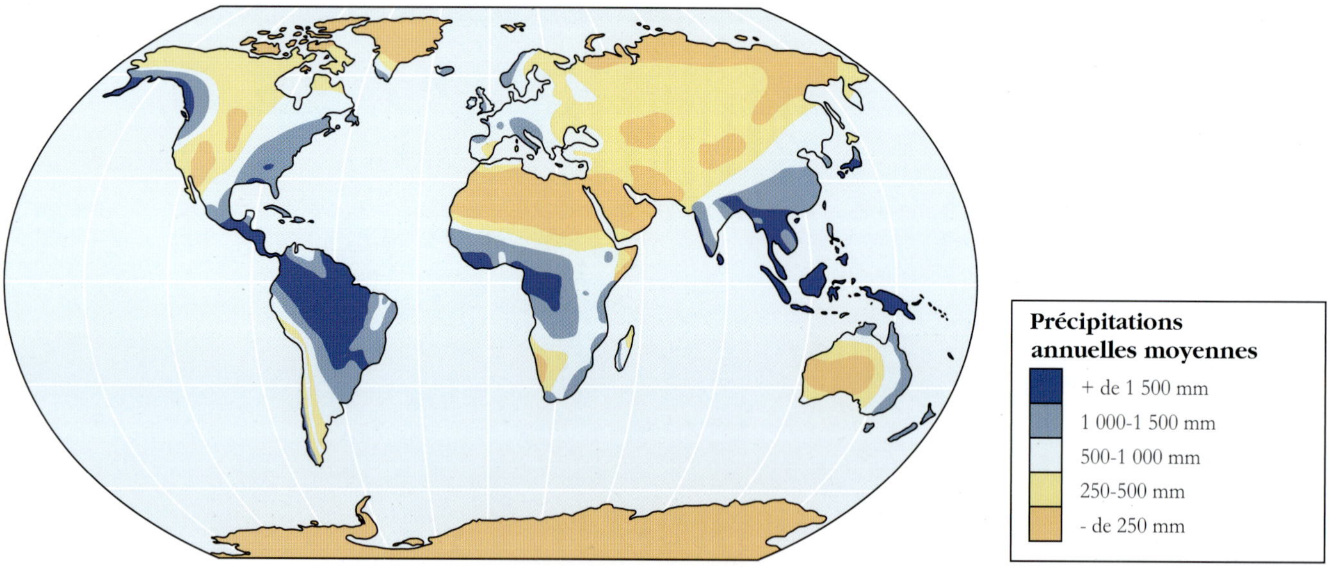
Précipitations
annuelles moyennes
+ de 1 500 mm
1 000-1 500 mm
500-1 000 mm
250-500 mm
- de 250 mm

La pluie

Il s'agit de la forme liquide des précipitations. Lorsque les nuages de pluie sont assez épais, ils produisent de grosses gouttes qui tombent sous forme de pluies, qui peuvent être très légères, se présenter comme des averses ou se montrer extrêmement violentes, jusqu'à provoquer des inondations.

La bruine est une fine précipitation, analogue à une brume, qui semble dériver lentement dans les airs. Ses effets ne sont guère prononcés. Il arrive même que ces précipitations ne soient pas mesurables au moyen d'un pluviomètre.

Le processus de formation de la pluie n'est pas des plus simples. L'effet Bergeron-Findeisen (ainsi désigné du nom de ses découvreurs, respectivement suédois et allemand) est l'une des théories majeures. Elle rend compte d'une interaction entre la vapeur d'eau, les gouttelettes d'eau en surfusion et les cristaux de glace à des températures comprises entre -10 et -20 °C. Cette interaction favorise la formation de gros cristaux, qui tombent des nuages sous forme de neige. Lorsque la température de l'air est assez élevée, la neige fond pour se transformer en pluie.

Dans les régions tropicales, la température de l'air est trop élevée pour que des cristaux de glace se forment ; la pluie qui tombe dans ces contrées résulte de la coalescence, c'est-à-dire de la collision des gouttelettes qui finissent par s'amalgamer et par devenir assez lourdes pour tomber sous forme de pluie.

Dans les nuages les moins denses, les gouttelettes entrent en collision avec un nombre restreint d'autres gouttelettes, de sorte qu'elles forment des gouttes plus petites, constitutives d'une fine brume, ou bruine.

La pluie provient souvent de nuages en couches tels que les stratus, mais entre les averses des conditions météo ensoleillées peuvent se développer.

Les nuages de pluie peuvent se former selon trois processus, selon qu'ils apparaissent au-dessus des montagnes (nuages orographiques), à la rencontre de deux masses d'air (nuages frontaux), là où on trouve un air chaud et léger (nuages de convection)…

Page ci-contre, en haut : des rayons de soleil percent les nuages chargés de pluie pour illuminer la mer qui baigne les îles Summer, en Écosse. Les gouttes de pluie sont soit des gouttelettes d'eau provenant de nuages bas, soit des cristaux de glace issus de nuages de plus haute altitude qui fondent en tombant au travers d'un air plus chaud. Les gouttes de pluie ont jusqu'à 5 mm de diamètre – moins de 1 mm pour la bruine. Les stratus engendrent des pluies persistantes, alors que les cumulus sont plus associés aux averses.

Ci-dessous : un voile de pluie s'étend sous un gros stratocumulus. Ce genre de phénomène apparaît lorsque la convection est faible sous les nuages. Si la pluie s'évapore avant d'atteindre le sol, on parle de « queue de pluie » ou de « virga ».

La neige

Pour la plupart des enfants – et de nombreux adultes – la neige est le genre de précipitation le plus enthousiasmant, que l'on attend avec impatience lorsque s'annonce l'hiver. D'aucuns croient que la neige est de la pluie gelée, mais tel n'est pas le cas. En réalité, la neige se forme lorsque de minuscules cristaux de glace entrent en collision et s'agglomèrent. La majeure partie des cristaux de neige fond en tombant vers le sol, mais lorsque l'air est assez froid ils perdurent et atteignent le sol en flocons.

Chaque cristal de neige possède une structure particulière, qui dépend de la température, de l'altitude et de la saturation des nuages au moment de sa formation. Les cristaux se réunissent lorsqu'ils sont humides puis gèlent de nouveau, de sorte que les gros flocons ont tendance à se former lorsque l'air est relativement doux, juste au-dessus du point de gel. Cette situation favorise en outre les chutes les plus abondantes, car l'air tiède peut contenir davantage d'humidité. Incidemment, ce genre de neige est le plus propice à la confection et au lancer, par les enfants comme par les adultes, de superbes boules !

Lorsqu'il fait très froid, les cristaux de neige ont tendance à être plus secs et plus poudreux, car les cristaux de glace n'adhèrent pas aisément les uns aux autres. C'est la neige poudreuse que les skieurs affectionnent par-dessus tout – et c'est bien ainsi qu'elle est annoncée par les bulletins de prévision météorologique.

Le stade intermédiaire, qui intervient lorsqu'une partie de la neige a fondu et que les précipitations atteignent le sol sous une apparence mi-neige, mi-pluie, est celui dit de la neige fondue.

Ci-contre : fortes chutes de neige au long d'un cours d'eau lors d'une tempête dans l'État américain du Missouri. La neige est faite de gros cristaux de glace qui se forment dans les nuages par agglomération de cristaux de moindre taille. Lorsqu'il fait très froid, la neige prend l'apparence de petits flocons secs et se dépose au sol sous forme de poudreuse. Lorsque les températures sont plus clémentes, les flocons sont plus gros et plus humides.

À droite : le blizzard est une tempête de neige généralement accompagnée de vents violents, susceptible de bâtir d'énormes congères et de rendre très difficiles les déplacements des piétons comme des automobilistes.

À droite : vue micrographique de flocons de neige. Au centre, deux flocons en plaquette, vers l'extérieur, des flocons dendritiques. Les flocons de neige sont des cristaux de glace symétriques qui se forment dans un air calme par des températures proches du point de congélation de l'eau. La forme exacte d'un flocon dépend des conditions météo locales. Les flocons de neige se caractérisent le plus souvent par leur symétrie hexagonale (ce qui apparaît bien ici). Il n'existe pas deux flocons identiques, car chacun d'eux connaît des conditions particulières lors de sa formation au sein d'un nuage.

La grêle

La grêle, associée aux orages et souvent aux tornades, est pour la plupart d'entre nous un phénomène météorologique digne d'intérêt, mais certaines personnes redoutent de perdre à cause d'elle leurs sources de revenus. Parfois même, la grêle tue : en 1888, un orage de grêle fit 246 morts à Moradabad, dans le nord de l'Inde.

Si l'on pouvait trancher un grêlon, l'on verrait qu'il est constitué de couches concentriques, à la manière d'un oignon. Cette structure est liée au fait que le grêlon voit le jour sous la forme d'un cristal de glace dans un nuage instable tel qu'un cumulonimbus (ou dans tout nuage d'orage), et également au caractère violent des averses de grêle.

Au sein du nuage, l'air est animé de puissants courants verticaux qui projettent les cristaux de glace de bas en haut et de haut en bas. Finalement, le grêlon devient si lourd qu'il ne peut rester en suspension dans le nuage : il tombe alors vers le sol.

Un grêlon moyen fait environ 5 mm de diamètre ; même pour une taille aussi réduite, il lui faut pour se former un vent fort, d'environ 30 m/s. Sans être très fréquents, les grêlons aussi gros qu'une balle de golf ne sont pas choses rares, au contraire des grêlons aussi énormes que celui qui tomba lors d'une averse de grêle sur le Kansas, en 1970 : ce mastodonte parmi les grêlons pesait 765 g, pour une circonférence de 44 cm et un diamètre de près de 15 cm ; il fut surpassé en 1986 par un monstrueux grêlon tombé à Gopalganj, au Bangladesh, qui pesait pas moins de 1 kg !

Ci-contre : image en couleurs d'un grêlon géant de forme irrégulière. Les grêlons sont des amas de glace formés dans les nuages d'orage (cumulonimbus) lorsque des gouttelettes d'eau demeurent fluides après que leur température a chuté au-dessous du point de congélation. Cette eau en surfusion circule dans les ascendances au sein du nuage et forme de la glace au contact des particules de poussière en suspension dans l'air. Les grêlons grossissent à mesure qu'ils circulent dans le nuage, jusqu'à être trop gros pour que le nuage supporte leur poids ou jusqu'à être éjectés de la zone d'ascendance. Les gros grêlons comme celui-ci (d'environ 15 cm de large) sont susceptibles de causer des dégâts matériels et de blesser bêtes ou gens en tombant.

Ci-dessus : la grêle s'abat sur Gillette, dans le Wyoming, aux États-Unis ; la grêle est une forme de précipitation constituée de billes de glace, les grêlons, qui se forment dans les cumulonimbus sous l'action de violents courants de convection. Des particules de pluie ou de neige, entraînées verticalement vers les sommets du nuage, entrent en collision avec de l'eau en surfusion et d'autres particules. Ces collisions ont pour effet que les particules adhèrent les unes aux autres. Lorsqu'elles deviennent trop lourdes pour être soutenues par les courants d'air, elles tombent au sol. Certains grêlons, qui dépassent les 10 cm de diamètre, infligent de graves dégâts aux biens et aux cultures.

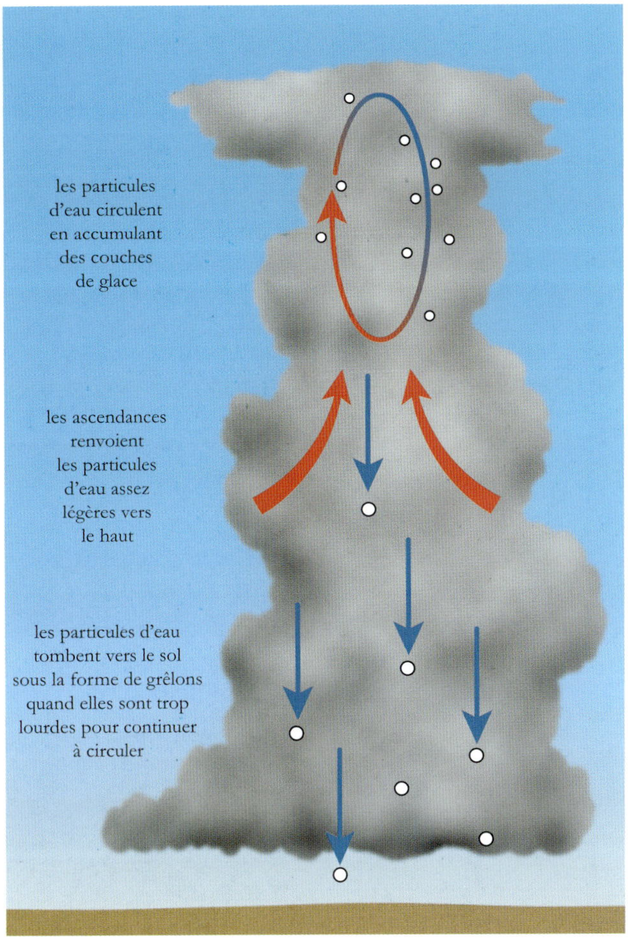

Ci-dessus : schéma illustrant la formation des grêlons.

Les orages de grêle sont redoutés pour les dégâts qu'ils infligent aux cultures et aux habitations. Dans les États du centre des États-Unis s'étend une zone connue sous le nom de Hail Alley (« l'Allée de la grêle »), où les averses de grêle causent chaque année des millions de dollars de dommages. Sous la violence des chutes de grêlons, les cultures sont aplaties et toute récolte devient impossible. Dans d'autres régions du monde, en Italie notamment, les paysans étendent des nattes de paille sur des piquets pour protéger les fruits des effets dévastateurs de la grêle. À Sydney, en Australie, ville non réputée pour la sévérité de ses orages de grêle, un tel épisode s'est produit en 1999 : en moins de 15 minutes, des grêlons dont les dimensions allaient de celle d'une balle de golf à celle d'une balle de tennis se sont abattus à 160 km/h, endommageant sérieusement 25 000 habitations, faisant 44 000 sans-abri et causant l'équivalent de 1 milliard d'euros de dégâts.

L'ATMOSPHÈRE : PHÉNOMÈNES LOCALISÉS

Continentalité : les effets de la terre ferme

Les steppes de Russie et La Prairie d'Amérique du Nord évoquent des images d'étendues herbeuses infinies. Ces deux régions, très éloignées des mers aux influences modératrices, connaissent un climat de type continental (tel qu'on en rencontre dans les régions intérieures des continents), caractérisé par des étés aussi brefs que doux (voire chauds) et des hivers aussi longs que glacials (les blizzards sont fréquents). Les contrées continentales sont généralement sèches : elles sont si loin de la mer que les vents ont perdu la majeure partie de leur humidité avant de les atteindre. Durant l'été, ces régions sont dominées par des masses d'air chaud, et durant l'hiver par des masses d'air froid.

Ce type de climat se rencontre dans des régions éloignées des mers. La mer possède une capacité thermique élevée, il lui faut longtemps pour se réchauffer, mais longtemps aussi pour se refroidir. La terre ferme, pour sa part, présente une capacité thermique bien moindre. Lorsque le rayonnement solaire atteint la Terre, les sols absorbent l'énergie en surface, dans une couche superficielle qui chauffe vite et refroidit tout aussi vite. C'est pour cela que les régions continentales présentent une amplitude thermique élevée (plus de 40 °C dans certaines régions des États-Unis). Par comparaison, l'amplitude thermique est moindre (parfois limitée à 10 °C) dans des régions telles que la Bretagne, où la proximité de la mer définit un climat maritime.

Rares sont les contrées de l'hémisphère austral à posséder un climat véritablement continental, mais le veld sud-africain et les pampas d'Argentine s'en approchent. Leur climat est toutefois légèrement plus tempéré car ces régions sont plus proches de la mer ; plus proches de l'équateur, elles connaissent en outre des hivers un peu moins froids.

Ci-dessous : paysage du Kalahari et acacia « camelthorn », dans le veld sud-africain (parc national Kalahari Gemsbok). Le mot *veld* signifie littéralement « champ » en afrikaans. Les plaines ouvertes du veld sont couvertes d'herbes et de broussailles.

Ci-dessus et ci-dessous : les prairies sont des étendues de terres naturellement couvertes d'herbes, où les arbres sont rares. Les prairies d'Amérique du Nord connaissent des climats relativement tempérés et des précipitations modérées.

Caractères maritimes : les effets de la mer

Le caractère océanique d'un climat est lié à l'influence des flux d'air venus d'au-dessus des mers. Un climat maritime de côte ouest, typique des littoraux occidentaux des moyennes latitudes, se rencontre aussi dans une petite partie du sud-est de l'Australie.

Ce type de climat se caractérise par des étés frais et humides, des hivers doux et une amplitude thermique annuelle réduite. Un tel climat ne connaît guère d'extrêmes, contrairement au climat continental que connaît une région comme celle des steppes de Russie.

Un climat maritime (ou océanique), comme celui du Royaume-Uni par exemple, est soumis à l'influence modératrice de la mer. L'eau possède une capacité thermique élevée : il lui faut longtemps pour chauffer en été, mais il lui faut longtemps aussi pour refroidir en hiver. Les températures terrestres les plus élevées se situent en juillet et août, mais les températures maximales de la mer interviennent en septembre, alors que les températures de l'air sont en baisse. Cela signifie que les régions proches de la mer bénéficient de l'air qui souffle sur des mers chaudes en automne et en hiver, ce qui maintient les températures de l'air sur les terres à un niveau assez élevé. Inversement, quand les régions continentales étouffent de chaleur en été, les contrées maritimes bénéficient d'un certain rafraîchissement apporté par l'air venu de la mer.

La Bretagne connaît un climat maritime modéré car les vents dominant de sud-ouest soufflent de l'Atlantique. Les masses d'air maritime sont soumises à un effet de radoucissement dû au Gulf Stream, courant marin chaud. En Grande-Bretagne, l'amplitude thermique annuelle ne dépasse guère 10 °C.

L'Alaska et l'ouest du Canada connaissent un climat océanique, mais il n'y a pas là de courant marin chaud pour maintenir des températures douces. Le climat est donc plus froid, et les précipitations y tombent plus souvent sous forme de neige.

Ci-dessous : l'herbe d'ours (*Xerophyllum tenax*) prospère sous le climat océanique de la côte ouest de l'État de Washington. Cette région connaît des précipitations réparties toute l'année, des hivers doux et des étés assez frais. Ces conditions, qui en Amérique du Nord ne se rencontrent que sur une bande littorale, caractérisent en revanche la majeure partie de l'Europe occidentale.

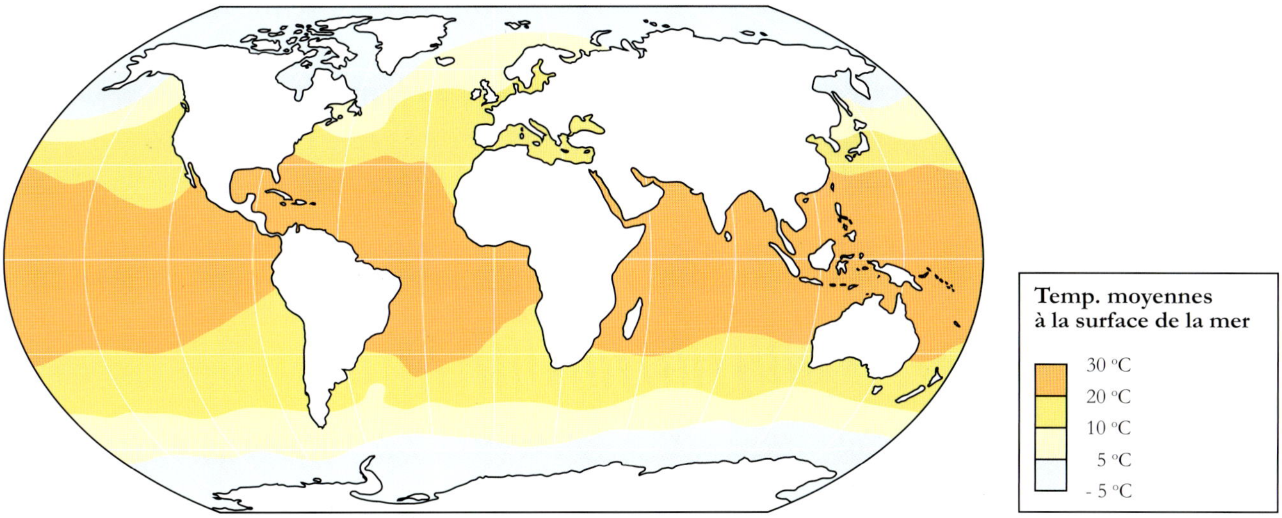

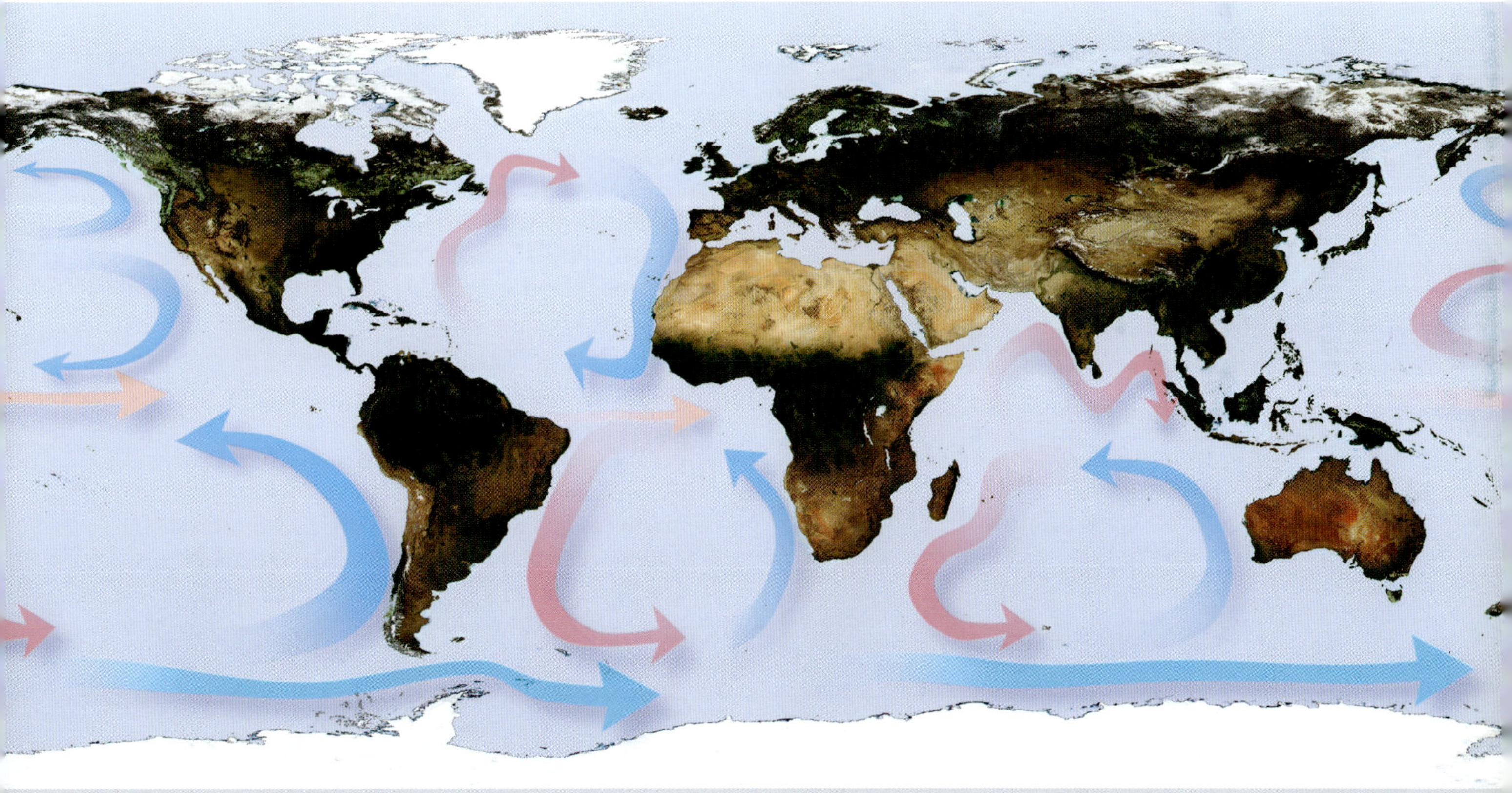

Ci-dessus : représentation des courants océaniques de surface. L'eau chaude est rouge, l'eau froide, bleue. Les courants de surface circulent sous l'effet des vents. En bas, le courant circumpolaire antarctique se dirige vers l'est. Ne subissant l'obstruction d'aucun continent sur son parcours, c'est le plus puissant des courants. Quant au Gulf Stream, c'est un courant chaud né dans la mer des Caraïbes, qui remonte au long de la côte est des États-Unis avant de traverser l'Atlantique. L'Europe occidentale lui doit un climat plus chaud. Les alizés font circuler l'eau vers l'ouest au long de l'équateur ; aux latitudes moyennes, l'eau est poussée vers l'est par des vents d'ouest. Sous l'effet de ces vents opposés, les courants océaniques forment de gigantesques boucles, appelées tourbillons océaniques.

L'altitude

Quiconque a récemment pris l'avion a pu noter des changements de température dans l'atmosphère à mesure que l'avion s'élève vers son altitude de croisière. Au sol, l'on constate de semblables baisses de température dues à l'altitude, lorsqu'on gravit le versant d'une montagne par exemple. Cette baisse de température est appelée « gradient thermique » (adiabatique). La valeur moyenne à l'échelle de la planète de ce gradient thermique est de 6 °C pour 1 000 m, mais en un jour donné et en un lieu donné elle peut varier (on parle alors de gradient thermique local). Cette baisse de température est due à l'accroissement de la distance par rapport à la source de chaleur qui chauffe l'air, c'est-à-dire la surface de la Terre. L'atmosphère est réchauffée par la Terre, elle-même chauffée par les rayons du soleil. L'air est plus chaud près de la surface de la Terre car il est plus proche de la source de chaleur.

Lorsque l'air s'élève dans la troposphère, la pression qui s'exerce sur lui décroît. En conséquence, le volume de l'air augmente. Ce faisant, les molécules s'écartent les unes des autres et entrent moins en collision les unes avec les autres, ce qui provoque une baisse de la température (refroidissement adiabatique). Ce phénomène est comparable à celui qui se produit lorsqu'on laisse l'air s'échapper d'un pneumatique ; on peut sentir alors l'air se refroidir en passant dans un milieu à pression moindre. L'inverse aussi est vrai : à mesure que l'air descend dans la troposphère, il est soumis à une pression croissante, ce qui tend à le comprimer – les molécules d'air sont pressées les unes contre les autres. Le volume d'air diminuant, les molécules rebondissent les unes contre les autres à grande vitesse et ainsi accroissent la température de l'air (réchauffement adiabatique).

L'importance du refroidissement ou du réchauffement de l'air dépend de la plus ou moins grande humidité de l'atmosphère. Si l'air est sec, la variation de température sera de 10 °C pour 1 000 m (gradient adiabatique sec). Cette valeur est constante, en tant qu'elle est toujours de 1 °C tous les 100 m. Si l'air est saturé, la variation est de 6 °C pour 1 000 m (gradient adiabatique saturé). Cette valeur varie légèrement en fonction de la quantité d'humidité dans l'atmosphère. La différence entre les deux valeurs est due au dégagement de chaleur latente par suite de la condensation. En condensant, la vapeur d'eau libère une chaleur latente qui est transférée vers les autres molécules à l'intérieur du volume d'air, ce qui entraîne une réduction du rythme de refroidissement.

En soufflant au-dessus de la mer, le vent se charge d'humidité. Si l'air est poussé vers le rivage, il doit s'élever en atteignant des reliefs. Il se refroidit alors et une condensation intervient, qui provoque la formation de nuages d'où tombent des précipitations. La majeure partie de la pluie tombe sur les sommets ou les versants au vent (orientés face à la mer, et donc face aux vents qui en proviennent, les brises de mer).

En descendant sur le versant sous le vent, abrité, l'air se réchauffe. Une évaporation intervient et l'air sèche, de sorte que les pluies n'y sont que résiduelles. Les versants sous le vent sont donc plus secs que les versants au vent.

La connaissance de ce phénomène est importante dans la préparation des bulletins de prévision. Dans maintes zones soumises à ce régime, l'on constate souvent que les terres situées sous le vent de chaînes de montagnes souffrent d'un manque d'eau et sont plus exposées à la sécheresse que les contrées au vent.

Les reliefs ont également la capacité de produire des nuages. Certaines montagnes font naître des nuages sur le versant de la montagne. Ces nuages lenticulaires ne se déplacent pas avec le vent, ils semblent stationnaires. Ils se constituent là où l'air s'élève et se dissolvent là où l'air descend, d'où leur apparente immobilité. Des pics isolés tels que le Cervin se drapent de nuages en banderole. Lorsque l'air s'élève au long de la montagne, un tourbillon naît sous le vent du sommet, et la chute de pression crée un nuage lenticulaire.

Ci-dessus : les versants sous le vent des reliefs sont les plus secs.

Ci-contre : un nuage orographique se forme sur une montagne du littoral dans l'été arctique. Ce nuage se forme par suite de l'élévation en haute altitude de l'air marin humide rencontrant la montagne. La vapeur d'eau se condense sous l'effet des basses températures qui règnent à ces altitudes, et forme ainsi un nuage orographique. Les pluies qui en résultent permettent l'apparition de la vie dans ces contrées arctiques, sans cela arides et désertiques.

Page ci-contre, en haut : Namche Bazar, un village de la région de Khumbu, au Népal, est situé à 3 440 m d'altitude sur le versant d'une colline.

Page ci-contre, en bas : le sommet du mont McKinley, dans le parc national de Denali, en Alaska, se dresse à 6 194 m d'altitude. L'air y est froid et la pression atmosphérique basse : les alpinistes en ressentent intensément les effets. Plus on s'élève et moins il y a d'oxygène dans l'air ; le mal aigu des montagnes, qui survient souvent au-dessus de 2 500 m, est susceptible de provoquer des troubles chez ceux qui ne prennent pas soin de s'acclimater progressivement à ces conditions particulières, troubles pouvant aller jusqu'à un œdème pulmonaire de haute altitude (OPHA) parfois fatal.

Les vents locaux

Dans maintes régions du monde la géographie locale (par exemple la présence de chaînes montagneuses, de collines et de vallées) tend à produire une grande diversité de conditions météorologiques locales, auxquelles participent des vents qui soufflent parfois de façon saisonnière et produisent des effets pouvant être dévastateurs. Nombre de ces vents ont reçu des noms qui mettent en relief la nature de ces effets.

L'un des plus célèbres est un vent froid et puissant qui souffle des Alpes vers le sud : le mistral. Celui-ci apparaît généralement sous la forme d'un front froid soufflant sur le Midi de la France, vers la Méditerranée. L'air s'accumule dans les Alpes puis « déborde » et s'engouffre dans la vallée du Rhône à des vitesses atteignant parfois 150 km/h. Marseille et la Côte d'Azur éprouvent fréquemment la pleine force de ce vent au moment où il atteint la mer ; en été, le mistral apporte habituellement un temps frais et venteux, ainsi qu'une grosse mer. Les véliplanchistes s'en réjouissent sans doute, mais non les pompiers car ce vent tend à attiser les incendies de forêts si fréquents en été en Provence.

Aux États-Unis, le chinook (« dévoreur de neige ») souffle des Rocheuses. Ce vent tiède, né de l'air qui se comprime en dévalant le versant sous le vent (ce sont les conditions adiabatiques), marque la fin des neiges hivernales et annonce l'arrivée du printemps.

Le vent californien de Santa Ana, qui souffle en automne et au printemps, apporte un temps chaud et sec dans la région. S'il est chaud, c'est que l'air se réchauffe dans sa descente du Grand Bassin entre la Sierra Nevada et les Rocheuses. Le Santa Ana atteint couramment des vitesses d'environ 65 km/h, mais peut se muer en quasi-ouragan au passage des cols montagneux. La chaleur et la sécheresse qu'il induit attisent parfois les feux de broussailles et de forêts en Californie ; le Santa Ana apporte aussi des tempêtes de poussière du désert sur les villes du littoral californien.

Bien différent, le pampero est un vent froid qui souffle depuis les Andes et qui traverse la Patagonie. Ce pampero apporte des tempêtes et de brutales chutes de températures.

Certains vents locaux sont associés à des variations de comportements humains ; le plus connu pour cela est sans doute le fœhn, vent alpin doux et sec lié à un accroissement significatif des maux de tête, des dépressions, voire des suicides.

Ci-contre : vue aérienne dans les Rocheuses. Cette chaîne de montagnes joue un rôle important dans le climat des États-Unis : elle fait l'effet d'un gigantesque barrage entre les masses d'air orientales et occidentales. L'air froid de l'hiver reste parfois bloqué des semaines durant contre les Rocheuses, pour être finalement délogé par un afflux d'air plus chaud venu du dessus. Les contrastes de températures rendent alors les conditions météorologiques très instables.

Page ci-contre, en bas : le mistral est un vent froid et sec qui souffle du nord vers la côte nord-ouest de la Méditerranée. Les vagues soulevées en mer par le mistral atteignent couramment 5 ou 6 m de hauteur, parfois 9 m. Le mistral souffle principalement en hiver et au printemps.

Ci-dessous : la forme et la topographie des terres et des mers de maintes régions du monde se conjuguent pour donner naissance à des vents locaux caractéristiques, dont certains ont depuis longtemps reçu des noms. Le chinook aux États-Unis et le sirocco en Afrique du Nord comptent parmi les plus connus de ces vents locaux.

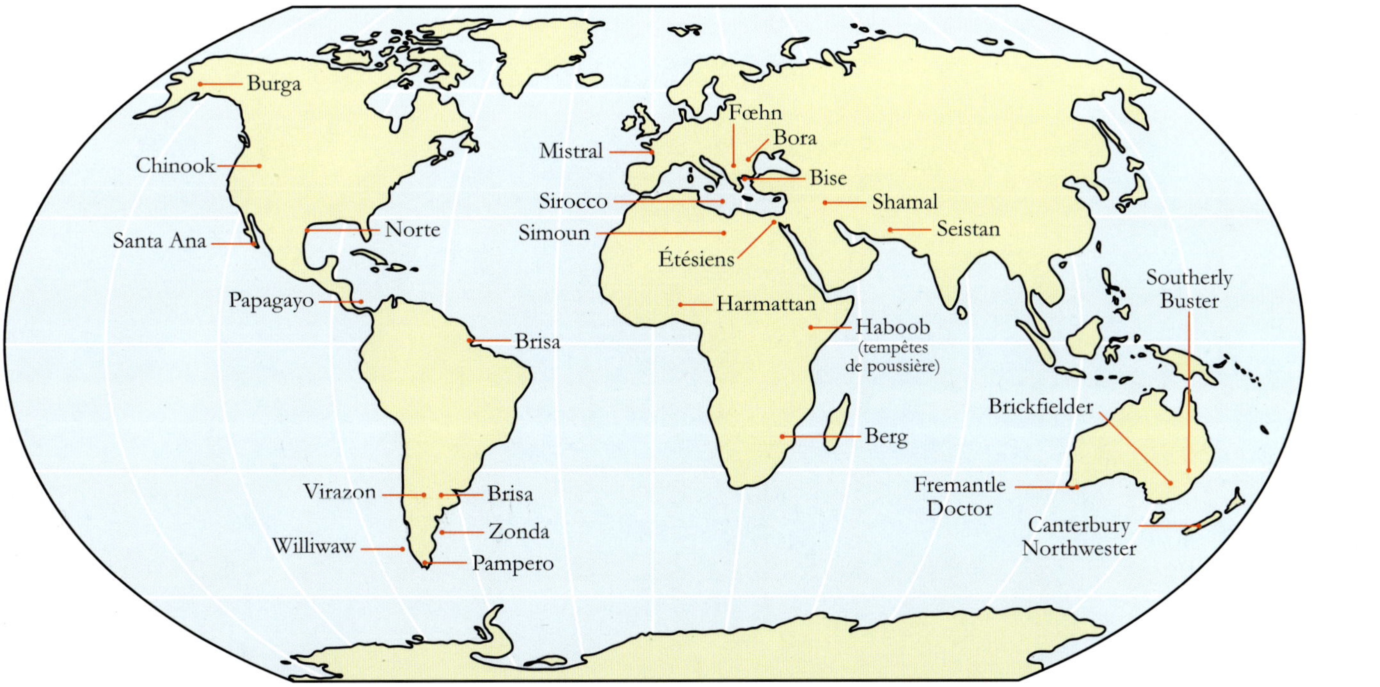

Les microclimats

Si vous avez remarqué qu'un jardin orienté au sud était plus chaud qu'un autre orienté au nord, vous avez une petite idée de ce qu'est un microclimat. Ce terme fait référence à l'état de l'atmosphère sur une petite portion de la surface de la Terre.

Les microclimats naturels sont très fréquents, et touchent par exemple des secteurs de forêts. La canopée des forêts tropicales du Brésil est très dense. Elle absorbe le rayonnement solaire, ce qui provoque une forte élévation des températures. Sous ces frondaisons, les températures décroissent peu à peu du fait de l'ombrage ; en été, la différence de température peut atteindre 5 °C. Les taux d'humidité et les températures nocturnes sont généralement plus élevées dans la forêt que dans les zones voisines ; les vents y sont légers du fait de la protection apportée par la canopée.

Les microclimats d'origine humaine sont également fréquents. Les demeures victoriennes avaient souvent un potager ceint de murs qui le protégeaient du vent. Les arbres fruitiers et les plantes fragiles étaient cultivés contre des murs orientés au sud, qui absorbaient l'énergie solaire dans la journée et restituaient cette chaleur pendant la nuit. Les jardiniers modernes appliquent des principes similaires, ils cultivent les espèces fragiles contre des murs de briques orientés plein sud pour tirer parti de ce microclimat.

Ci-contre, à droite : les jardiniers exploitent le principe du microclimat en sélectionnant et en positionnant soigneusement leurs plantes dans des milieux créés en vue de la protection des espèces délicates.

Ci-contre, à droite : un microclimat est une zone atmosphérique locale où le climat diffère de celui des environs. Parmi les exemples les plus caractéristiques, mentionnons les forêts tropicales humides. La température et l'humidité qui règnent sous la canopée de cette forêt pluviale sont très différentes de celles des contrées voisines, hors forêt.

Page ci-contre : les chutes de Bridal Falls, dans les Eastern Highlands du Zimbabwe, sont les deuxièmes plus hautes d'Afrique. Des facteurs géographiques tels que mers ou océans, collines ou montagnes influent de façon significative sur le climat. Les sites des montagnes sont souvent plus froids que les sites des plaines, plus venteux, pluvieux et neigeux aussi. Sur les versants sous le vent, il fait souvent plus sec car les nuages libèrent leurs précipitations sur les sommets.

Les îlots de chaleur urbains

Le plus significatif des microclimats d'origine humaine est l'îlot de chaleur urbain. À mesure que les villes se sont étendues, les différences de température entre ces agglomérations et les zones rurales se sont accrues. Béton, brique et asphalte absorbent le rayonnement solaire le jour et restituent cette chaleur la nuit dans l'atmosphère, qu'elle réchauffe. La chaleur des usines, des appareils de climatisation et de réfrigération, le chauffage central et les pots d'échappement contribuent au phénomène. La chaleur est en outre retenue entre les immeubles élevés. Chaussées et trottoirs ne retiennent pas l'humidité – canalisée par les réseaux de collecte des eaux pluviales – de sorte qu'ils restent chauds. Le différentiel de température, évident toute l'année, est encore plus prononcé en hiver. Des différences de température allant jusqu'à 10 °C ont ainsi été relevées. Une caractéristique de l'effet d'îlot de chaleur urbain est que, lorsque la pluie tombe en été, c'est parfois sous forme d'orages torrentiels, en conséquence du processus de convection. La vapeur d'eau a besoin de « noyaux hygroscopiques » autour desquels se condenser pour former des gouttes d'eau ; il s'agit habituellement de particules de poussière, abondantes dans l'atmosphère au-dessus des villes. Ceci, s'ajoutant aux températures élevées qui règnent sur ces villes, fait qu'un air humide et en élévation rapide se condense, forme soudainement des nuages et engendre des orages. Aux États-Unis, les recherches de la Nasa ont montré que certaines villes avaient une propension à recevoir de très violents orages que les zones rurales avoisinantes ne connaissaient pas.

Ci-dessus : l'effet d'îlot de chaleur urbain est à l'origine de pluies torrentielles qui provoquent parfois des inondations. L'on voit ici des habitants en train d'évacuer de leurs maisons des meubles endommagés par une crue subite. Le 8 janvier 2005, des pluies abondantes sont tombées sur Carlisle, en Cumbrie, dans le nord de l'Angleterre. L'équivalent d'un mois de précipitations, soit plus de 100 mm, est tombé en 36 heures ; l'Eden et ses affluents ont quitté leur lit : trois personnes sont mortes et 3 000 propriétés ont subi pour plusieurs millions de livres sterling de dégâts.

Ci-dessus : thermogramme montrant la répartition de la chaleur sur les édifices d'une ville. Le jaune et le rouge correspondent aux températures les plus élevées (aux pertes thermiques les plus importantes), le rose et le violet à des valeurs moyennes, le vert aux zones les plus froides (aux pertes thermiques les plus réduites). On recourt souvent à de tels thermogrammes pour évaluer les pertes thermiques des immeubles, afin de les rendre plus économes en énergie par le biais d'une isolation améliorée.

Ci-contre : les îlots de chaleur urbains ont tendance à accroître les ascendances de convection ; les puissantes forces thermiques créées en été peuvent engendrer ou renforcer des orages au-dessus ou aux endroits sous le vent des zones urbaines.

Les températures inversées

En situation atmosphérique normale, les températures décroissent avec l'altitude car le sol, chauffé par le rayonnement solaire, chauffe à son tour l'air au-dessus de lui, par radiation. Dans certaines circonstances cependant, cette situation s'inverse : les températures au sol sont alors inférieures à celles que l'on relève dans l'atmosphère. Plusieurs causes peuvent être à l'origine de ce phénomène.

En Californie, les producteurs d'agrumes sont inquiets lorsque le ciel nocturne est dégagé en hiver, car alors l'air chaud de la journée peut s'échapper par radiation et les températures peuvent descendre au-dessous de 0 °C. Le long de la côte californienne, la brise de mer qui passe sur l'eau froide provoque une chute de température. En atteignant la côte, cet air froid et dense, qui ne peut s'élever aisément, prend la place de l'air plus tiède et léger, ce qui provoque une inversion de température. Ce phénomène est responsable de la persistance du smog sur des villes telles que Los Angeles, où les pots d'échappement des automobiles et autres libèrent des polluants dans l'atmosphère. L'air froid et dense de l'inversion fait que la dispersion de ces polluants ne peut intervenir : ils stagnent donc à proximité du sol.

Dans les vallées, un autre type d'inversion se produit parfois la nuit. L'air sur les collines est froid ; sous l'effet de la gravité et parce que l'air froid est dense et lourd, cet air s'écoule vers la vallée où il prend la place d'un air plus tiède. Ce mouvement est appelé « vent catabatique » – un tel vent est souvent imperceptible. On évoque à ce sujet les « cuvettes à gelée » : la probabilité de voir apparaître des poches d'air froid (et des gelées) dans ces dépressions topographiques est forte. Il en va ainsi dans la vallée de la Chess près de Rickmansworth, au nord-ouest de Londres. Des gelées y surviennent chaque mois, sous l'effet de l'air froid qui dévale les collines des Chiltern pour emplir cette vallée encaissée.

Ci-dessus, illustration principale : vue aérienne du sommet en enclume d'un cumulonimbus (nuage d'orage). Le cœur de l'orage se forme au niveau de la couche d'inversion de température dans l'atmosphère, là où l'air du dessus est plus chaud que l'air du dessous. Les colonnes ascendantes d'air chaud et humide qui créent les cumulonimbus, prises au piège par la couche d'inversion, s'étalent. Les cumulonimbus, qui peuvent mesurer jusqu'à 15 km de hauteur, paraissent sombres vus du dessous. L'intérieur d'un tel nuage est très turbulent ; l'énergie et l'eau accumulées sont libérées sous forme d'éclairs et de pluies torrentielles (ou de grêle).

Ci-dessus, en médaillon : pollution photochimique de l'atmosphère, sur Los Angeles, en Californie (États-Unis). Ce smog résulte de la réaction des hydrocarbures et des oxydes d'azote (provenant principalement des pots d'échappement des automobiles) en présence de la lumière du soleil. Cette pollution restreint la visibilité, nuit aux plantes et irrite les yeux. Les smogs les plus denses sont extrêmement nocifs, surtout pour les jeunes enfants, les vieillards et les personnes atteintes de troubles respiratoires.

Ci-contre : l'éclairage public de plusieurs villages et petites villes dans le brouillard donne cet étrange panorama, vu des monts Euganéens, près de Padoue, en Italie. La température de couleur de différents types d'éclairage public fait que le brouillard s'illumine différemment ici et là. Les zones jaunes sont associées à un éclairage à incandescence ordinaire, les zones rouges à des lampes à vapeur de sodium, les bleues à des lampes à vapeur de mercure. Cette photographie illustre en outre le niveau élevé de pollution lumineuse atteint jusque dans les zones rurales des pays industrialisés.

Ci-dessous : un quartier de Shanghai, en Chine, étouffé par un smog très épais. Diverses émissions de très nombreux véhicules à moteur – et en particulier des hydrocarbures non brûlés – réagissent avec l'ozone de surface pour constituer ce brouillard brunâtre.

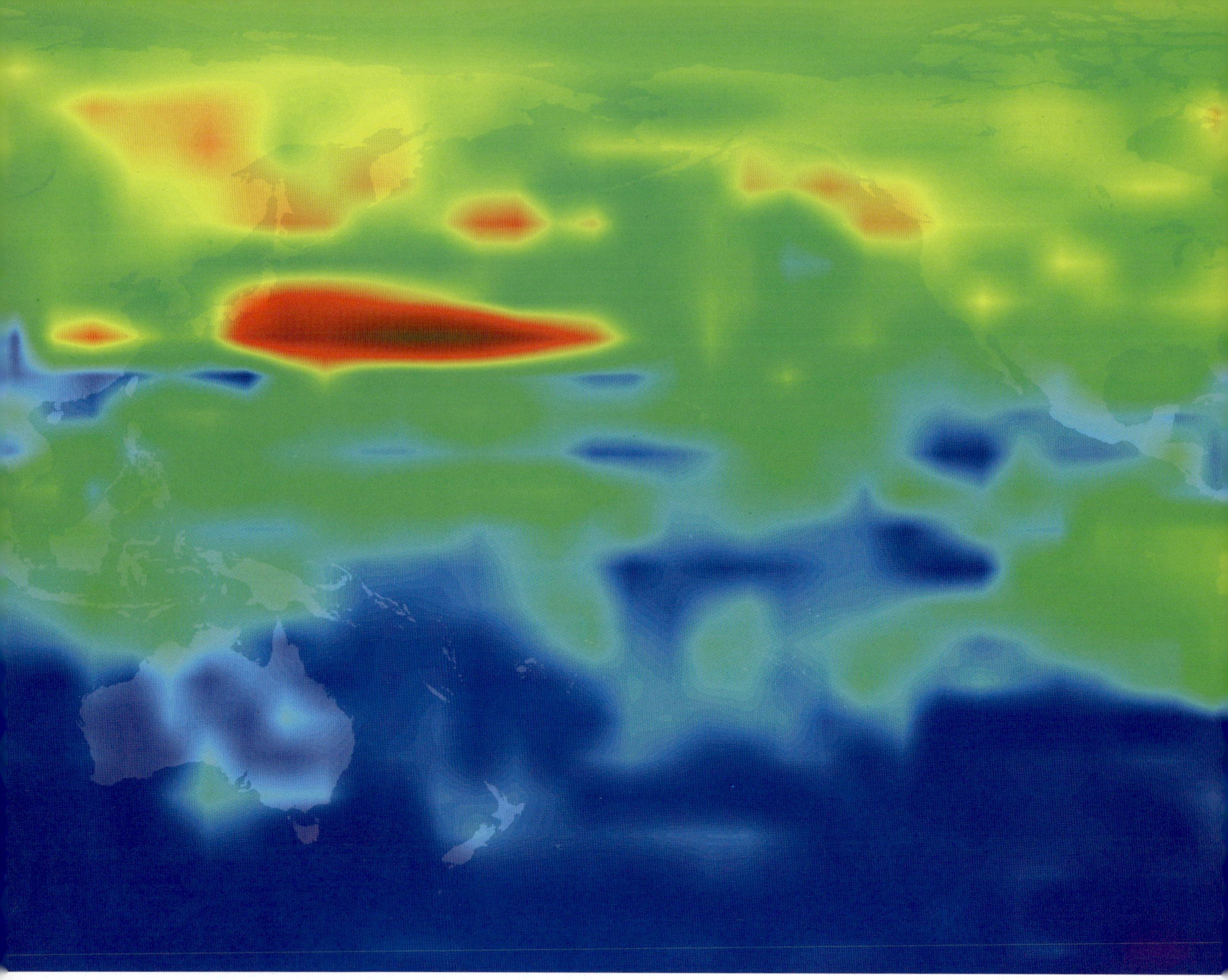

Le smog londonien, 5-9 décembre 1952

En 1853, Charles Dickens désignait dans *Bleak House* les smogs caractéristiques de la capitale anglaise sous le nom de « conditions particulières de Londres », tant ils étaient fréquents. Le smog n'était en rien nouveau à l'époque ; ce mélange de brouillard et de pollution, qualifié de « purée de pois » de par sa couleur et son épaisseur, existait depuis l'époque élisabéthaine – le diariste du XVIIe siècle John Evelyn en faisait même déjà mention, protestant contre la combustion du charbon dans la ville, aux effets si polluants.

Il fallut attendre l'hiver 1952-1953 pour voir les événements prendre un tour si grave que des mesures s'imposèrent enfin. Dans l'immédiat après-guerre, non seulement le charbon était le principal combustible, mais l'on employait en outre du gazole pour faire fonctionner les autobus qui remplaçaient les tramways en tant que principaux moyens de transport publics. Le début de l'hiver 1952 fut particulièrement froid, aussi brûla-t-on davantage de charbon qu'à l'accoutumée afin de chauffer les bâtiments. Cette vague de froid était due à un système anticyclonique installé sur la ville depuis le début de décembre. Londres étant sise dans un vaste bassin, l'air glacial venu des collines voisines vint combler cette cuvette sous forme de vents catabatiques. L'air plus tiède au-dessus de la ville fut repoussé vers le haut, ce qui créa une inversion de température. L'air étant calme et saturé, les polluants des usines, centrales électriques, bureaux, appartements et véhicules ne purent se disperser ; ils se mêlèrent au brouillard qui se développait dans le même temps.

La visibilité se trouva réduite à moins de 10 m pendant 48 heures à l'aéroport d'Heathrow, mais en certains lieux, les gens ne pouvaient même pas voir leurs pieds ! Les transports s'immobilisèrent ; une représentation au Sadler's Wells Theatre dut être annulée car les spectateurs ne voyaient pas la scène et les comédiens ne se voyaient pas entre eux. Les services d'urgence et les morgues étaient débordés. Au moins 4 000 personnes périrent, surtout d'une aggravation de troubles cardiovasculaires ou bronchiaux provoquée par le smog. Au marché aux bestiaux de Smithfield, au centre de Londres, les bêtes mouraient d'asphyxie. Le nombre des morts connut un pic à 900 pour la journée du 8 décembre, mais plus de 2 000 personnes moururent dans la semaine du 6 décembre. De nombreuses recherches ont depuis lors permis d'établir (officieusement) le nombre des décès à 12 000.

Le gouvernement britannique fut contraint de passer aux actes : la loi sur l'air votée en 1956 allait reléguer les « purées de pois » au passé. Malgré la législation cependant, les émissions des véhicules à moteur demeurent aujourd'hui encore une cause de pollution urbaine majeure, à Londres comme dans beaucoup d'autres métropoles.

Donora (Pennsylvanie, aux États-Unis)

En 1948, Donora, ville productrice d'acier et de zinc, subit une grave pollution industrielle qui fit 19 morts en 24 heures. Cette ville de 14 000 habitants est sise dans une vallée fluviale où, en ce mois d'octobre, une inversion de température fit se répandre un brouillard qui, mêlé aux polluants industriels libérés dans l'atmosphère, suscita l'apparition d'un smog extrêmement délétère. La presque totalité des 19 personnes qui périrent souffraient de troubles cardiaques ou bronchiaux. Une demi-millier de personnes atteintes de ce type de troubles virent leur état s'aggraver, et au total 7 000 personnes furent affectées. Le problème ne commença à décroître qu'après la fermeture temporaire des usines responsables. Cet événement contribua à déclencher une réaction des autorités, qui aboutit à une nouvelle législation votée en 1970.

Ci-dessus : le soleil est obscurci par un brouillard de pollution sur une ville. La majeure partie de la pollution urbaine est due aux véhicules à moteur.

Page ci-contre : image satellite montrant le déplacement du monoxyde de carbone (CO) vers l'est, à travers l'océan Pacifique, à une altitude de 4 500 m. Le rouge indique les zones de forte concentration (environ 250 parties par milliard), le bleu les zones de faible concentration (environ 40 parties par milliard). Le monoxyde de carbone est produit par la combustion incomplète du carbone, à l'occasion notamment d'incendies de forêts mais aussi lors du fonctionnement des moteurs à explosion. Ce gaz est un important polluant troposphérique (des basses couches de l'atmosphère). Les images prises par le satellite Terra de la Nasa montrent la progression du monoxyde de carbone sur une période de six jours.

LES EFFETS DE LA MÉTÉO

Les réactions humaines

Le climat et le temps qu'il fait ont-ils une influence sur le comportement des êtres humains ? Des indices concordants tendent à montrer qu'il en va bien ainsi.

De toute évidence, on se sent mieux lorsque le soleil brille, et ce en été comme en hiver. À l'inverse, le manque d'ensoleillement serait à l'origine de la « déprime hivernale », plus correctement appelée « dépression hivernale » ou « trouble affectif saisonnier » (TAS). La lumière du soleil stimule l'hypothalamus, partie du cerveau qui commande diverses fonctions de l'organisme, dont l'humeur, l'activité et le sommeil. Faute d'une exposition suffisante au soleil, ces fonctions ralentissent et l'on se sent léthargique ou déprimé.

C'est sous les latitudes les plus extrêmes que l'incidence du TAS est la plus élevée. Des recherches montrent qu'en Alaska, quelque 10 % de la population souffriraient de ce trouble, qui n'atteint qu'une personne sur 100 en Floride.

Le traitement repose naturellement sur un apport de lumière (photothérapie ou luminothérapie), effectué au moyen d'un caisson lumineux. Les personnes atteintes de dépression hivernale les utilisent plusieurs heures par jour afin de contrebalancer les effets des longues nuits d'hiver.

Le vent

Quand on demande à un enseignant de quelle façon les journées venteuses affectent ses élèves, il répond que ceux-ci sont nettement plus excités. À une autre échelle, les vents saisonniers ont la réputation d'être des « vents mauvais ». Le foehn (en Europe), ou le chinook (aux États-Unis) peuvent provoquer des variations de température de quelque 15 °C en moins de deux heures. Dans le Midi de la France, on pense que la saison du mistral coïncide avec un accroissement du nombre de suicides. Selon une étude réalisée en 2004 par l'institut Allensbach en Allemagne, un tiers des personnes interrogées jugeaient que le foehn avait une influence néfaste sur leur santé. Si l'on ne s'explique pas pleinement ces effets, on estime cependant qu'ils seraient liés à la charge électrique dans l'atmosphère. Les personnes exposées à des ions négatifs dans l'air se sentent pleines d'énergie et de pensées positives (et vice versa). Or, des vents tels que le foehn et le chinook sont chargés positivement.

Dans les sociétés postindustrielles, on passe de plus en plus de temps à l'intérieur de bâtiments dotés du chauffage central ou de l'air conditionné, de sorte que l'organisme est moins exposé aux changements de temps – il serait donc moins capable de s'adapter aux variations météorologiques.

Ci-contre : cette femme lit un livre lors d'une séance de photothérapie devant un écran lumineux. La photothérapie est employée pour traiter le *jet-lag* (syndrome du décalage horaire), ainsi que le trouble affectif saisonnier (TAS), caractérisé par une dépression hivernale liée au raccourcissement des journées. En exposant le patient à une forte lumière pendant plusieurs heures chaque jour, l'on parvient à donner à l'organisme l'impression qu'il bénéficie de journées plus longues.

Le pouvoir de refroidissement du vent

Si vous avez déjà remarqué combien il semble faire plus froid lorsque le vent souffle et vous « transperce », alors vous avez fait l'expérience du pouvoir de refroidissement du vent. L'indice de refroidissement éolien mesure la quantité de chaleur perdue au niveau de la peau sur laquelle souffle le vent, c'est-à-dire la sensation de froid accrue en conséquence du vent. Ainsi, lorsque la température est de 0 °C, un vent de 10 nœuds donne la sensation qu'il fait -5 °C. Que le vent forcisse à 25 nœuds, et l'on aura l'impression que la température est descendue à -12 °C.

Cette notion d'indice de refroidissement éolien fut mise en œuvre pour prendre en compte les conditions qu'étaient susceptibles de rencontrer les personnes en mission dans l'Antarctique, où se posait avec acuité le problème des engelures – des recherches montrèrent que la vitesse du vent était un facteur crucial dans leur éventuelle apparition. Les scientifiques perçurent qu'il était tout à fait possible de travailler par des températures aussi basses que -40 °C, mais qu'il suffisait d'une vitesse du vent de 3 ou 4 nœuds pour que la situation change du tout au tout.

L'un des exemples les plus extrêmes d'indice de refroidissement du vent est intervenu en 1977 aux États-Unis, alors que la ville de Cincinnatti enregistrait -25 °C, un record depuis le début des relevés en 1820 ; au matin du 28 janvier, Minneapolis enregistrait pour sa part une température apparente (froid ressenti) de -61 °C !

En haut à droite : un scientifique mesure la vitesse du vent en Antarctique au moyen d'un anémomètre portatif. Cet appareil est muni de plusieurs coupelles qui tournent sous l'effet du vent. Plus la rotation des coupelles est rapide et plus l'anémomètre indique une vitesse du vent élevée.

Ci-contre : l'indice de refroidissement éolien est la température apparente ressentie sur la peau sous l'effet combiné de la température de l'air et de la force du vent. Excepté aux températures les plus élevées, l'indice éolien est toujours plus bas que la température de l'air, car le vent accroît l'évaporation de l'humidité sur la peau et arrache une part de sa chaleur à l'organisme.

Les adaptations des animaux et des plantes

Les animaux et les végétaux témoignent d'une grande diversité d'adaptations physiques et de stratégies comportementales qui leur permettent de survivre et prospérer dans des milieux et des biomes particuliers. Les biomes sont de vastes écosystèmes, communautés d'espèces animales et végétales dans lesquelles la latitude et le climat sont les facteurs déterminants.

Dans les biomes aux climats tempérés, les conditions peuvent être variables, surtout d'une saison à l'autre. Sous les climats polaires et tropicaux, les conditions sont plus stables ou plus extrêmes, eu égard à la température, aux précipitations et à l'humidité – dans les régions tropicales et subtropicales, la pluie peut varier sur une base saisonnière, avec des différences importantes entre saisons sèche et humide.

Les régions côtières, les montagnes, les vallées, les forêts et les villes connaissent des microclimats, où les conditions climatiques et météorologiques sont affectées par la configuration du terrain, la densité de la végétation, la présence de nappes d'eau ou de conurbations susceptibles de produire des effets sur l'ensoleillement, les températures au sol et dans l'air ainsi que le régime des vents.

Les adaptations des plantes se manifestent dans leurs feuilles et leurs racines, qui prennent des formes capables de capter la lumière, de retenir l'humidité, d'assurer la protection contre des vents violents et la survie dans des milieux où les nutriments sont rares

Le principal domaine d'adaptation des animaux en relation avec le climat est la température du sang. Chez les animaux ectothermes (ou poïkilothermes, « à sang froid »), cette température est régie par celle de l'environnement. Chez les espèces endothermes (ou homéothermes, « à sang chaud »), elle peut être déterminée pour partie par la température ambiante mais elle est liée avant tout à une régulation interne, obtenue par la transformation des hydrates de carbone et de la graisse corporelle. Les ectothermes tels que les reptiles peuvent donc s'exposer au soleil pour se réchauffer alors que les endothermes doivent se nourrir pour maintenir la chaleur de leur organisme lorsqu'il fait froid ; ils possèdent parfois d'épaisses couches de graisse isolante, un plumage ou une fourrure dense, ils halètent ou transpirent lorsqu'il ont trop chaud... Les animaux peuvent aussi chercher refuge sous terre lorsqu'il fait trop chaud ou trop froid, gagner un coin d'ombre ou un point d'eau pour se rafraîchir. Certains hibernent par grand froid (leur métabolisme se fait moins actif, leur température corporelle chute), d'autres, des oiseaux en particulier, migrent vers des cieux plus cléments.

Page ci-contre : de nombreuses essences d'arbres s'adaptent aux conditions climatiques qui règnent là où ils croissent. Les tiges des feuilles d'arbres des climats chauds – en Australie notamment, ainsi que dans les îles du Pacifique et en Afrique – sont aplaties verticalement, ce qui contribue à les protéger de l'ardeur du soleil. Sous les climats tempérés, les arbres à feuillage caduc réagissent à l'arrivée de l'hiver en perdant leurs feuilles.

En haut à droite : seuls les animaux qui se sont adaptés aux rudes conditions qui règnent en Antarctique, aux longs et glacials hivers notamment, peuvent y survivre. Les phoques sont dotés d'une épaisse couche de graisse située entre les muscles et la peau, dont l'importance varie avec l'âge, la taille et l'équilibre énergétique. Elle se constitue lorsque la nourriture abonde pour être ensuite utilisée en tant que source d'énergie à mesure des besoins.

Ci-contre : un iguane marin est un ectotherme, un animal « à sang froid ». Ce reptile consacre une grande part de son temps à se nourrir d'algues sous l'eau. Évoluant dans des eaux froides, il s'expose au soleil afin de faire monter la température de son organisme. L'iguane marin ne se trouve qu'au long des côtes rocheuses des îles Galápagos.

Régions tempérées

Dans les régions tempérées, il existe quatre saisons qui s'accompagnent de conditions variées auxquelles les plantes et les animaux doivent faire face. On note par exemple des étés chauds, des hivers froids (souvent neigeux, surtout dans les zones tempérées de l'hémisphère nord), où les gelées peuvent intervenir une bonne partie de l'année. Les précipitations sont en moyenne comprises entre 600 et 1 500 mm par an.

Les régions tempérées sont dominées par des forêts constituées d'essences à feuillage caduc, des forêts de conifères ainsi que des forêts mixtes, contenant les deux sortes d'arbres. Les aiguilles des conifères minimisent les déperditions d'eau ; elles sont protégées du gel par les grands espaces qui séparent leurs cellules. Les feuilles des essences à feuillage caduc sont plutôt grandes et planes pour une exposition maximale à la lumière ; elles tombent en hiver afin d'éviter à l'arbre une forte déperdition d'humidité, à une saison où l'eau contenue dans le sol peut geler.

Certains animaux des zones tempérées effectuent des migrations saisonnières. Ils partent à la saison froide chercher des conditions plus favorables. D'autres mammifères, ainsi que des reptiles et des batraciens, hibernent. D'autres mammifères encore demeurent actifs en hiver ; ils se nourrissent parfois d'aliments stockés au préalable ; d'aucuns se parent d'une épaisse robe hiémale, qui chez plusieurs espèces des latitudes septentrionales (dont le lièvre variable) est blanche pour des raisons de camouflage dans la neige. De nombreux insectes meurent en hiver, après avoir pondu en été et en automne des œufs qui écloront au printemps et à l'été suivants.

Ci-dessus : la couleuvre à collier hiberne en hiver pour conserver son énergie et survivre. Les couleuvres sont les plus longs reptiles d'Europe occidentale (jusqu'à 2 m de longueur). La couleuvre à collier fait partie de ces serpents dont le principal moyen de défense consiste à « faire le mort » lorsqu'ils se sentent menacés – c'est là une autre stratégie de préservation efficace.

Régions polaires

Ces régions se caractérisent par des températures très basses, des précipitations faibles, des vents violents, de la neige et de la glace. En hiver, de longues périodes sont marquées par l'absence de jour, alors qu'en été, les jours sont très longs – quoique le soleil demeure bas sur l'horizon et que les températures ne dépassent 0 °C que pendant quelques mois.

L'habitat dominant est la toundra, faite de tourbières et de marais gelés ; la végétation est constituée d'herbes rases, de laîches, de mousses et de lichens. Le sol pauvre en nutriments gèle et dégèle en permanence, alors que le sous-sol prend la forme de pergélisol (ou permafrost), ce qui empêche l'installation de systèmes racinaires profonds et le drainage des sols. Les plantes croissent sans s'élever – pour échapper au vent – là où il fait un peu plus chaud ; elles ont parfois des feuilles villeuses, afin de retenir la chaleur. Les systèmes radiculaires peu profonds se ramifient horizontalement pour fixer les plantes et rechercher les nutriments – nutriments que les lichens se procurent dans l'air, de sorte qu'ils peuvent croître directement sur les rochers ; ils sont en outre capables d'effectuer la photosynthèse à des températures très basses.

La faune terrestre est peu abondante et diversifiée dans les habitats polaires, surtout en Antarctique. Plusieurs espèces de mammifères marins occupent toutefois les régions polaires et se protègent du froid grâce à une épaisse couche de graisse. Les mammifères terrestres arctiques tels que l'ours blanc et le renard arctique possèdent en outre une fourrure dense. De nombreux oiseaux se reproduisent en été dans la toundra, où ils se nourrissent d'insectes, mais la plupart migrent vers le sud en hiver. Ceux qui restent sur place, tel l'arfang des neiges, se parent d'un épais plumage blanc. En Antarctique, les manchots empereurs peuvent supporter les températures les plus glaciales de la planète : protégés par des couches de graisse et un plumage très dense, ils se massent les uns contre les autres en immenses colonies.

Ci-dessous : les manchots sont bien adaptés à la vie dans les eaux glaciales de l'Antarctique. Leurs os lourds leur permettent de se maintenir sous l'eau. Leurs ailes en forme de palmes les aident à se propulser sous l'eau à des vitesses atteignant près de 25 km/h. Un corps profilé, des pieds semblables à des pagaies, une couche de graisse isolante et un plumage parfaitement imperméable garantissent efficacité et confort en immersion. Outre leur graisse, les manchots possèdent des plumes rigides et imbriquées les unes dans les autres pour assurer leur étanchéité ; ils accroissent l'imperméabilité de leur plumage en l'enduisant d'une huile que sécrète une glande située près de leur queue.

Régions arides

Les régions arides et semi-arides sont définies par la sécheresse, caractérisée par de faibles précipitations. Dans les régions semi-arides, la végétation prend la forme de prairies, brousses et savanes aux arbres épars, et on note parfois l'existence d'une saison sèche et d'une saison humide. Dans les habitats arides, le type de biome principal est le désert, où l'absence de précipitations peut se prolonger des années durant. L'humidité y est faible, de sorte que les températures connaissent des variations quotidiennes importantes : le soleil, qui darde ses rayons dans la journée, donne des températures dépassant parfois les 50 °C, alors que l'absence de couvert nuageux fait parfois chuter les températures nocturnes à -20 °C.

Dans les plus grands déserts, qui s'étendent aux abords des tropiques du Cancer et du Capricorne, la végétation est clairsemée. On y trouve surtout des plants succulentes, aux tiges et feuilles charnues et cireuses propres à retenir l'eau, aux systèmes racinaires développés pour la puiser. De même, les herbes des contrées semi-arides possèdent d'importants réseaux de racines qui recherchent l'humidité et assurent une protection contre le pâturage excessif grâce aux nouvelles pousses qu'elles produisent en s'étalant.

Les grands herbivores migrent pour limiter le surpâturage ; ils se nourrissent au crépuscule et à l'aube, quand les plantes retiennent le plus d'humidité. Les petits animaux passent souvent la majeure partie de leur existence dans des terriers pour échapper aux températures extrêmes. Reptiles et invertébrés gardent l'humidité, grâce à leur peau écailleuse pour les uns et à leur exosquelette cireux pour les autres, cependant que maints petits mammifères, dont les gerbilles, se procurent l'eau dans la végétation qu'ils consomment. Dromadaires et chameaux sont parfaitement adaptés à la sécheresse et à la pénurie : ils stockent de la graisse dans leur bosse et peuvent rester longtemps sans boire.

En haut : les dromadaires sont bien adaptés à la vie dans le désert. Leur bosse contient une réserve de graisse qui peut répondre à leurs besoins nutritionnels (ainsi qu'à leurs besoins en eau) pendant une période prolongée. Leurs pieds sont larges, ce qui leur permet de marcher sur le sable mou, et dotés d'une épaisse sole (semelle naturelle) grâce à laquelle il supportent la chaleur du sol. Pour se protéger de la poussière soulevée par le vent, leurs yeux sont dotés de longs cils fournis ; ils ont en outre la capacité de fermer les narines.

Page ci-contre, en haut : de nombreuses espèces de mousses, de lichens et de fougères sont des épiphytes, ce qui signifie que leur croissance s'effectue au-dessus de la surface du sol, en se servant d'autres plantes (ou objets divers) pour supports. Les plantes épiphytes sont bien adaptées à la vie sous des climats tels que ceux des forêts tropicales humides, où elles parviennent à atteindre des zones bénéficiant d'une bonne exposition à la lumière ou épargnées par la concurrence pour ladite lumière.

Régions tropicales

Les climats tropicaux se rencontrent dans des régions proches de l'équateur, bordées au nord comme au sud par des contrées subtropicales. Les régions tropicales connaissent un fort ensoleillement, des températures élevées et des précipitations abondantes, favorisant l'épanouissement de forêts pluviales peuplées d'une faune diversifiée. Les conditions dans les régions subtropicales sont comparables, mais les précipitations y sont plus saisonnières, ce qui conduit à l'installation de forêts de mousson. La croissance des végétaux y est souvent limitée par une saison de pousse plus brève, les arbres perdent leurs feuilles à la saison sèche et les animaux migrent vers les points d'eau.

Dans les forêts pluviales, où les précipitations dépassent souvent 2 500 mm par an (ce qui « lessive » les sols, leur ôtant leurs éléments nutritifs), la végétation se répartit en couches distinctes (stratification verticale), de l'étage inférieur de la forêt (où les arbres ont souvent des racines contreforts étalées pour optimiser la collecte de nutriments et où le manque de lumière empêche l'implantation de sous-bois fournis) jusqu'à la canopée (où la végétation se fait plus dense, avec des essences épiphytes variées, telles que des lianes, qui croissent sur les arbres et tirent leurs nutriments et leur humidité de l'air). Les feuilles des arbres du sous-étage ont tendance à être plus larges que dans la canopée, ce afin de capter au maximum la lumière ; de par leur forme, elles jouent souvent le rôle de gouttières, laissant l'eau s'écouler à leur surface.

La chaleur et l'humidité régnant dans ces milieux sont idéales pour beaucoup d'invertébrés, reptiles et batraciens : certaines grenouilles, par exemple, pondent leurs œufs dans des poches d'eau retenues par des feuilles. La végétation procure aussi de la nourriture et un refuge à de nombreux oiseaux et mammifères, qui pour la plupart se nourrissent de fruits et contribuent ainsi à disséminer les graines – cependant que divers oiseaux et insectes assurent la pollinisation des fleurs. Les mammifères transpirent, halètent et parfois se retirent dans l'eau ou dans des terriers afin d'éviter l'hyperthermie.

Ci-contre : certaines grenouilles d'Amérique centrale et du Sud se sont adaptées à l'absence de mares pérennes en supprimant la phase « têtard » dans leur cycle biologique. Les œufs sont pondus sur terre, et de petites grenouilles développées en éclosent

PHÉNOMÈNES MÉTÉO EXTRÊMES

ORAGES, TEMPÊTES

Orages et tempêtes sont les plus spectaculaires des phénomènes météorologiques courants. Ils apportent de fortes pluies, parfois la grêle, le tonnerre, voire des tornades, des événements susceptibles de causer d'importants dégâts – dans les zones urbanisées en particulier. Quelque 2 000 orages sont présents à tout moment dans l'atmosphère terrestre, surtout dans les régions tropicales et subtropicales en été et au printemps (mais non dans l'Antarctique). Les orages se caractérisent par des cumulonimbus au sommet en enclume de 2 à 10 km de largeur et pouvant atteindre 10 km de hauteur. À l'intérieur de ces nuages, de gigantesques quantités d'énergie sont engendrées et libérées. Les orages durent en règle générale une ou deux heures, mais parfois beaucoup plus longtemps pour les plus sévères.

Le point de départ d'une tempête réside dans des différences de températures. Un orage d'été éclate parce que le sol est porté localement à des températures bien plus élevées que l'air environnant (ce qui se produit fréquemment après une période caniculaire). La surface chaude réchauffe une « cellule » d'air qui s'élève rapidement (ascendance thermique) vers la troposphère en créant des turbulences, des conditions instables – en d'autres termes, l'air local est plus chaud que l'air environnant. Une bulle d'air ascendante se forme, des nuages se constituent au fur et à mesure que la vapeur d'eau refroidit et condense pour former des cristaux de glace et des gouttelettes d'eau. Ces nuages se chargent en électricité (positivement et négativement). Tandis que l'air s'élève, l'air environnant, plus froid, descend (courant descendant) pour être de nouveau chauffé, ce qui prolonge l'existence de l'orage. Celui-ci dure aussi longtemps que la cellule d'air reste plus chaude que l'air environnant. Peu à peu, l'humidité de la cellule s'épuise, l'apport d'énergie décroît, les descendants surpassent les ascendants, la cellule se dissipe : l'orage s'achève. Des orages peuvent aussi se former là où un front froid rencontre un air chaud et humide le long d'une ligne de grains – les courants descendants suscitent la formation de bourrasques.

Ci-contre : un éclair ramifié relie le nuage au sol. Les éclairs d'orage se produisent lorsqu'une importante charge électrique s'accumule dans un nuage, sous l'effet le plus souvent du rapide mouvement des gouttelettes d'eau et des particules de glace dans le turbulent cœur du nuage. La blancheur de l'éclair indique que l'air est sec.

Page ci-contre, en bas : des éclairs multiples zèbrent le ciel nocturne. Un précurseur, première décharge électrique de faible intensité qui ionise et échauffe l'air, descend vers le sol. Dès qu'il entre en contact avec le sol, un puissant arc en retour remonte en suivant la trajectoire ionisée du traceur et en produisant un aveuglant éclair blanc.

Ci-dessous : les orages apparaissent lorsqu'un air chaud et humide s'élève dans un air plus froid, ce qui provoque condensation et formation d'un nuage. Ce nuage devient de plus en plus instable, l'ascendance se renforce. En atteignant la tropopause, le nuage s'étale au sommet en prenant une forme d'enclume. Un orage bien développé donne jusqu'à 100 mm de pluie par heure, ce qui risque de provoquer des inondations localisées.

Ci-dessus : les tornades se dessinent à partir de puissants orages qui entament un mouvement de rotation car les vents d'altitude soufflent plus fort et dans une autre direction que les vents de basse altitude. La rotation peut être accentuée par l'interaction de courants d'air chauds et froids, ce qui provoque un mésocyclone (une puissante colonne d'air ascendant au centre de l'orage). Dès lors, la rotation s'intensifie et une colonne d'air en rotation vient frapper le sol.

Ci-dessous : les orages surviennent par temps chaud et humide, lorsque de sombres cumulonimbus s'amoncellent dans le ciel.

Ci-dessus : un orage supercellulaire est un orage violent et de longue durée à l'intérieur duquel la vitesse et la direction du vent varient avec l'altitude. Ce cisaillement produit une puissante ascendance d'air chaud en rotation (mésocyclone) ainsi qu'un courant descendant froid. Des tornades, parfois à vortex multiples, peuvent se former dans le mésocyclone. Ces orages supercellulaires dits « tornadiques » s'accompagnent de pluies torrentielles et de grêle.

Ci-dessous : un épisode orageux au coucher du soleil. Le tonnerre est le son produit par l'onde de choc provoquée par l'échauffement instantané de l'air dû à la foudre (sa température atteint 30 000 °C). Cet air surchauffé subit une expansion rapide, puis se contracte en refroidissant ; cette expansion/contraction brutale engendre des ondes sonores : c'est cela que l'on nomme « tonnerre ».

Tonnerre et éclairs

La foudre, le tonnerre et les éclairs sont certainement les manifestations les plus remarquables des orages. On estime que la foudre est liée à des collisions entre cristaux de glace. Une gigantesque charge électrique s'accumule à mesure que les particules du nuage s'électrisent et que les particules chargées se séparent. Les particules chargées positivement se développent au sommet du nuage tandis que la base est chargée négativement. Au sol, sous l'orage, se dessine une « ombre » positive.

La charge électrique se décharge… en un éclair. Une faible « étincelle », appelée traceur par bonds, tombe du nuage ; un précurseur positif s'élève du sol. Un arc en retour, décharge principale du sol au nuage, se déplace au long du canal ionisé créé par les deux précurseurs. Autour de ce canal, l'air est chauffé à quelque 30 000 °C ; la décharge électrique, dont la tension s'élève à environ 1,5 million de volts, est principalement convertie en énergie thermique – un éclair est plus chaud que la surface du Soleil. Un tel éclair ne dure généralement que 0,2 seconde, mais engendre suffisamment de chaleur pour faire exploser un arbre isolé en chauffant l'eau qu'il contient.

Ci-contre : ces nuages d'orage sont teintés de rose par la lumière du couchant. Des particules chargées positivement occupent le sommet du nuage, dont la base est chargée négativement. Une « ombre » positive se développe sous l'orage.

Page ci-contre, en haut : la plupart des orages surviennent au printemps et en été dans les régions tropicales, subtropicales mais aussi tempérées ; ils ne sont absents qu'en Antarctique.

Page ci-contre, au centre : un nuage-mur se forme là où l'air d'un orage refroidi par la pluie descend sous le nuage et s'en écarte, ce qui rejette l'air chaud vers le haut, par-dessus le sommet du nuage ; le bord antérieur du mur nuageux qui se forme alors peut s'étirer sur toute la longueur d'un système orageux.

Page ci-contre, en bas : la chaleur intense dégagée par un éclair d'orage provoque une rapide dilatation/contraction de l'air, ce qui produit le tonnerre. Le nombre de secondes qui s'écoule entre l'éclair et le coup de tonnerre, divisé par trois, donne la distance en kilomètres qui nous sépare de l'éclair.

L'air chauffé, en brutale expansion, crée des ondes sonores : le tonnerre. La vitesse du son étant moindre que celle de la lumière, un délai s'écoule entre l'éclair et le son du tonnerre. Ceci est utile pour savoir à quelle distance se trouve l'orage : le laps de temps entre l'éclair et le coup de tonnerre est de trois secondes pour un kilomètre.

La foudre tend à frapper les objets élevés, tels que des arbres isolés ou des gratte-ciel – ainsi que les paratonnerres (ou parafoudres), naturellement. Les personnes qui s'abritent sous des arbres courent un grave risque d'être foudroyées. Les golfeurs sont très exposés ; lors des tournois, des bulletins météorologiques détaillés sont établis pour la durée de la compétition, tant les conséquences pourraient être fatales. Le grand champion Lee Trevino, frappé par la foudre lors d'un tournoi à Chicago en juin 1975, subit des lésions permanentes dans le bas du dos.

Lors d'un orage moyen, on note un millier d'éclairs par heure. Un orage particulièrement violent survenu à Québec, au Canada, en juillet 1999, s'accompagna d'environ 3 000 éclairs par heure.

Il n'est pas vrai que la foudre ne frappe jamais deux fois au même endroit : l'Empire State Building, à New York, est touché une centaine de fois par an. Un jour, il fut même foudroyé à 15 reprises en autant de minutes.

Ci-dessus : la foudre se forme lorsqu'une importante charge électrique s'accumule dans un nuage, en raison sans doute du rapide mouvement des gouttelettes d'eau et des particules de glace au sein de la turbulente nuée. La charge est attirée par le sol (de charge électrique opposée), et quelques électrons précurseurs se déplacent de l'une à l'autre. Lorsque de tels traceurs entrent en contact, un puissant arc en retour se produit, qui canalise l'énergie au long de la trajectoire de ces électrons.

Page ci-contre : des éclairs zèbrent un ciel nocturne urbain, du nuage au sol. Les décharges nuage-sol se produisent entre une base de nuage chargée négativement et un sol chargé positivement. Du fait de la pluie, l'éclair paraît rougeâtre.

Les types d'éclairs

La foudre peut prendre six formes. Les éclairs en zigzag (éclairs fourchus, fulminants, ramifiés, sinueux) et les éclairs en nappe (éclairs diffus) sont les plus fréquemment observés.

L'éclair en nappe (ou éclair intranuageux) s'observe lorsque la foudre est proche de l'horizon ; il s'agit d'un éclair en zigzag au sein d'un nuage, perceptible par l'illumination du nuage lointain qu'il provoque. C'est l'éclair le plus commun.

L'éclair en zigzag est visible dans son déplacement du nuage au sol, du sol au nuage ou d'un nuage à l'autre. Chaque trait de foudre est constitué de deux décharges qui se déplacent dans deux directions opposées selon la même trajectoire. Le premier (traceur) se dirige en zigzag vers le bas et complète le circuit entre nuage et sol. Il est suivi par un très fort courant électrique (arc en retour), qui remonte le canal ionisé créé par le précurseur. Ce type d'éclair est le plus destructeur.

L'éclair de chaleur est semblable à l'éclair en nappe, mais si éloigné que l'on n'entend pas le tonnerre. Son appellation est due au fait que de tels éclairs, souvent visibles lors des orages d'été, s'observent alors que la température au sol est élevée. Les éclairs de chaleur paraissent parfois orangés, ce en raison de la réfraction de la lumière par les particules présentes dans l'atmosphère.

Le feu de Saint-Elme (ou feu de Saint-Nicolas et feu de Sainte-Anne) se présente comme une brume verte ou bleuâtre suspendu dans les airs au-dessus d'objets élevés. Ce phénomène est provoqué par une grande quantité d'étincelles et par le champ électrique qu'elles engendrent. Son appellation est liée au fait que les marins observaient ce type d'éclair alors qu'ils étaient en vigie en haut du mât (le feu de Saint-Elme apparaît de façon caractéristique au sommet d'un mât ou à l'extrémité de l'aile d'un avion), or, saint Elme est le patron des marins.

L'éclair en boule est la forme la plus rare de la foudre. Très rares sont ceux qui ont réussi à voir cette foudre globulaire ou à la photographier, et les scientifiques ne savent pas comment elle se forme. Contrairement au feu de Saint-Elme, elle flotte librement dans les airs.

Les farfadets (ou sprites, ou sylphes rouges, auxquels s'apparentent les jets bleus et les elfes verts) sont des phénomènes optiques de très haute altitude associés aux orages, visibles sous forme d'éclairs lumineux de faible intensité dardés au-dessus des nuages orageux. En général, ils coïncident avec un éclair survenant au-dessous.

Tempêtes tropicales et ouragans

L'ouragan Katrina qui a frappé les Caraïbes et le golfe du Mexique en 2005 a rappelé à tous la puissance destructrice des ouragans. Ces tempêtes qui se forment entre les tropiques du Cancer et du Capricorne dans les océans Atlantique, Pacifique et Indien prennent des appellations différentes selon le lieu où elles naissent : ouragans en Atlantique, ce sont des typhons dans le Pacifique, des cyclones tropicaux dans l'océan Indien et des « Willy Willies » dans le nord de l'Australie.

Pour que des ouragans se constituent, il faut une température à la surface de la mer (sur une épaisseur de 50 m) d'au moins 27 °C, de l'humidité et des vents légers. La saison des ouragans va de début juin à fin novembre dans l'Atlantique, de mi-mai à fin novembre dans le Pacifique. Quelque 80 tempêtes tropicales se forment chaque année, dont environ 35 en Asie du Sud et du Sud-Est, 25 dans les Antilles et au large des États-Unis, le reste dans le sud des océans Indien et Pacifique. Lors d'une saison ordinaire, neuf ou dix de ces tempêtes se développent dans chacune de ces grandes régions pour donner des ouragans, dont quatre ou cinq seront particulièrement violents. Ces phénomènes de grande ampleur ont souvent 200 km de diamètre et plus (jusqu'à 700 km). Leur durée peut aller de quelques jours à une semaine et plus, et leurs trajectoires sont imprévisibles.

Caractéristiques

Vus de l'espace, les ouragans sont d'une étonnante beauté, mais sous ces images de splendeur se cachent des événements terrifiants. Si la vitesse de déplacement d'un ouragan à la surface de la Terre est relativement faible (40 km/h, bien souvent), les stupéfiantes vitesses atteintes par les vents dans le système tourbillonnaire en sont sans doute les éléments clés. Une tempête tropicale se mue en ouragan quant la vitesse soutenue des vents atteint ou dépasse 118 km/h, mais les ouragans de classe V (échelle Saffir-Simpson) s'accompagnent de vents de plus de 249 km/h.

Page ci-contre : palmiers fouettés par des vents violents. Les vents d'un ouragan de classe III soufflent à des vitesses comprises entre 178 et 209 km/h.

Ci-dessus : ce palmier ploie sous la force de vents violents. Les termes d'« ouragan » et de « typhon » sont des appellations régionales de puissants « cyclones tropicaux ».

La dense formation nuageuse qui caractérise l'ouragan contient de gigantesques quantités de vapeur d'eau : des pluies exceptionnellement abondantes s'ensuivent immanquablement.

Au centre de l'ouragan, l'œil est une zone de temps calme, sans nuage, dont le diamètre peut atteindre 50 km. L'air descendant s'y réchauffe, ce qui s'accompagne de hautes pressions, d'absence de nuages et de vent : il offre donc un bref répit avant que le reste de l'ouragan ne poursuive sa trajectoire dévastatrice.

Alors que les vents violents approchent des terres, un ultime élément commence à prendre forme : l'onde de tempête. La basse pression qui règne dans un ouragan soulève la surface de la mer ; les vents violents poussent cette eau devant l'ouragan en immenses vagues qui viennent s'écraser sur le littoral en ondes de tempête qui atteignent parfois 6 m au-dessus du niveau normal de la mer et peuvent, là où la côte est basse, pénétrer dans les terres, provoquant ainsi des inondations de grande ampleur.

Il n'est pas rare que des tornades se forment au gré de la progression de l'ouragan, ce qui ajoute encore au danger du phénomène.

Comment mesure-t-on les ouragans ?

On évalue les ouragans en fonction de leur intensité, selon la vitesse des vents et l'ampleur des ondes de tempête, au moyen de l'échelle de Saffir-Simpson. Celle-ci établit cinq classes, de I à V (ou 1 à 5), la classe V étant celle qui comprend les plus puissants (et s'ils atteignent les terres émergées, les plus dévastateurs). Dans un ouragan de classe V les vents dépassent les 249 km/h et leur onde de tempête s'élève de 6 m au-dessus du niveau normal de la mer.

	Vitesse maximale des vents		Pression atmosphérique		Onde de tempête		Dégâts causés
Type	Nœuds	km/h	hPa	mm de mercure	Pieds	Mètres	
Dépression tropicale	- de 34	- de 63	–	–	–	–	–
Tempête tropicale	35-63	63-117	–	–	–	–	–
Classe I	64-82	118-153	980 et +	+ de 28,94	3-5	1,0-1,7	minimes
Classe II	83-95	154-177	979-965	28,50-28,91	6-8	1,8-2,6	modérés
Classe III	96-113	178-210	964-945	27,91-28,47	9-12	2,7-3,8	intenses
Classe IV	114-135	211-249	944-920	27,18-27,88	13-18	3,9-5,6	extrêmes
Classe V	+ de 136	+ de 249	- de 920	- de 27,17	+ de 19	+ de 5,7	catastrophiques

La dénomination des cyclones

Pendant des siècles, les ouragans qui sévissaient dans les Antilles reçurent le nom du saint catholique du jour de leur survenue : ainsi de l'ouragan Santa Anna, le 26 juillet 1825, du San Felipe et du San Felipe le Second des 13 septembre 1876 et 1928 respectivement, qui tous frappèrent Porto Rico. À la fin du XIXe siècle et au début du XXe, cependant, le météorologiste australien Clement Wragge entreprit d'utiliser les noms de ses amis, de politiciens honnis, de personnages historiques et mythologiques…

Par la suite, les autorités se contentèrent de faire référence à ces tempêtes par leurs coordonnées latitudinales et longitudinales, mais cette méthode se révéla à la fois lente et cause d'erreurs, de sorte qu'au cours de la Seconde Guerre mondiale les météorologues militaires en revinrent à un système de noms. En suivant une convention qui consistait à féminiser les objets inanimés tels que des véhicules, ils attribuèrent des prénoms féminins aux ouragans. Ultérieurement, dans le but d'éliminer tout risque de confusion, l'armée et la marine américaines adoptèrent un système selon lequel les noms étaient tirés de leur alphabet phonétique commun : un premier ouragan fut baptisé « Able », en 1950. Toutefois, l'introduction de l'alphabet phonétique international en 1953, entraîna l'abandon de ce système ; les prénoms féminins furent réintroduits par le National Hurricane Center américain. Une liste de noms fut dressée, à employer par roulement chaque saison, les noms de tempêtes particulièrement importantes étant retirés.

En 1979, par suite d'accusations de sexisme, des noms masculins furent introduits par l'Organisation météorologique mondiale (OMM), qui continue de superviser l'attribution des noms d'ouragans. Cette année-là commença la pratique consistant à dresser une liste de noms préalablement à la saison des ouragans. Aujourd'hui, une liste alphabétique de 21 noms est employée (qui omet les lettres q, u, x, y et z), dans laquelle alternent les noms masculins et féminins, noms anglais, français et espagnols – ce sont là les trois langues principales employées par les personnes les plus couramment touchées par les ouragans. Au cas où tous les noms retenus soient employés au cours d'une même saison, les lettres de l'alphabet grec sont alors utilisées.

Les effets des ouragans

Un ouragan est l'un des phénomènes naturels parmi les plus destructeurs qui soient. Les rafales de vent

Nom	Année
Agnès	1972
Alicia	1983
Allen	1980
Allison	2001
Andrew	1992
Anita	1977
Audrey	1957
Betsy	1965
Beulah	1967
Bob	1991
Camille	1969
Carla	1961
Carmen	1974
Carol	1954
Celia	1970
Cesar	1996
Charley	2004
Cleo	1964
Connie	1955
David	1979
Dennis	2005
Diana	1990
Diane	1955
Donna	1960
Dora	1964
Edna	1954
Elena	1985
Éloïse	1975
Fabian	2003
Fifi	1974
Flora	1963
Floyd	1999
Fran	1996
France	2004
Frederic	1979
Georges	1998
Gilbert	1988
Gloria	1985
Gracie	1959
Hattie	1961
Hazel	1954
Hilda	1964
Hortense	1996
Hugo	1989
Inez	1966
Ione	1955
Iris	2001
Isabel	2003
Isidore	2002
Ivan	2004
Janet	1955
Jeanne	2004
Joan	1988
Juan	2003
Katrina	2005
Keith	2000
Klaus	1990
Lenny	1999
Lili	2002
Luis	1995
Marilyn	1995
Michelle	2001
Mitch	1998
Opal	1995
Rita	2005
Roxanne	1995
Stan	2005
Wilma	2005

Ci-dessus : liste des noms d'ouragan retirés.

Page ci-contre, en bas : l'échelle de Saffir-Simpson mesure l'intensité des ouragans.

peuvent atteindre 300 km/h et les ondes de tempête 6 m de hauteur (ce qui, s'ajoutant aux pluies torrentielles, provoque de graves inondations). Lorsque l'ouragan parvient sur terre, il se trouve privé de sa source d'énergie, la mer chaude ; il disparaît alors, se muant en tempête tropicale.

Le suivi des ouragans – les alertes

Des centres météorologiques régionaux spécialisés (CMRS) mis en place par l'OMM dans les différents bassins d'activité cyclonique surveillent les océans, à l'affût de la formation de toute tempête tropicale. Aux États-Unis, l'Atlantique est scruté par la NOAA (National Oceanic and Atmospheric Administration), qui recourt à tous les moyens techniques disponibles (avions de surveillance des ouragans, satellites, radars, balises flottantes, navires météo...) pour être sûre de ne rien manquer : de nombreuses vies en dépendent. Une fois les informations reçues, l'on procède à des prévisions, les résultats étant promptement diffusés par toutes sortes de canaux médiatiques à l'intention de toutes les communautés vulnérables ainsi qu'aux navires en mer. Radio et télévision sont largement mises à contribution, mais Internet est en passe de s'imposer en tant que source d'information privilégiée. Services téléphoniques et SMS sont également employés, cependant que les navires disposent de fax et de messages radio diffusés par satellite. Pour ce qui concerne les populations des régions littorales, dans certains pays elles sont averties de l'imminence de l'arrivée sur terre d'un ouragan par des sirènes, et ainsi incitées à prendre diverses mesures de précaution, dont l'évacuation. Aux États-Unis, le site web du NHC (National Hurricane Center) fournit aux habitants des contrées exposées des conseils et des renseignements complets, qui vont des préparatifs (tels que la sécurisation des maisons) aux procédures d'évacuation.

En haut, à gauche : ce garçon descend d'un cocotier tandis que des vents puissants soufflent sur la baie de Manille.

Ci-contre : l'œil de l'ouragan Floyd vu du cockpit d'un avion des Hurricane Hunters de l'US Air Force. Cet appareil, un Hercules, est équipé pour mesurer des paramètres météo tels que la vitesse du vent, l'hygrométrie et la pression atmosphérique. Ces données sont transmises à la base où des modèles informatisés aident à prévoir la direction que va prendre la tempête. L'exactitude de ces modèles est de 70 %, ce qui permet aux autorités de mettre en place des procédures visant à limiter les dommages.

Ci-dessus : un marché de Manille, aux Philippines, sous les eaux à la suite d'une tempête tropicale.

Ci-contre : image numérique en couleur et en 3D (réalisée sur la base de données recueillies par satellite) de l'ouragan Mitch (le tourbillon nuageux en haut de l'image). Les zones montagneuses d'Amérique centrale (en vert) apparaissent en brun. L'ouragan est au large des côtes du Honduras (au centre, presque entièrement masqué). Le nord est en haut. Cet ouragan produisit des vents de plus de 320 km/h et des pluies torrentielles, provoquant inondations et glissements de terrain ; il y eut des milliers de morts (environ 11 000 morts et 8 000 disparus) et des dégâts estimés à 5 milliards de dollars.

L'ouragan Mitch

En octobre 1998, Mitch, né dans le sud de la mer des Caraïbes en tant que tempête tropicale, évolua pour devenir un ouragan de classe V. Il frappa d'abord la côte nord du Honduras, puis se déplaça vers l'ouest pour toucher le Nicaragua, le Guatemala et le Salvador. La vitesse des vents dépassait les 300 km/h, mais le gros des dégâts fut provoqué par les pluies torrentielles (1 000 mm en cinq jours !). L'ouragan progressait très lentement sur ces pays, ce qui causa d'importantes inondations ; Mitch fit près de 20 000 morts et laissa 2,7 millions de personnes sans abri. Dans le seul Nicaragua, dont la capitale, Managua, fut un temps coupée du reste du pays, 50 ponts furent détruits. L'impact sur l'économie de la région fut catastrophique. Les plantations de café et de bananes furent gravement endommagées, et là même où l'on put récolter il fut impossible de transporter quoi que ce soit en raison des dégâts subis par les infrastructures logistiques. Les dommages se chiffrèrent à environ 5 milliards de dollars, ce qui entrava considérablement le développement des pays touchés.

L'ouragan Katrina

En août 2005, l'ouragan Katrina, qui se développait dans l'Atlantique, attira l'attention de la NOAA. Il devint vite évident qu'il ne s'agissait pas là d'une tempête ordinaire mais bien d'un ouragan de classe V en devenir, et que celui-ci se dirigeait vers la terre ferme. Plusieurs États du sud des États-Unis (Alabama, Mississippi et Louisiane) furent mis en état d'alerte maximale. La Nouvelle-Orléans courait un risque particulier du fait de sa localisation géographique : sise dans le delta du Mississippi, elle était protégée par des digues mais une grande partie de la ville se situait au-dessous du niveau de la mer. Les pires craintes des autorités se réalisèrent bientôt car même si l'ouragan avait été requalifié en classe III avant de toucher la terre, le littoral fut dévasté par les vents, l'onde de tempête et les inondations. Des millions de personnes furent évacuées mais bien d'autres ne purent ou ne voulurent partir : il y eut plus de 1 800 morts. Les dégâts furent évalués à 81 milliards de dollars. Cet ouragan eut des répercussions profondes : l'industrie pétrolière du golfe du Mexique s'immobilisa temporairement en raison des dommages dus aux vents, ce qui contribua à l'augmentation du prix du brut sur les marchés mondiaux.

Page ci-contre, en haut : le 25 août, 2005, des piétons luttent contre l'ouragan Katrina qui déchaîne de violentes tempêtes sur Fort Lauderdale, en Floride. Alors qu'un ordre d'évacuation avait été donné, de nombreuses personnes refusèrent de partir. Deux d'entre elles furent tuées par des chutes d'arbres. Katrina fit des dégâts de grande ampleur plus à l'ouest : la partie la plus violente de l'ouragan heurta la terre sur la côte du golfe du Mexique, ravageant les régions littorales du Mississippi et de la Louisiane. La ville pauvre de La Nouvelle-Orléans, sise en grande partie sous le niveau de la mer, se trouva noyée sous des eaux polluées, et des centaines d'habitants périrent.

Page ci-contre, en bas : des ouvriers portant masque et combinaison pour se protéger des produits chimiques toxiques nettoient une partie des débris laissés par Katrina.

Ci-dessous : Katrina infligea de graves dommages à des milliers d'édifices, dont certains en béton. Cet ouragan a sans doute été la plus coûteuse des catastrophes naturelles qui ait jamais frappé les États-Unis.

Les tornades

Quiconque connaît *Le Magicien d'Oz* a une idée de la puissance destructrice d'une tornade. L'histoire se situe au Kansas, l'un des États américains qui constituent la Tornado Alley (l'Allée des tornades), ainsi nommée en raison du grand nombre de tornades dévastatrices et parfois meurtrières qui s'y produisent chaque année. On comprend donc l'importance cruciale d'une compréhension du fonctionnement de ces tornades (où et quand se forment-elles ?).

Une tornade est une colonne d'air tourbillonnant, souvent associée à un orage. Ces vortex sont le plus souvent de petite taille (de quelques mètres à quelques centaines de mètres de diamètre), et leur durée de vie va de quelques minutes à une heure et plus.

La caractéristique principale d'une tornade réside dans la puissance des vents qui y tourbillonnent, à des vitesses parfois supérieures à 200 km/h au sein de la colonne d'air. Une puissante ascendance provoque une très basse pression au sol, cependant qu'en dehors de la colonne les vents sont en rotation (dans le sens inverse à celui des aiguilles d'une montre dans l'hémisphère nord, dans le sens des aiguilles d'une montre dans l'hémisphère sud).

Les mécanismes responsables de leur formation ne sont pas élucidés, mais on sait que les tornades apparaissent lorsqu'un air froid et sec entre en contact avec un air chaud et humide, ce qui peut intervenir le long d'un front froid, où de violents orages se forment parfois, accompagnés d'ascendances puissantes. Le vent change de direction avec l'altitude : l'ascendance entre alors en rotation (effet de cisaillement). Cette rotation se communique vers le bas en créant un entonnoir. Si les conditions s'y prêtent, l'entonnoir atteint le sol et devient alors tornade. La très basse pression qui règne dans la colonne d'air provoque la condensation de l'humidité, ce qui la rend visible.

Aux États-Unis, on classe les tornades selon l'échelle de Fujita, de F0 à F5 (d'autres échelles sont employées dans d'autres pays, notamment l'échelle de TORRO, de T0 à T11). La catégorie est liée à la vitesse des vents.

La tornade la plus dévastatrice à avoir frappé les États-Unis se produisit en mars 1925 dans Tornado Alley. Les villes de Mursphysboro, Gorham et De Soto furent touchées par cette tornade F5 qui fit 695 morts et 2 027 blessés. À la suite de tels événements, d'importants efforts de recherche furent accomplis dans le but de comprendre quelles conditions météo provoquaient la formation de tornades. Des systèmes d'alerte ont été mis en place, qui font appel à différents médias dont Internet (ce de façon croissante). Des recommandations en matière de sécurité et de construction de caves-refuges sont fournies à l'intention des particuliers comme des organismes publics ou privés (écoles, hôpitaux).

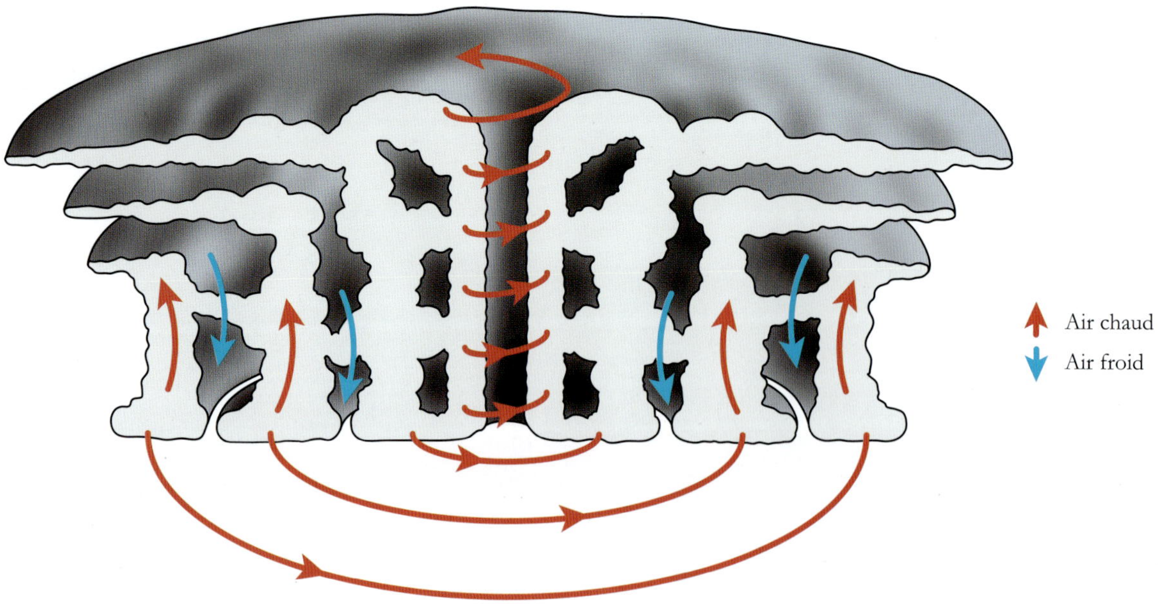

Ci-contre : les tornades sont bien plus destructrices que les trombes (marines ou non) et autres tubas, mais elle sont aussi bien plus rares.

En bas : au sein des tornades les plus violentes, les vents soufflent à plus de 300 km/h, ce qui cause des dégâts terrifiants.

Page ci-contre : une tornade est une colonne d'air en forme d'entonnoir, en rotation rapide, qui se forme sous certains types de nuages orageux et s'accompagne parfois d'éclairs et de pluie. Si elle touche le sol, la vitesse des vents au sein de cette colonne tourbillonnante peut provoquer d'immenses destructions et soulever des nuages de débris. Les grosses et puissantes tornades, où les vents soufflent à plus de 200 km/h, ont plusieurs mètres (voire dizaines de mètres) de diamètre à la base ; elles détruisent arbres et maisons, et tuent sur leur passage. Des tornades se forment fréquemment aux points de collision de fronts atmosphériques sur de vastes plaines comme celles du centre des États-Unis.

L'Allée des tornades

La partie des États-Unis la plus exposée aux tornades destructrices se situe dans les États du Midwest, entre Rocheuses et Appalaches (des tornades ont toutefois été répertoriées dans d'autres régions du pays). Tornado Alley, l'Allée des tornades, est particulièrement vulnérable parce qu'elle se situe entre les masses d'air chaud et humide du golfe du Mexique et les masses d'air froid et sec des montagnes Rocheuses. Ceci entraîne la formation d'énormes cumulonimbus (jusqu'à 18 km de haut) qui parfois se regroupent en « supercellules ». Les tornades les plus dangereuses en sont issues, ainsi que des orages et averses de grêle d'une grande violence. En avril 1974, de telles conditions ont amené le pire épisode du genre qu'ait connu le pays : en 16 heures, 148 tornades frappèrent 11 États, faisant 330 morts et plus de 5 300 blessés (les pertes auraient été plus importantes si l'alerte n'avait été préalablement donnée).

La tornade isolée la plus violente survint à Oklahoma City en mai 1999. On y enregistra des vents de 512 km/h ! Cette tornade fit 36 morts et pour 1 milliard de dollars de dégâts.

Fujita	Dommages	Vitesse du vent
F0	Légers	60-120 km/h
F1	Modérés	120-180 km/h
F2	Importants	180-250 km/h
F3	Sévères	250-330 km/h
F4	Dévastateurs	330-420 km/h
F5	Incroyables	+ de 420 km/h

Page ci-contre : une tornade est une tempête localisée et destructrice se produisant au-dessus des terres, caractérisée par un nuage en forme d'entonnoir s'étirant vers le sol.

En haut à droite : la plupart des tornades se produisent aux États-Unis, où l'immensité des plaines et les importants contrastes de températures entre les masses d'air favorisent leur formation.

Ci-contre : les tornades se forment souvent dans un mésocyclone (puissante ascendance d'air chaud en rotation), auquel cas la tempête est classée en tant qu'orage supercellulaire tornadique.

Les chasseurs de tempêtes

Il est difficile de prédire une tornade, dans la mesure où nul ne sait avec certitude comment elle se forme. Mais ce que l'on sait, c'est que si les conditions sont propices, elles peuvent intervenir n'importe où. Les services de météorologie des différents pays guettent les situations dans lesquelles les tornades sont susceptibles d'apparaître, afin de donner l'alerte par le biais des médias. Ces organismes utilisent les techniques les plus avancées, notamment des radars et des satellites. Malgré cela, d'intrépides scientifiques traquent les systèmes atmosphériques les plus à même de donner des tornades, à bord de véhicules spécialement équipés. Ces « chasseurs de tempêtes » recueillent de précieuses données et fournissent des conseils sur la façon de se protéger des tornades. Grâce à leur travail, nous disposons d'informations qui contribuent à de meilleures prévisions et à des alertes plus judicieuses.

La « chasse aux tempêtes » aurait commencé dans les années 1950 dans le Dakota du Nord et le Minnesota ; parmi les pionniers, mentionnons Roger Jensen et David Hoadley, qui photographièrent et filmèrent des tempêtes d'abord pour se divertir Bientôt, les « chasseurs » s'engagèrent dans des missions scientifiques ; au début des années 1970, le Tornado Intercept Project fut mis sur pied par l'université de l'Oklahoma et le National Severe Storms Laboratory ; il s'agissait là du premier groupe organisé voué à l'étude scientifique.

La personne la plus connue dans le milieu est l'Américain Warren Faidley, premier chasseur de tempêtes professionnel exerçant à plein temps.

La majeure partie des activités de chasse aux tornades se déroule dans les Grandes Plaines d'Amérique du Nord, mais il existe aussi des groupes opérant dans ce même domaine en Australie, en Israël et en Europe. La réussite de ces unités est telle qu'il est désormais possible aux touristes aventureux d'effectuer des séjours palpitants au sein d'équipes américaines de *stormchasers*.

Ci-dessus : une gigantesque trombe marine dans le triangle des Bermudes. Une trombe marine est une masse de nuages et d'eau en forme d'entonnoir, comparable à une tornade mais se produisant en mer. Ce phénomène intervient dans les eaux tropicales et subtropicales plus que sous des latitudes plus élevées. Un nuage en forme de cône renversé descend d'un cumulonimbus jusqu'à atteindre un cône d'embruns s'élevant de la mer. Une colonne d'eau se forme alors entre mer et nuage. La trombe peut avoir plusieurs centaines de mètres de hauteur et perdurer une demi-heure.

Les trombes

Si nous considérons, dans les régions où elles sévissent, les tornades comme des phénomènes aussi fréquents que dangereux, rares sont ceux d'entre nous qui entretiennent la même opinion au sujet des trombes marines. Or, ces dernières sont bien plus courantes qu'on ne le croit généralement, et elles mettent en péril les équipages des petits navires en mer.

Il existe deux sortes de trombes marines. La plus dangereuse est parfois appelée trombe « tornadique ». De telles trombes naissent souvent sur terre sous forme de tornades ordinaires avant de dériver vers la mer. Leur formation est différente de celle des trombes du second type, les trombes de beau temps, les plus courantes, comparables aux tourbillons de poussière parfois observés sur terre par un été chaud.

Les trombes de beau temps se forment en mer ou dans des lacs à la fin de l'été, lorsque la température de l'eau est à son maximum. Si une masse d'air froid passe au-dessus de l'eau, l'air s'humidifie ; cela déclenche des courants de convection qui, s'ils sont assez puissants, donnent naissance à des trombes.

Dans un premier temps, une « tache noire » se dessine, petite zone circulaire d'eau calme d'environ 15 m de diamètre, entourée d'eaux plus agitées. Un mouvement en spirale se forme alors sur l'eau autour de la tache sombre ; la vitesse des vents s'accroît, comme la quantité d'embruns ; ceux-ci prennent une forme d'entonnoir pour s'élever au-dessus de la surface, jusqu'à une hauteur pouvant atteindre 600 m. En règle générale, les trombes marines ne durent guère (une vingtaine de minutes, le plus souvent) et se déplacent lentement (30 km/h tout au plus, souvent moins). Elles sont donc beaucoup moins dangereuses que les tornades, mais n'en constituent pas moins un péril pour les petites embarcations, et notamment pour les plaisanciers.

En haut : gravure du XIXe siècle montrant des trombes marines aux abords d'un navire. De telles trombes se forment lorsqu'une tornade touche l'eau au lieu de la terre. Une tornade est un tourbillon d'air en rotation qui apparaît sous certains types de nuages d'orage. Les vents soufflant rapidement au sein de l'entonnoir peuvent causer des ravages. Les trombes marines se rencontrent le plus souvent dans les eaux tropicales et subtropicales.

Les averses de grêle

En mai 2000, le pire orage de grêle en plus de 30 ans frappa des régions de l'Illinois, aux États-Unis. Des grêlons dont la taille allait de celle d'une balle de golf à celle d'une balle de tennis s'abattirent. Quelque 100 000 foyers furent privés d'électricité, la circulation des trains fut perturbée, tout comme les liaisons aériennes. Par endroits, la couche de grêlons atteignait près de 10 cm d'épaisseur. À quelque temps de là, en Chine, dans la province du Hainan, 25 personnes trouvèrent la mort et des centaines furent blessées par une violente tempête de grêle.

Les averses de grêle moins dévastatrices sont courantes. Les grêlons n'ont habituellement que quelques millimètres de diamètre, mais ils atteignent parfois 15 cm, pour un poids de plus de 500 g. Les grêlons de la grosseur d'un petit pois à une balle de golf, n'ont rien d'exceptionnel.

La grêle se forme dans les nuages d'orage quand une bonne proportion de ceux-ci est à une température inférieure à 0 °C. La croissance des grêlons est maximale vers -13 °C. La période la plus propice se situe au début de l'été, aux latitudes moyennes. Les températures au sol sont alors assez élevées pour favoriser l'instabilité atmosphérique associée aux orages, alors que la haute atmosphère est encore assez froide pour qu'il y ait présence de glace. Bien que les orages soient plus fréquents sous les tropiques qu'aux latitudes moyennes, la grêle y est plus rare, car l'atmosphère y est plus chaude en altitude.

Lorsque des noyaux de condensation sont présents dans l'atmosphère, l'eau en surfusion dans les nuages gèle à leur contact. Dans les nuages qui contiennent un grand nombre de gouttelettes surfondues, les noyaux glaçogènes croissent rapidement aux dépens des gouttes liquides. La chaleur latente dégagée par la congélation est ensuite susceptible de faire fondre la couche externe du grêlon. Cette enveloppe liquide permet alors au grêlon d'accumuler d'autres grêlons plus petits, en sus des gouttelettes surfondues, de sorte qu'il grossit. Les ascendances au sein de l'orage s'emparent du grêlon, qui gèle et fond. Ce processus peut intervenir à de multiples reprises : le grêlon grossit de plus en plus. Une fois que le grêlon est devenu trop lourd pour être soutenu par l'ascendance, il tombe du nuage. Si l'on coupe en deux un grêlon, on y distingue une série de couches concentriques (comme celles d'un oignon). Ces anneaux permettent de calculer combien de fois le grêlon a été emporté au sommet du nuage avant de finalement tomber au sol.

Ci-dessus : un agriculteur du Dakota du Nord (aux États-Unis) inspecte les dégâts infligés à ses cultures par la grêle.

Ci-contre : les grêlons sont des particules de glace qui tombent des cumulonimbus. Sphériques, ils sont souvent constitués de couches concentriques de glace alternativement transparente et opaque. Cette structure résulterait des allers et retours verticaux opérés au sein du nuage par le grêlon en cours de formation. Les couches opaques sont déposées dans les parties supérieures du nuage, les plus froides, où les gouttelettes d'eau sont petites et gèlent rapidement en formant une couche de glace contenant de nombreuses bulles d'air. Dans les zones inférieures du nuage, plus chaudes, les gouttelettes d'eau s'étalent à la surface du grêlon avant de geler, de sorte que très peu d'air y est emprisonné : la glace est alors transparente.

Page ci-contre : une averse de grêle s'abat d'un cumulonimbus sur le désert de Black Rock, au Nevada. La grêle se forme dans les cumulonimbus de par les courants de convection présents dans ces nuages. Les particules de pluie ou de neige emportées verticalement vers les sommets du nuage se heurtent à de l'eau en surfusion et à d'autres particules. Sous l'effet de ces collisions, les particules adhèrent les unes aux autres. Lorsqu'elles deviennent trop lourdes pour que les courants aériens puissent les maintenir en altitude, elles tombent au sol. Certains grêlons ont plus de 10 cm de diamètre.

Blizzards et verglas

Les tempêtes hivernales créent des conditions de vie difficiles. En 1993, une tempête déchaîna des chutes de neige sous forme de blizzard qui touchèrent la moitié de la population des États-Unis ainsi que des régions du sud du Canada et jusqu'à certaines contrées du Mexique : il y eut 270 morts et 48 disparus en mer. La neige s'accumula jusqu'à 4,5 m de hauteur et il y eut par endroits jusqu'à 15 m de chutes totales (soit autant de neige qu'il en tombe sur l'Alabama en un hiver). On évoqua la « tempête du siècle ».

Il existe différentes définitions du blizzard. Selon la plus courante, la visibilité doit être réduite à 400 m pendant 4 heures consécutives, les précipitations comprenant de la neige ou de la glace et la vitesse des vents étant d'au moins 56 km/h (force 7 sur l'échelle de Beaufort). Les blizzards se produisent sous l'effet de cyclones polaires ; dans leur version extrême, c'est le « jour blanc », également appelé « voile blanc » ou « blanc dehors » : les rabattants apportent la neige de telle sorte qu'il est pratiquement impossible de faire la distinction entre terre et ciel.

La pire tempête de verglas qui ait affecté la région des Grands Lacs, en Amérique du Nord, s'est produite début janvier 1998. Le côté canadien de la frontière connut 80 heures de pluie verglaçante, deux fois plus que la moyenne annuelle. Ce phénomène fit 28 morts (d'hypothermie principalement) et 945 blessés ; 4 millions de foyers furent privés d'électricité, ce qui contraignit 600 000 personnes (en Ontario, au Québec et au Nouveau-Brunswick) à quitter leur domicile. Les dégâts subis par l'environnement furent de grande ampleur : des millions d'arbres périrent à cause du froid et de la glace. Les demandes d'indemnisation formulées auprès des assurances dépassèrent le milliard de dollars, et l'on estime à 5,5 milliards de dollars le coût final de cette tempête.

Ci-contre et ci-dessus : les tempêtes de verglas peuvent être extrêmement destructrices car la couche de glace qui enrobe alors les arbres et les pylônes électrique peut les briser net.

Page ci-contre : fortes chutes de neige, températures glaciales, visibilité nulle, congères et refroidissement éolien potentiellement meurtrier s'associent pour rendre extrêmement déplaisants et dangereux les déplacements par temps de blizzard ou de tempête de verglas.

Ci-dessous : une tempête de verglas se caractérise par des précipitations verglaçantes qui déposent une couche de glace sur toutes les surfaces. Celle-ci rend les déplacements périlleux et provoque d'importants dégâts sur les infrastructures.

Les avalanches

En février 1999, une série d'avalanches fit 38 morts à Galtür, en Autriche. La neige tombée en surabondance (jusqu'à 40 cm en un jour) avait été rendue instable par de forts vents. À la fin de l'année, la même région fut sujette à d'autres avalanches, qui tuèrent encore 15 personnes. Entre 1998 et le début de 2000, l'Autriche enregistra 56 avalanches qui firent 50 morts et 70 blessés. L'Autriche et les autres pays alpins que sont la France, la Suisse et l'Italie sont les plus touchés par les avalanches.

Les avalanches sont un péril saisonnier ; elles se produisent lorsqu'une grande quantité de neige (ou de pierres, de rochers) dévale un versant montagneux. Elles se déclenchent surtout suite à une forte accumulation de neige, et divers facteurs se réunissent pour en accroître la probabilité.

Des vents soutenus contribuent à l'accumulation de neige sur les pentes sous le vent, ce qui rend la couche neigeuse instable et risque fort de déclencher une avalanche. Le facteur le plus évident réside dans l'importance des chutes de neige, qui rendent instables le manteau neigeux en raison du poids supplémentaire, mais aussi parce que la neige nouvellement tombée n'a pas le temps d'adhérer à l'ancienne – les 24 heures qui suivent la chute de neige sont critiques. La pluie peut aussi jouer un rôle, de par le poids qu'elle représente mais aussi parce qu'elle lubrifie les couches de neige inférieures. Plus la pente est abrupte et plus le risque est important. L'exposition influe également sur le risque d'avalanche – l'adret, exposé au sud, est réchauffé par le soleil.

On distingue différents types d'avalanches, dont celles à départ ponctuel et les avalanches de plaque. Les premières sont peu dangereuses, du fait de la faible quantité et cohésion de la neige mobilisée (une poudreuse froide ou une neige de fonte gorgée d'eau). Les secondes sont bien plus dangereuses. Elles emportent des arbres, des rochers et des débris en dévalant les pentes à grande vitesse. La météo joue un rôle déterminant dans la formation des plaques à vent et le déclenchement des avalanches à plaques. L'ensoleillement, le refroidissement radiatif, les gradients de température au sein des couches de neige, le type et la quantité de neige tombée sont décisifs. Si la température se prête à une alternance d'épisodes de gel et de fonte, la masse neigeuse est renforcée par les uns et affaiblie par les autres. Au printemps, ce phénomène est susceptible de dégrader toute la structure du manteau neigeux ; le lien entre la plaque supérieure et les couches inférieures peut alors se briser, au risque de provoquer le déclenchement d'une avalanche.

Ci-contre : les avalanches se produisent lorsque de grandes quantités de neige et de glace se détachent et dévalent une pente montagneuse sous l'effet de la pesanteur.

Les tempêtes de poussière

Les tempêtes de poussière ou de sable se produisent souvent dans les régions arides ou semi-arides de la planète. Lorsque le sol est chauffé par un rayonnement solaire intense, un phénomène de convection intervient : l'air s'élève, créant ainsi une zone de basse pression ; il est remplacé par un air plus frais venant d'une zone de pression plus élevée (vent).

Le vent a parfois assez de force pour déplacer des dunes de sable dans des régions désertiques. Il cause alors aux hommes des problèmes de déplacement, du fait de la dégradation de la visibilité et du tracé modifié des pistes. Le vent peut emporter loin la couche superficielle du sol. Ces tempêtes déplacent parfois des matières sur des milliers de kilomètres. L'arrivée d'une telle tempête se présente parfois comme l'approche d'une sorte de mur solide s'élevant sur 1 500 m de hauteur.

En novembre 1991, une tempête de poussière se forma en Californie au-dessus de l'autoroute Interstate 5, entraînant des particules à des vitesses de plus de 120 km/h et réduisant la visibilité à moins de 3 m. Les accidents en chaîne qui en résultèrent, impliquant 164 voitures, firent 17 morts et 151 blessés.

Le simoun, vent local fréquent dans la région de Khartoum, au Soudan, est en grande partie responsable des poussières présentes dans l'atmosphère au-dessus de l'Europe mais aussi sur le fond des mers à des milliers de kilomètres de leur point d'origine.

Outre les dangers qu'elles causent, les tempêtes de poussière posent des problèmes aux agriculteurs. La sécheresse et le vent contribuent à ces problèmes. Dans les années 1930, les États du Midwest américain furent frappés par le phénomène des trombes de poussière, qui arrachèrent le sol ici pour le redéposer là, sur des dizaines de mètres d'épaisseur parfois. Ces tempêtes furent qualifiées de « blizzards noirs » : la poussière et le sable restaient parfois en suspension dans l'air en telle quantité que le soleil restait invisible plusieurs jours. Une profonde crise économique contraignit les paysans à quitter leurs terres.

Ci-contre : le Sahara, au Tchad, vu de l'espace. En haut au centre, une tempête de sable est visible (en blanc) sur le désert du Djourab. Les vents dominants de cette région soufflent vers le sud-ouest (l'horizon de cette image). Canalisés entre deux régions montagneuses (en sombre), les massifs du Tibesti (au centre, à droite) et de l'Ennedi (au centre, à gauche), ces vents ont creusé de grandes sillons dans les plaines.

Page ci-contre, en bas : les dunes de Sossusvlei, dans le désert du Namib, en Namibie. Les tempêtes de sable venues du désert du Namib transportent des poussières jusque dans l'Atlantique sud. Les longues périodes de chaleur intense et la rareté des précipitations contribuent à la formation des sables très fins des dunes du désert.

Ci-dessous : un groupe de femmes prises dans une tempête de sable au Mali.

Les moussons

Plus de la moitié de la population mondiale dépend des pluies apportées par les moussons en Asie, en Afrique et en Australie, mais nous associons les moussons au « sous-continent des moussons » composé en Asie du Sud par l'Inde, le Pakistan et le Bangladesh. Plus des trois quarts des précipitations annuelles de l'Inde surviennent lors de la mousson. À Cherrapundji, dans le nord-est du pays, les précipitations moyennes de décembre ne sont que de 12 mm, quand en juin elles s'élèvent à 2 700 mm ! La quantité de pluie qui tombe là chaque année dépasse les 12 000 mm.

Ce mot vient de l'arabe *mausim*, signifiant « saison », car le phénomène est lié à la direction des vents sous les tropiques selon les saisons. Le terme s'applique donc aux deux grandes saisons tropicales découlant des variations de pression atmosphérique en Asie.

Pendant l'hiver de l'hémisphère nord, le système de hautes pressions établi sur la Sibérie s'intensifie, ce qui met en mouvement de forts vents de nord-est soufflant vers l'équateur. Ces vents restent secs jusqu'à ce qu'ils soufflent sur la mer de Chine méridionale pour donner lieu à la mousson d'hiver sur l'Asie du Sud-Est. La seconde cause réside dans la dépression qui se forme sur l'Asie centrale et y attire les alizés de sud-est, ceux-ci virant au sud-ouest en franchissant l'équateur. Cela explique les fortes chutes de pluies sur l'Asie du Sud.

Les effets de la mousson

Nous avons tendance à penser que la mousson est une source de pluies fiable et régulière, mais il n'en va pas toujours ainsi. Si les pluies sont tardives ou moins abondantes que prévu, les récoltes peuvent se perdre ; la famine s'installe alors. En Inde, pays dont la population atteint déjà le milliard d'habitants, les pluies sont vitales et les variations, catastrophiques.

Les pluies constituent l'aspect le plus marquant des moussons, qui parfois ont pour effets secondaires des crues et inondations. Pour être temporaires, ces phénomènes n'en causent pas moins de grandes perturbations, des dégâts immenses et des pertes financières infligées à des pays qui, même sans cela, connaissent de graves difficultés économiques.

Les méthodes de prévision modernes permettent aux autorités de se préparer à l'arrivée de la mousson pour en minimiser les conséquences néfastes – il est actuellement possible de prédire l'arrivée de la mousson à deux ou trois jours près.

Ci-dessus : des rickshaws bataillent contre l'eau qui a envahi les rues d'une ville de l'Inde lors de la mousson. Le satellite TRRM (Tropical Rainfall Measuring Mission) permet d'enregistrer les précipitations sur Mumbay (Bombay) et l'État du Maharashtra, en Inde. Les plus fortes précipitations jamais enregistrées dans l'histoire de l'Inde l'ont été le 26 juillet 2005 : 944 millimètres en 24 heures. Ces pluies de mousson, associées à des grandes marées, provoquèrent de gigantesques inondations et firent d'immenses dégâts. Pas moins d'un millier de personnes y perdirent la vie.

Page ci-contre : des ouvriers agricoles indiens repiquent des plants de riz près d'Amritsar, dans l'État du Pendjab (nord-ouest de l'Inde). Avec l'arrivée des pluies de mousson, les champs demeurés nus des mois durant redeviennent fertiles et reconstituent leurs réserves d'eau pour la saison sèche à venir.

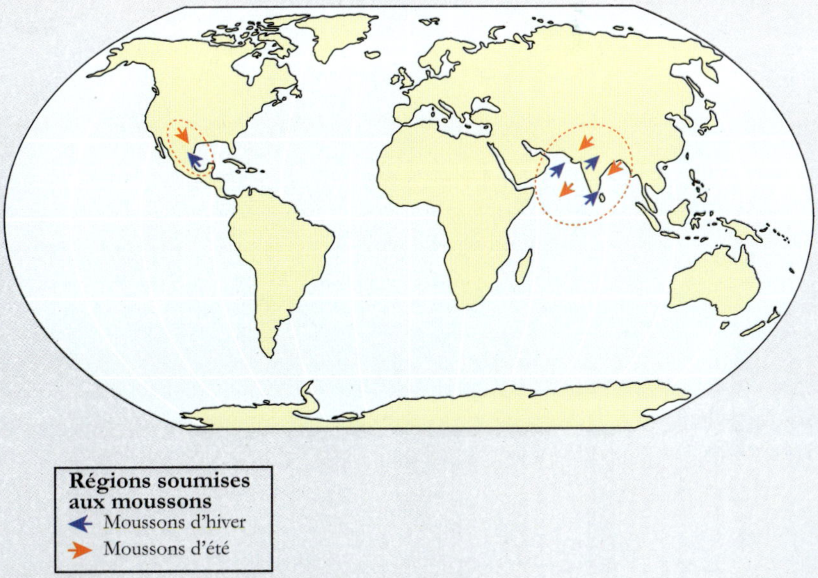

Les inondations

Les habitants des vallées fluviales sont exposés à des risques de crues et d'inondations. Dans les cas les plus extrêmes, des inondations contraignent à l'évacuation des habitations, provoquent des pannes du réseau électrique et font même parfois de nombreux morts. Certaines inondations déclenchent des glissements de terrain, qui accroissent encore la gravité des périls.

On distingue deux grands types de crues, lentes ou brutales. Les premières sont généralement causées par d'abondantes précipitations sur une période de temps étendue (au passage d'un système de fronts, par exemple), ou par suite de la fonte printanière des neiges. Quant aux crues éclairs, elles sont souvent provoquées par de brèves périodes de très fortes précipitations, en cas notamment d'orages violents à déplacement lent.

Ci-dessus : le Mississippi en crue, en 1912. Le Mississippi s'étire du nord au sud des États-Unis sur plus de 3 700 km. Le bassin hydrographique de ce grand fleuve est le troisième plus important du monde ; les fortes précipitations provoquent parfois des crues catastrophiques qui sévissent en aval et tuent de nombreuses têtes de bétail. Certaines des pires inondations que l'Amérique du Nord ait connues se sont produites dans le bassin du Mississippi – et parmi elles, la Grande Crue de 1927.

Ci-contre : une crue éclair est généralement due à une pluie orageuse brève mais intense.

Les crues et inondations sont responsables de 40 % des accidents mortels dus aux catastrophes naturelles. Aux États-Unis, ces phénomènes viennent au deuxième rang par leur dangerosité et ont fait en moyenne 84 morts par an entre 1984 et 2003. Une personne peut être renversée par l'afflux rapide de 15 cm d'eau seulement, et 60 cm d'eau suffisent pour emporter des automobiles.

Les crues sont parfois pires dans les zones urbaines où les orages sont courants et où le sol est goudronné. Le revêtement imperméable ne permet pas le drainage de l'eau ; il n'absorbe donc pas l'apport supplémentaire d'eau, qui ne peut que s'écouler en surface. Les villes sont conçues de telle sorte que l'eau s'y jette rapidement dans les cours d'eau, ce qui accroît les risques de crues.

Les crues sont des phénomènes naturels dans un environnement fluvial. La crue annuelle du Nil jouait un rôle majeur dans l'exploitation des terres par les Égyptiens car elle fournissait les limons dont dépendait la fertilité de la région. Le Mississippi, aux États-Unis, connaissait lui aussi des crues régulières, ce qui ne posa pas de véritable problème avant que les hommes ne viennent s'établir dans sa plaine inondable, à partir de la fin du XIXe siècle. Aujourd'hui, d'énormes moyens financiers sont consacrés à des mesures de protection contre les inondations – mesures pas toujours efficaces – des zones habitées qui s'étendent dans le lit majeur du grand fleuve.

Les crues les plus sévères sont classées en fonction de la fréquence à laquelle elles se produisent. Une crue centennale est de bien plus forte intensité qu'une crue quinquennale, elle inonde une zone beaucoup plus vaste et produit des conséquences nettement plus dommageables. Ceci a une influence sur le type et la localisation des moyens défensifs mis en place, qui vont des levées de terre et des plantations d'arbres à l'édification de barrages et autres barrières anti-inondations. Il peut n'être guère rentable de se protéger contre une crue centennale, par essence peu fréquente, étant donné le coût des ouvrages à réaliser pour cela. Mieux vaut envisager un zonage de la plaine inondable qui empêche certains modes d'utilisation des terres dans les secteurs à risque.

Ci-dessus : la barrière anti-inondations de la Tamise, portes fermées. On ferme les portes en cas de risque élevé de crue due à la marée ou pour des opérations d'entretien, ce qui a pour effet de barrer le fleuve d'un mur d'acier qui s'étire en continu sur plus de 500 m.

Ci-contre : en Europe, les inondations sont les plus fréquentes des catastrophes naturelles. Entre 1975 et 2001, 238 crues majeures y ont été répertoriées. Depuis 1990, les inondations catastrophiques ont fait 2 000 morts et 400 000 sans-abri.

Prague 2002

L'été 2002 a été marqué par des inondations catastrophiques dans une grande partie de l'Europe centrale et orientale, de la Roumanie à la Russie. La ville la plus rudement touchée, celle dont la situation fut le plus amplement évoquée par les médias, fut Prague, capitale de la République tchèque. En août de cette année-là, de fortes pluies s'abattirent en provenance d'un système de fronts à déplacement lent affectant également une bonne part du reste de l'Europe. Le cours de la Vltava enfla dangereusement, ce qui amena le président tchèque à ordonner l'évacuation de 40 000 personnes. Les dispositifs anti-inondations cédèrent, ce qui entraîna la coupure de nombreuses liaisons routières et ferroviaires et causa de graves dommages à nombre des merveilles architecturales de la ville. On craignit même que le célèbre pont Charles ne subît des dégâts irréparables. D'autres villes du pays connurent des perturbations sous l'effet de crues qui firent une dizaine de morts et des centaines de milliers de sans-abri.

Dans le même temps, les pires inondations que l'Autriche eût connues en un siècle firent un nombre comparable de morts ; il en alla de même en Roumanie. C'est en Russie cependant, dans la région de la mer Noire, qu'il y eut le plus de morts (58). Des milliers de personnes furent évacuées face à la montée des eaux du Danube.

On ignore la raison précise pour laquelle les crues furent si sévères cet été-là, mais divers indices tendent à incriminer l'influence d'El Niño, un courant marin chaud dont on pense qu'il exerce un impact significatif sur la météo à l'échelle mondiale.

Ci-dessous : le 14 août 2002, des militaires et des volontaires tchèques construisent une digue en sacs de sable pour contenir la montée des eaux de la Vltava, à Prague. Tandis que les eaux commençaient à envahir le cœur historique de la capitale tchèque, des mesures d'urgence furent prises pour protéger les monuments ; de nombreux habitants de la ville furent évacués en hâte.

Les crues subites

Les crus éclairs sont, de par leur nature, imprévisibles et meurtrières. Une telle crue subite se produit dans les heures qui suivent des précipitations aussi fortes que brèves tombant sur une zone réduite, à l'occasion d'un violent orage d'été notamment. L'air humide s'élève rapidement alors, et s'il demeure presque stationnaire toute sa pluie s'abat sur une petite superficie. Si l'air humide s'élève au-dessus de montagnes et qu'il est retenu dans une aire restreinte par le vent, il se défait également de la majeure partie de sa pluie sur les versants, de sorte que cet afflux d'eau s'écoule vers la vallée en contrebas. Lorsque les sols sont durcis par le soleil, la pluie n'est pas absorbée mais tend à s'écouler à la surface du sol, et à gagner ainsi le lit des cours d'eau. Les crues éclairs se produisent aussi dans des régions désertiques, dont les sols cuits par le soleil n'absorbent pas la pluie : un oued desséché s'y mue en quelques minutes en un torrent déchaîné. Dans les déserts d'Amérique du Nord, on compte plus de morts par noyade à la suite de crues subites que par épuisement dû à la chaleur. Lors des crues éclairs, l'eau se déplace à des vitesses phénoménales, prenant les victimes par surprise et provoquant des coulées de boue.

En juin 1990, à Shadyside, dans l'Ohio (aux États-Unis), après que 100 mm de pluie furent tombés en moins de 2 heures, un mur d'eau de 9 m de haut traversa la ville, faisant 26 morts et de 6 à 8 millions de dollars de dégâts.

Ci-dessus : des Mozambicains sont pris au piège à la suite des pluies torrentielles qui se sont abattues sur la province de Xai-Xai, en 2000. Les inondations forcèrent quelque 800 000 personnes à trouver un refuge temporaire et firent de nombreux morts à travers l'Afrique australe. Les terres agricoles de la vallée du Limpopo furent menacées par les crues, tout comme la capitale régionale où bientôt régna le spectre des maladies hydriques.

Ci-contre : le Bisagno en furie sous un pont de Gênes, en Italie.

Plus dévastatrices encore furent les crues éclairs survenues en Chine en 1998 et au Mozambique en 2000. Durant l'été de 1998, les pluies torrentielles de juillet et d'août provoquèrent des crues du grand Yangzi Jiang. Les levées s'effondrèrent et bousculèrent les digues en causant glissements de terrain et coulées de boue cataclysmiques. Le problème fut apparemment aggravé par une mauvaise utilisation des terres (déforestation, drainage et mise en cultures de marais susceptibles d'absorber les eaux). Quelque 9 millions d'hectares de terres arables furent inondées, ce qui réduisit à néant les cultures ; près de 3 millions de maisons furent détruites, il y eut 14 millions de sans-abri et près de 3 000 morts. On estime qu'au total environ 240 millions de personnes, soit un cinquième de la population de la Chine, eurent à souffrir de cette catastrophe.

Des crues subites causèrent également de graves destructions et firent de nombreuses victimes au Mozambique en 2000 : à la suite de fortes pluies, les berges du Limpopo cédèrent. La capitale, Maputo, fut inondée, tout comme les vallées du Limpopo, du Save et du Zambèze. À ce désastre s'ajouta l'arrivée du cyclone tropical Eline, qui quelques jours plus tard frappa le nord des contrées touchées par les crues. Plus de 140 000 hectares de cultures furent détruites, 20 000 têtes de bétail perdues ; il y eut un demi-million de sans-abri, 800 morts ainsi que des milliers de personnes atteintes par des maladies telles que la dysenterie en raison de la destruction des infrastructures sanitaires et de la pénurie d'eau potable.

En haut : ces paysans chinois ramassent des épis de maïs dans leur champ ravagé par les inondations.

Page ci-contre : image satellite en couleurs codées des inondations dues aux pluies de mousson au Bangladesh (au centre, à gauche) et en Inde (à l'extrême gauche ; au centre, à droite). Les cours d'eau ont rompu leurs berges – les abords du Gange (au centre, à gauche) et du Brahmapoutre (en haut, à droite) sont sous les eaux. Des eaux stagnantes sont visibles, en particulier à Dacca (au centre), capitale du Bangladesh.

Inondations au Bangladesh

Le Bangladesh est le pays que l'on associe le plus à la notion d'inondations catastrophiques. De par sa géographie physique en effet, il est particulièrement exposé aux conséquences des crues qui sévissent régulièrement dans la région.

Le Bangladesh est sis en bordure du golfe du Bengale, là où celui-ci s'étrécit au niveau du delta du Gange. Au nord se dresse l'Himalaya, aux glaces et neiges éternelles. Quelque 150 cours d'eau sillonnent le pays, dont le Gange lui-même et ses deux grands affluents que sont le Brahmapoutre et le Meghna. Plus de la moitié du Bangladesh est à moins de 5 m au-dessus de niveau de la mer ; chaque année s'y abattent les pluies torrentielles qui accompagnent la mousson.

Le Bangladesh est, avec ses 160 millions d'habitants, l'un des pays les plus densément peuplés ; c'est aussi l'un des plus pauvres. De nombreux Bangladais subsistent à grand-peine dans une région du delta aussi fragile que dynamique – les inondations naturelles font que d'innombrables îles et défluents y voient leur configuration et leur position se modifier.

Les crues sont donc un mal nécessaire : elles fournissent l'eau indispensable à l'irrigation des cultures et apportent des limons fertiles.

On estime toutefois que les activités humaines dans l'Himalaya, et notamment la déforestation sur le cours supérieur des fleuves et rivières, aggravent les problèmes posés par les crues en aval. La disparition des arbres empêche l'absorption de l'eau par la végétation et favorise l'érosion des berges. Les cours d'eau en aval se chargent davantage d'alluvions et sont moins à même de recevoir des apports supplémentaires d'eau lorsque surviennent les crues.

De plus, la faible altitude des terres du Bangladesh rend le pays vulnérable aux ondes de tempête associées aux cyclones tropicaux (ouragans, typhons) qui touchent souvent la région. Ces eaux évidemment salines ont pour effet néfaste d'accroître la salinité des sols, jusqu'à les rendre inexploitables.

En 1991, des inondations majeures dues à une accumulation de facteurs (dont une onde de tempête de 6 m de hauteur qui noya les terres) se soldèrent par un terrible bilan humain : 125 000 personnes périrent, par noyade pour nombre d'entre eux, mais aussi d'épidémies dues à la catastrophe.

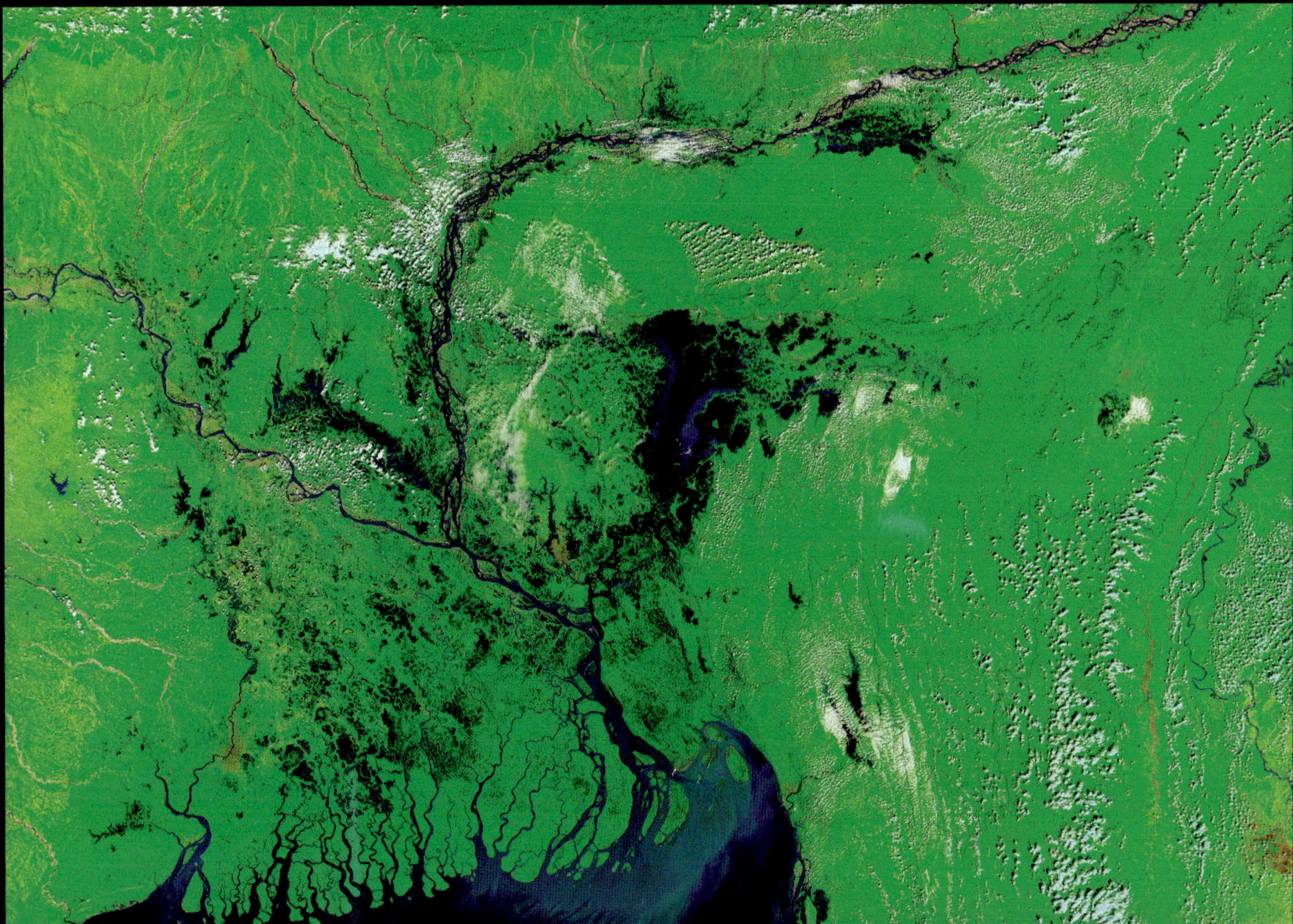

Les sécheresses

La sécheresse se définit sans doute au mieux comme étant une période marquée par des précipitations inférieures à la normale. Il est difficile d'être plus précis que cela – aux États-Unis, par exemple, on considère comme sécheresse une période d'un mois ou plus avec moins de 30 % des précipitations normales, alors qu'au Royaume-Uni, le même terme s'appliquera à une période de trois semaines.

Dans certains pays, la sécheresse fait partie du quotidien et la population a appris à vivre avec. Dans d'autres, les sécheresses périodiques causent le chaos. Leurs effets peuvent être dévastateurs : les cultures détruites causent des difficultés économiques, voire des décès ou des maladies dues à la malnutrition. L'impact sur l'environnement est également ravageur : érosion des sols, destruction massive des habitats (dont pâtissent les végétaux comme les animaux). Des sécheresses persistantes favorisent l'apparition de feux de brousse et des tempêtes de poussière.

La sécheresse qui sévit en Europe occidentale en 1976 aurait été provoquée par une circulation du jet-stream s'effectuant plus au nord qu'à l'habitude, sous l'effet d'un « anticyclone bloquant », système de hautes pressions particulièrement développé établi pendant plusieurs mois sur une grande partie du nord-ouest de l'Europe. Les systèmes dépressionnaires se déplaçant vers l'est furent repoussés vers le nord par les hautes pressions puis entraînés par le courant-jet. Cette situation aggrava le problème né en 1975, année particulièrement sèche. La sécheresse de 1976 se

Ci-contre : ce pin de Jeffrey, dans le parc national de Yosemite, en Californie, a gravement souffert du manque d'eau.

Page ci-contre, en haut : la boue desséchée et craquelée dans le bassin inondable de l'Orange River, en Afrique du Sud. Certaines contrées d'une même région reçoivent moins d'eau que d'autres.

Page ci-contre, au centre : un navire de la mer d'Aral échoué dans les dunes. La mer intérieure d'Aral était alimentée par des cours d'eau mais dans les années 1930 ceux-ci furent détournés pour l'irrigation des cultures. La mer recevant moins d'eau, elle se rétrécit du fait de l'évaporation. Sa superficie a été divisée par deux depuis les années 1960, et sa salinité a augmenté. Là où naguère s'étendaient de prospères bourgs de pêcheurs, des villes fantômes se dressent dans un écosystème terriblement dégradé.

déclara en avril-mai ; il n'y eut pratiquement aucune chute de pluie jusqu'en août, puis des précipitations quasi continues s'abattirent 10 jours durant, ce qui provoqua paradoxalement des inondations (en Angleterre, un ministre de la Sécheresse fut nommé et une loi sur la Sécheresse votée, d'autres pays décidant de lever un « impôt Sécheresse »). Les pertes subies par l'agriculture européenne furent considérables.

Le Sahel, dans le sud du Sahara, est sujet à un régime de précipitations faibles et peu assurées, ce à quoi la petite population indigène est capable de faire face puisqu'elle a adopté des stratégies appropriées. Pourtant, quand au cours des années 1970 et 1980 une sécheresse quasi permanente s'installa, les effets sur des pays tels que l'Éthiopie et le Kenya furent catastrophiques : les morts se comptèrent par milliers, les personnes déplacées (de façon temporaire ou définitive) par dizaines de milliers.

Dans les années 1930, la sécheresse dite du « Dust Bowl » frappa les États-Unis. Elle fut sévère en 1934, 1936 et 1939, mais certaines régions connurent huit ans de sécheresse consécutives. Les conséquences du manque de pluie furent aggravées par la médiocrité des pratiques agricoles de l'époque. Les terres arables des Grandes Plaines, profondément labourées, donnaient de bonnes récoltes quand les précipitations étaient suffisantes ; mais une fois que la sécheresse frappa, plus rien n'y poussa, les sols restèrent dénudés et exposés au vent. De nombreux paysans durent quitter leur ferme pour tenter leur chance ailleurs, en Californie par exemple. Cette sécheresse eut des répercussions profondes, non seulement environnementales mais aussi politiques et sociales.

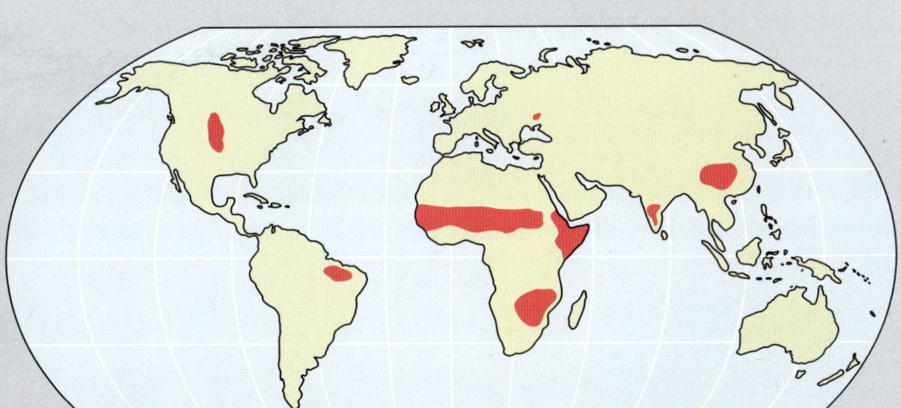

Ci-contre : les régions menacées par la sécheresse sont indiquées en rouge. Dans certains pays, la sécheresse est intégrée au mode de vie, les populations ont appris à s'adapter à cet état de fait, mais des sécheresses prolongées ou inattendues peuvent néanmoins y provoquer des situations dramatiques.

Feux de forêt et feux de brousse

Ces phénomènes naturels, courants dans des pays tels que l'Australie, se produisent partout où l'on note une présence de bois, de feuilles et de broussailles pouvant brûler.

Les causes des feux de broussailles résident dans la sécheresse, la foudre et les activités humaines. Là où le climat est assez humide pour assurer la croissance de la végétation, mais ponctué de périodes chaudes et arides qui entraînent le dessèchement des branches et des feuillages, il y a risque d'incendie « spontané ». Ces matières végétales sont inflammables, de sorte qu'en cas de sécheresse et de forts vents, une étincelle peut déclencher un feu à même de se propager rapidement.

On a retrouvé des traces fossilisées témoignant de l'existence de feux de forêt au Dévonien (il y a 365 millions d'années). Ces phénomènes jouaient alors – et jouent toujours – un rôle dans le fonctionnement de maints écosystèmes ; des plantes et certains animaux ont évolué de façon à s'adapter à de tels événements. Ainsi, les eucalyptus, abondants en Australie, recèlent une huile inflammable qui favorise les incendies, mais ces arbres se régénèrent bien plus vite que les autres végétaux, gardant ainsi leur prépondérance sur le terrain. L'eucalyptus compense la transpiration de ses feuilles en prenant jusqu'à 30 % de l'eau contenue dans le sol. En dessous de ce seuil, les arbres se déshydratent et dégagent de l'éthylène, un gaz inflammable.

Les incendies sont plus courants en été. Les bois morts tombés à terre font un combustible idéal. Dans le parc national de Los Alerces, en Argentine, on débarrasse les zones visitées par les touristes de ce bois mort en raison du risque élevé d'immenses incendies posé dans ce secteur par de fréquents éclairs d'orage.

On croit que les feux de forêt sont plus fréquents aujourd'hui, mais cela n'est pas nécessairement vrai. L'extension des zones urbaines dans des secteurs sujets aux incendies signifie que plus d'habitations sont exposées aux risques d'incendie. Ce phénomène a causé des pertes considérables dans des régions telles que l'Australie et la Californie. Les feux se déplacent plus rapidement vers le haut des pentes, de sorte que les maisons construites au sommet des collines sont très vulnérables.

Les incendies représentent donc un risque croissant aux États-Unis. Du fait de l'urbanisation de zones vulnérables, les petits feux de nettoiement sont interdits, de sorte que les matières inflammables tendent à s'accumuler jusqu'à atteindre des niveaux critiques ; les incendies qui en résultent sont gigantesques et dévastateurs. En 2004, plus de 3 millions d'hectares de terres ont brûlé. En 1988, un incendie survenu dans le parc national de Yosemite y détruisit près d'un demi-million d'hectares. En 2007, la région de San Diego, dans le sud de la Californie, a subi des incendies terrifiants et prolongés.

En Australie, en septembre 2006, plus de 50 feux ont englouti des centaines de maisons et détruits des milliers d'hectares de parcs naturels et de terres agricoles ; des vents de 100 km/h ont propagé le feu jusqu'à Sydney.

Partout où éclatent les feux de forêt et de broussailles, les effets sont les mêmes : des bien matériels sont détruits, des vies humaines sont perdues, les écosystèmes endommagés. Parfois, des glissements de terrain se produisent lorsqu'il n'y pas assez de végétation pour retenir la terre ; la fumée et les cendres qui s'élèvent dans l'atmosphère réduisent la visibilité et nuisent à la qualité de l'air.

Ci-contre : la fumée s'élève des flammes d'un feu de broussailles en Californie. La plupart des incendies d ce genre sont la conséquence de la sécheresse et de la foudre, mais ils sont de plus en plus couramment causés par les actes humains, parfois criminels.

RECORDS

Refroidissement le plus spectaculaire en une journée
55,7 °C. Une chute de température de 6,7 °C à -49 °C les 23 et 24 janvier 1916 à Browning, dans le Montana.

Plus fortes précipitations annuelles mesurées
26 461 mm, du 1er août 1860 au 31 juillet 1861 à Cherrapunji, dans l'État de Meghalaya, en Inde.

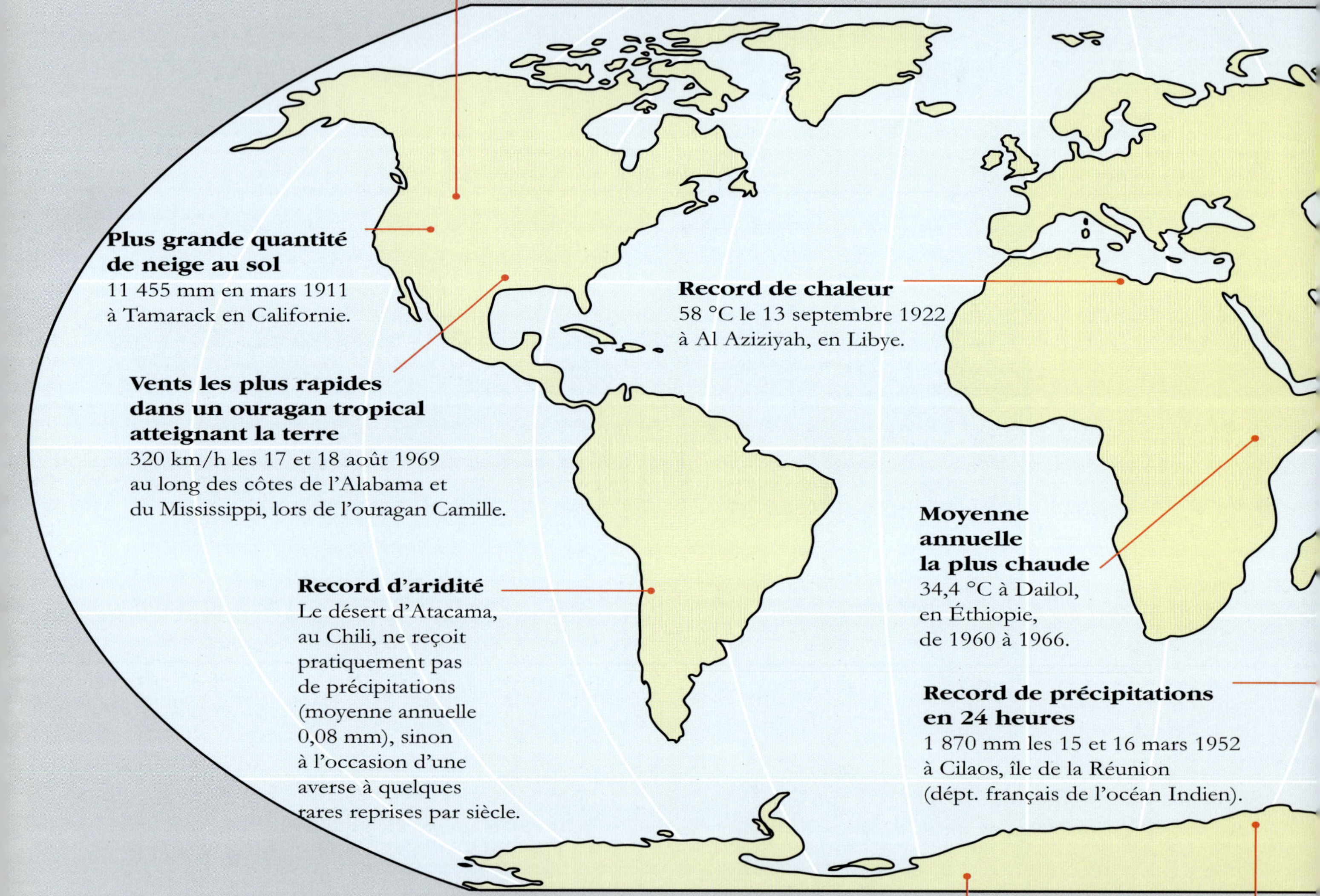

Plus grande quantité de neige au sol
11 455 mm en mars 1911 à Tamarack en Californie.

Record de chaleur
58 °C le 13 septembre 1922 à Al Aziziyah, en Libye.

Vents les plus rapides dans un ouragan tropical atteignant la terre
320 km/h les 17 et 18 août 1969 au long des côtes de l'Alabama et du Mississippi, lors de l'ouragan Camille.

Moyenne annuelle la plus chaude
34,4 °C à Dailol, en Éthiopie, de 1960 à 1966.

Record d'aridité
Le désert d'Atacama, au Chili, ne reçoit pratiquement pas de précipitations (moyenne annuelle 0,08 mm), sinon à l'occasion d'une averse à quelques rares reprises par siècle.

Record de précipitations en 24 heures
1 870 mm les 15 et 16 mars 1952 à Cilaos, île de la Réunion (dépt. français de l'océan Indien).

Moyenne annuelle la plus froide
-58 °C au pôle d'inaccessibilité, en Antarctique.

Record de froid
-89,2 °C le 21 juillet 1983 à la station Vostok, en Antarctique.

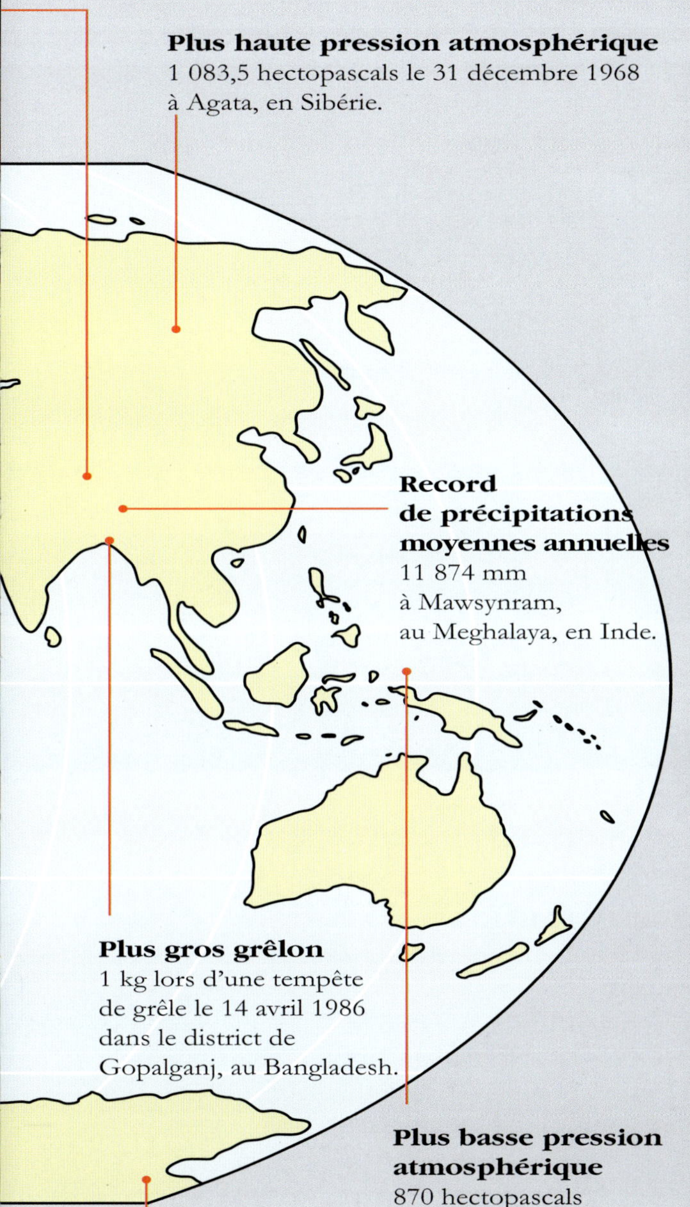

Vents

Les vents les plus violents en altitude

Les États-Unis détiennent ce record. Le 12 mars 1934, au mont Washington (dans le New Hampshire), la vitesse du vent atteignit 371,75 km/h à 1 918 m d'altitude.

Les vents les plus violents à basse altitude

La vitesse de vent de surface maximale à basse altitude fut atteinte à Thulé, au Groenland, le 8 mars 1972 : la base locale de l'US Air Force y enregistra une vitesse du vent de 333 km/h.

Tornades : la plus grande concentration

L'on pourrait croire que ce record est détenu par les États-Unis, mais tel n'est pas le cas : la palme revient au Royaume-Uni. Aux États-Unis, on a noté une tornade pour 8 663 km², contre une tornade pour 7 397 km² au Royaume-Uni.

Tornades : le plus grand nombre en 24 heures

On ne sera pas surpris de constater que ce record est détenu par la Tornado Alley aux États-Unis : les 3 et 4 avril 1974, on y enregistra 148 tornades !

Tornades : la plus grosse

L'Allée des tornades s'illustre là encore. Le 2 mai 1999, Mulhall, dans le nord de l'Oklahoma, fut frappé par une énorme tornade (parmi les 70 qui sévirent ce jour-là) de 1,6 km de diamètre, qui fit 40 morts.

Ci-dessus : laves noires à Hawaii. Malgré leur différence de latitude, l'Alaska et Hawaii partagent un même record de chaleur – le 27 avril 1931, la température atteignit 38 °C à Pahala, dans les îles Hawaii.

Page ci-contre, en haut : le mont McKinley, en Alaska. Cet État américain connut lui aussi une température record de 38 °C, le 27 juin 1915 à Fort Yukon.

Page ci-contre, au centre : l'éclair le plus meurtrier fut certainement celui qui, le 8 décembre 1963, frappa un Boeing 707-121 près d'Elkton, dans le Maryland. L'explosion en plein vol de cet avion de ligne, provoquée par l'embrasement des vapeurs de carburant sous l'effet de la foudre, tua 81 personnes.

Page ci-contre, en bas : la température la plus élevée jamais relevée sur Terre l'a été le 13 septembre 1922 dans le désert du Sahara, à Al Aziziyah, en Libye.

Températures

LES PLUS ÉLEVÉES

Les plus fortes températures jamais enregistrées, par continent :

Afrique : Al Aziziyah, en Libye, à une altitude de 112 m, a connu le 13 septembre 1922 la plus forte température du monde : 58 °C.

Amérique du Nord : Furnace Creek Ranch, dans la Vallée de la Mort, en Californie, est situé à 54 m au-dessous du niveau de la mer. Le 10 juillet 1913, la température y a atteint 56,6 °C.

Asie : la plus forte température relevée en Asie, 53,9 °C, le fut le 22 juin 1942 à Tirat Tsvi, Israël. Tout comme la Vallée de la Mort, ce site est en dessous du niveau de la mer (à -220 m).

Australie : Cloncurry, dans le Queensland, est à 190 m au-dessus du niveau de la mer. Le 16 janvier 1889, la température y monta à 53 °C. Étant donné l'ancienneté de cette date, certains doutes subsistent quant à la validité de cette mesure, car les instruments employés alors étaient bien loin de répondre aux critères de fiabilité des appareils actuels.

Europe : le 4 août 1881, Séville établit un record de température européen qui est demeuré inégalé. Ce jour-là, on y enregistra 50 °C.

Amérique du Sud : en 1905, Rivadavia, en Argentine, connut une température de 48,8 °C, la plus forte enregistrée en Amérique du Sud.

Océanie : le 29 avril 1912, un record de 42,2 °C fut établi à Tuguegarao, dans les Philippines.

Antarctique : la modeste température de 15 °C relevée le 5 janvier 1974 est la plus élevée qui ait jamais été enregistrée sur ce continent.

LES PLUS BASSES

Les plus basses températures jamais enregistrées, par continent :

Antarctique : la station Vostok, sise à 3 413 m d'altitude, a enregistré la stupéfiante température de -89,2 °C, le 21 juillet 1983.

Asie : la place d'honneur est partagée par deux stations de Russie asiatique (Sibérie). À Oïmiakon comme à Verkhoïansk, on enregistra en effet une même température de -68 °C (le 6 février 1933 et le 7 février 1892, respectivement).

Groenland : le 9 janvier 1954, on releva -66 °C à Northice, à une altitude de 2 343 m.

Amérique du Nord : le Yukon, au Canada, a connu la température la plus basse de ce continent, -63 °C, le 3 février 1847.

Europe : un jour de janvier (la date précise ne nous est pas connue), la Russie d'Europe a connu la température la plus basse qui ait sévi sur le continent européen, à savoir -55 °C, à Ust'Shchugor.

Amérique du Sud : la température la plus basse de ce continent a été enregistrée le 1er janvier 1907 à Sarmiento, en Argentine : -32,8 °C.

Afrique : à une altitude de 1 635 m, Ifrane, au Maroc, a connu une température de -23,8 °C, le 11 février 1935.

Australie : l'Australie n'est pas une région du monde que l'on associe habituellement à des températures glaciales, mais Charlotte Pass, en Nouvelle-Galles-du-Sud, a connu une température de -23 °C à 1 755 m d'altitude, le 29 juin 1994.

Océanie : en mai 1979, l'observatoire hawaiien de Mauna Kea, à 4 198 m d'altitude, releva -11 °C.

Plus grande amplitude thermique en une journée :
la ville de Browning, dans le Montana (États-Unis), sise à 1 170 m d'altitude près du parc national de Glacier, a connu les 23 et 24 janvier 1916 l'extraordinaire amplitude thermique de 55,5 °C (de +6,7 °C à -48,8 °C).

Plus grande amplitude thermique annuelle : cette mesure a été effectuée à Verkhoïansk, en Russie, où l'amplitude thermique a atteint 105 °C (température maximale 37 °C, température minimale -68 °C).

Précipitations

LIEU LE PLUS ARIDE (moyennes annuelles)

Amérique du Sud : le désert d'Atacama, au Chili. Entre 1964 et 2001, la moyenne annuelle des précipitations à Quillaga a été inférieure à 0,5 mm. À Arica, également au Chili, la moyenne annuelle est de 0,8 mm.

Afrique : à Ouadi Halfa, au Soudan, les précipitations annuelles sont de moins de 13 mm, record d'aridité qui tient depuis près de 40 ans.

Antarctique : la station Amundsen-Scott, au pôle Sud, enregistre en moyenne des précipitations annuelles inférieures à 20 mm.

Amérique du Nord : ce record est détenu par le Mexique. À Batagues, il ne tombe en moyenne que 31 mm de pluie par an.

Asie : Aden, au Yémen, détient le record d'Asie des précipitations annuelles moyennes les plus faibles, et ce depuis 50 ans, avec 46 mm.

Australie : Mulka, en Australie-Méridionale, détient le record de l'île-continent avec 103 mm.

Europe : la ville d'Astrakhan, en Russie, ne reçoit que 160 mm de pluie par an.

Le plus grand nombre de jours ensoleillés consécutifs : du 9 février 1967 au 17 mars 1969, St Petersburg, en Floride a vu le soleil briller 768 jours de suite.

Le plus grand nombre d'heures d'ensoleillement : Sunny Yuma, en Arizona, bénéficie en moyenne annuelle de 4 055 heures d'ensoleillement sur 4 456 possibles, soit 91 % du maximum possible. Certaines parties inhabitées du Sahara connaissent jusqu'à 97 % d'ensoleillement.

Le plus grand nombre de jours de pluie : Kauai, situé à 1 568 m d'altitude à Hawaii, connaît en moyenne 350 jours pluvieux chaque année (les précipitations y atteignent près de 12 700 mm par an).

Océanie : la moyenne annuelle de ce « continent » est de 230 mm de précipitations. Le record est détenu par Puako, à Hawaii.

Les plus fortes précipitations en un mois : en juillet 1861, Cherrapunji, en Inde, a reçu 9 300 mm de pluie.

LIEU LE PLUS ARROSÉ (moyennes annuelles)

Amérique du Sud : on estime à 13 300 mm la quantité de pluie qui tombe chaque année sur Lloro, en Colombie – ce qui surpasserait de loin l'ancien record officiel de 8 992 mm enregistré à Quibdo (également en Colombie), à quelques kilomètres de là (mais à une altitude inférieure). Si le nouveau chiffre est exact, il placerait ce site au cinquième rang mondial.

Asie : les précipitations maximales seraient celles de Meghalay, en Inde, à 1 517 m d'altitude : 26 461 mm ! On cite souvent aussi Mawsynram, en Inde également, à 1 400 m d'altitude, bien que les précipitations annuelles n'y atteignent en moyenne « que » 11 873 mm.

Océanie : Hawaii détient une fois encore ce record – le mont Waialeale, à 1 699 m d'altitude, reçoit chaque année une moyenne de 11 684 mm de pluie.

Afrique : c'est au Cameroun qu'il faut chercher le record continental ; à Debounja, les précipitations annuelles atteignent 10 470 mm.

Australie : Bellenden Ker, dans le Queensland tropical (à 1 555 m d'altitude), détient le record d'Australie avec ses 8 636 mm de précipitations annuelles moyennes.

Amérique du Nord : Henderson Lake, en Colombie-Britannique (au Canada), reçoit en moyenne 6 502 mm de précipitations par an.

Europe : à Crkvica, en Bosnie-Herzégovine, à une altitude de 1 017 m, la moyenne des précipitations annuelles est de 4 648 mm. Ce record tient depuis plus de 20 ans.

Il convient de noter que les chiffres mentionnés proviennent de sources très diverses et sont susceptibles de différer d'autres données. Ces variations s'expliquent notamment par la façon dont sont pratiquées les mesures, selon les époques et les lieux.

Chutes de neige et grêlons

Plus fortes chutes de neige annuelles : un volcan de l'État de Washington (États-Unis), le mont Rainier, détient ce record. Entre février 1971 et février 1972, il y est tombé au total 31 100 mm (31,10 m !) de neige.

Plus fortes chutes de neige en un jour : le record mondial est détenu par Silver Lake, dans le Colorado (États-Unis), avec 1,93 m de neige tombée le 15 avril 1921. Au Canada, la plus grande quantité de neige tombée en un jour a été de 1,45 m, le 11 février 1999 à Tahtsa Lake, en Colombie-Britannique.

Plus grande quantité de neige en une seule tempête de neige : c'est un autre volcan américain qui détient ce record. En 1959, lors d'une tempête qui dura du 13 au 19 février, à Ski Bowl sur le mont Shasta, il tomba 4,80 m de neige.

Ci-contre : un gros grêlon. Le plus gros grêlon de l'histoire des Amériques est certainement celui qui tomba le 22 juin 2003 à Aurora, dans le Nebraska, lors d'un violent orage. Ce bloc de glace mesurait près de 18 cm de diamètre, pour une circonférence de 47,5 cm. Les grêlons grossissent en circulant dans le nuage d'orage, jusqu'à ce qu'ils soient trop lourds pour que le nuage puisse les soutenir ou qu'ils soient éjectés de la zone d'ascendance.

Page ci-contre, en haut : paysage arctique au Lancaster Sound, dans le territoire du Nunavut, au Canada. Depuis quelques années, le réchauffement planétaire fait que les glaces flottantes fondent plus tôt dans l'année et que les glaciers reculent ; il est donc difficile de prévoir quelle sera la nature des records météorologiques.

Page ci-contre, en bas : des piétons luttent contre la neige et contre le vent. La plus grande quantité de neige à être tombée sur le sol en un mois fut enregistrée en mars 1911 à Tamarack, en Californie : 11,45 m !

Le plus gros flocon de neige : selon un rapport de janvier 1887, un gigantesque flocon de neige tomba sur Fort Keogh au Montana (États-Unis) : il faisait 38 cm de diamètre et 20 cm d'épaisseur ! À lui seul, il aurait permis de faire plusieurs bonnes boules de neige !

Le plus lourd grêlon : le grêlon le plus lourd du monde est tombé au Bangladesh en avril 1986. Il pesait 1 kg, et tomba lors d'un orage qui fit 92 morts. En 1888, à Moradabad, en Inde, des grêlons gros comme des balles de base-ball tuèrent des dizaines de personnes et quelque 1 600 bovins.

EFFETS VISUELS INHABITUELS DE LA MÉTÉO

Effets d'optique

Nous avons tous déjà pu admirer un arc-en-ciel, mais combien d'entre nous connaissent la raison pour laquelle il comprend ces couleurs, et son mécanisme de formation ?

La lumière du soleil est composée d'un mélange de couleurs des différents secteurs du spectre. Nous pouvons le constater lorsque cette lumière brille à travers un prisme : elle se divise alors selon les couleurs qui la composent, ce parce qu'elle se déplace à des vitesses différentes à travers le prisme (selon le processus de réfraction). Ce phénomène optique, qui se produit aussi dans la nature, est à l'origine de certains des phénomènes optiques d'ordre météorologique les plus étonnants que l'on puisse observer.

Parmi ces effets d'optique, mentionnons l'arc-en-ciel, mais aussi les mirages, couronnes, halos, ainsi que les spectaculaires aurores (boréales dans l'hémisphère nord et australes dans l'hémisphère sud) des hautes latitudes : le spectacle de ces lumières changeantes et irisées dans le ciel nocturne est proprement inoubliable.

La plus célèbre des illusions d'optique dues aux rayons solaires est le mirage, phénomène largement évoqué dans la littérature, les dessins animés et les films.

Moins connue, la couronne qui se forme parfois autour du soleil ou de la lune est elle aussi due à la réfraction de la lumière dans l'atmosphère.

Ci-contre : vue à l'objectif très grand angle d'une aurore boréale.

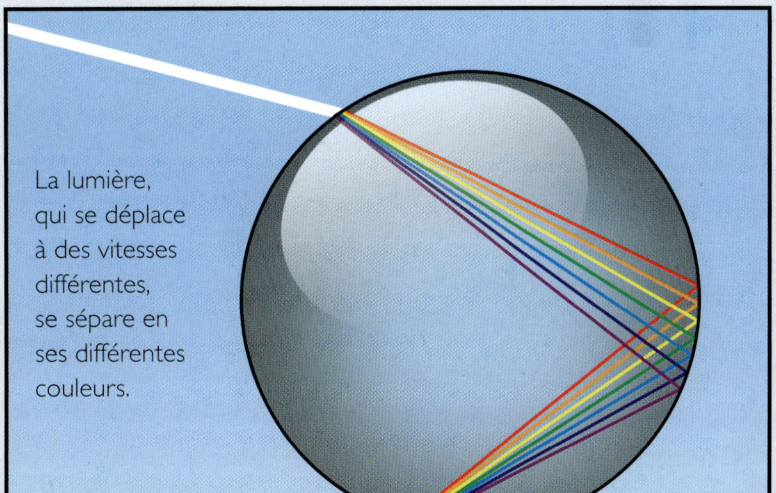

Ci-contre : une couronne entoure le disque solaire. Constituée d'un ou plusieurs anneaux centrés sur le Soleil, elle est due à la diffraction de la lumière à travers des gouttelettes d'eau. Les anneaux s'étendent sur quelques rayons solaires, et la largeur de chacun de ces anneaux est inversement liée au diamètre des gouttelettes qui le fait naître. Ce phénomène se produit aussi autour de la Lune.

Page ci-contre, en haut : couronne lunaire, observée à travers des nuages cirriformes. La couronne résulte de la diffraction de la lumière qui traverse des particules d'eau liquide ou de glace dans les nuages. Ces nuages cirriformes sont sans doute de minces cirrostratus de haute altitude. La dimension et la régularité des gouttelettes d'eau dictent la taille et la couleur de la couronne.

Page ci-contre, en bas : les arcs-en-ciel apparaissent lorsque l'observateur fait face à une chute de pluie en ayant le soleil derrière soi. La lumière blanche qui se reflète dans les gouttelettes est divisée par réfraction en ses couleurs constituantes. L'arc-en-ciel secondaire, moins lumineux, est dû à des gouttelettes différentes, situées plus haut dans l'atmosphère. Ces gouttelettes reflètent par deux fois la lumière solaire, de sorte que l'ordre des couleurs de l'arc-en-ciel secondaire est inversé.

Arcs-en-ciel et couronnes

Nous avons tous entendu parler du trésor qui se trouverait au pied de l'arc-en-ciel, mais savons-nous comment se dessine ce phénomène météorologique ?

Un arc-en-ciel naît en raison de la façon dont la lumière se courbe en passant dans l'atmosphère. L'arc-en-ciel est fait de lumière solaire divisée en les diverses couleurs de son spectre, et réfractée par des gouttelettes d'eau présentes dans l'atmosphère terrestre. Il doit son nom à la forme que prennent les bandes qui le constituent. Une partie de la lumière qui a pénétré dans la gouttelette d'eau est reflétée, ce qui permet à l'observateur de voir les différentes couleurs – à condition qu'il se tienne dos au Soleil.

La représentation traditionnelle de l'arc-en-ciel lui attribue sept couleurs – rouge, orange, jaune, vert, bleu, indigo et violet – alors qu'en réalité on a affaire à un continuum allant du rouge au violet. Ces coloris proviennent de ce que la lumière solaire est composée de couleurs perceptibles pour l'œil. Une fois mêlées, ces couleurs donnent une lumière blanche, ce que Newton fut le premier à démontrer en 1666. En se déplaçant à travers des masses d'air de différentes densités, la lumière se réfracte et se disperse en ses différentes couleurs constituantes.

C'est en regardant vers le Soleil ou la Lune, en revanche, que l'on peut parfois voir une couronne. Celle-ci est produite par la diffraction de la lumière par de petites particules – la lumière passe autour de ces minuscules gouttelettes sphériques. La couronne se présente comme une série de bandes de couleurs pâles (évoquant celles de l'arc-en-ciel, mais moins intenses) entourant le Soleil ou la Lune observés à travers des altocumulus. La couronne lunaire est plus facile (et moins dangereuse) à observer que la couronne solaire, car la Lune est moins éclatante que l'astre diurne, qui tend à saturer la vision.

Un phénomène appelé « irisation » est parfois observable sous l'aspect de taches colorées, surtout vertes et rouges, de formes irrégulières dans des nuages proches du Soleil ou de la Lune. Ces irisations sont elles aussi dues à la diffraction de la lumière autour de gouttelettes d'eau.

Halos et parhélies

Au cours des siècles, l'apparition de halos a toujours été considérée comme annonciatrice de pluie. Mais qu'est-ce exactement qu'un halo ?

Parfois, des cristaux de glace en suspension dans l'atmosphère jouent le rôle de prismes ; lorsque la lumière du Soleil (ou de la Lune) traverse ces cristaux, elle se trouve légèrement réfractée (déviée). L'agencement de ces cristaux est aléatoire, mais des halos circulaires en résultent. L'angle de réfraction le plus courant est de 22°, le halo sera le plus souvent un cercle d'un rayon angulaire de 22° (« petit halo »).

En certains points du halo apparaissent des taches vives, les parhélies ou « faux soleils ». Halos et parhélies sont fréquents dans les régions polaires, mais on peut en observer à des latitudes moins élevées.

La réfraction de la lumière étant liée à la couleur, les halos et faux soleils présentent des colorations très variées.

Il est vrai que les halos précèdent parfois la pluie, car les cristaux de glace qui les font naître sont visibles dans les cirrus ; or, ces nuages tendent à précéder des systèmes de fronts apportant la pluie.

Ci-dessous : faux soleil à coloration d'arc-en-ciel dans un ciel partiellement nuageux du Colorado, aux États-Unis. Cet effet d'optique atmosphérique, également appelé parhélie, est dû à la réfraction de la lumière solaire par des cristaux de glace en suspension dans l'atmosphère. Il se traduit généralement par l'apparition de taches très lumineuses de part et d'autre du Soleil (faux soleils). Ici, la lumière solaire est divisée en ses couleurs constituantes, à la manière d'un arc-en-ciel.

Ci-dessus : un halo solaire est un phénomène optique atmosphérique qui se produit lorsque la lumière du soleil est réfractée par des cristaux de glace en suspension dans l'air en altitude. La lumière est le plus souvent réfractée selon un angle de 22°, ce qui crée un cercle ayant un rayon angulaire de cette valeur. Du fait de la forme des cristaux de glace, deux taches lumineuses apparaissent, situées à la même hauteur et de part et d'autre du Soleil.

Ci-contre : parasélène photographiée dans les îles de la Reine-Charlotte, au Canada. De tels effets d'optique, également appelés « fausses lunes », se traduisent par la présence de taches lumineuses de part et d'autre de la Lune. À l'instar des parhélies, les parasélènes sont dues à la réfraction de la lumière par des cristaux de glace hexagonaux en suspension dans l'atmosphère. Si ces cristaux de glace sont contenus dans des cirrus, cela peut indiquer l'approche d'un système de fronts.

Ci-contre : aurore boréale au-dessus d'une forêt de conifères en Finlande, au début d'octobre. L'aurore boréale tire son nom d'Aurore, déesse romaine de l'aube, et de Borée (ou Boreas), dieu grec personnifiant le vent du nord. Les aurores boréales s'observent le plus souvent en septembre-octobre et en mars-avril.

Page ci-contre, en haut : les aurores polaires sont dues à l'interaction entre des particules solaires électriquement chargées et des molécules de gaz de la haute atmosphère (à une centaine de kilomètres d'altitude). Elles se présentent comme des lueurs blanchâtres, ou rouges, vertes, bleues et jaunes, qui prennent des formes très variées – évoquant des pinceaux lumineux, des flammes, des rideaux…

Page ci-contre, en bas : aurore boréale au-dessus des conifères de Churchill, dans le Manitoba, au Canada. La constellation des Gémeaux est visible en haut, à droite. Les coloris d'une aurore boréale ou australe sont fort spectaculaires, les plus courants étant le vert (associé aux atomes d'oxygène) et le rouge (associé aux molécules d'azote).

Les aurores polaires

Les aurores boréales (de l'hémisphère nord) et les aurores australes (de l'hémisphère sud) apparaissent dans les ciels nocturnes des latitudes élevées sous l'aspect de lueurs de couleurs variées, en déplacement rapide dans le ciel. Ces aurores polaires sont dues aux collisions de particules solaires avec les molécules de l'atmosphère. Ces particules solaires constituent les « vents solaires », liés au cycle de 11 ans des taches solaires ainsi qu'aux éruptions solaires – qui projettent à grande vitesse des particules électriquement chargées émises par le Soleil. Les régions polaires sont les seules à n'être pas protégées contre ces particules par le champ magnétique terrestre, aussi l'interaction entre vent solaire et atmosphère terrestre ne se produit-elle qu'aux abords des pôles.

Lorsque les particules solaires chargées entrent en collision avec les molécules d'air de l'atmosphère, de l'énergie est émise sous forme de lumière, visible uniquement aux pôles (ou à proximité) sous l'aspect d'un anneau appelé « ovale auroral ». Lorsque les particules sont particulièrement abondantes, par exemple lors d'une période d'intense activité solaire marquée par de nombreuses éruptions, l'anneau s'étend à des contrées situées plus au sud (ou au nord). Ces phénomènes interviennent très haut dans l'atmosphère, à des altitudes comprises entre une soixantaine de kilomètres et un millier de kilomètres au-dessus de la surface de la Terre.

Les mirages

De nombreux films nous montrent un personnage en plein désert en proie à la soif : le malheureux voit apparaître l'image d'une source, qui finalement se révèle n'être qu'un mirage. Or, cette idée que le mirage n'apparaît que lorsque se profile le spectre du coup de chaleur est erronée. Un mirage n'est pas qu'une simple illusion – il est tout à fait possible de le photographier.

Lorsque la lumière traverse différentes matières, sa vitesse change, ce qui la fait dévier (phénomène de réfraction). Ceci peut se produire en présence de couches d'air de différentes densités (en liaison avec des variations de température).

On distingue deux catégories de mirages, supérieurs et inférieurs, tous deux dus à la réfraction de la lumière dans l'atmosphère. Un mirage inférieur apparaît sous un objet (qui peut être le ciel ou le soleil), alors que le mirage supérieur est visible au-dessus de l'objet.

Exemple de mirage inférieur : la nappe d'eau miroitante que l'on voit souvent sur les routes en été. La réfraction de la lumière est due aux très grandes différences de température à proximité de la surface de la route. La lumière subit une telle distorsion qu'une image du ciel apparaît sur la route.

Un mirage supérieur, moins commun, se présente assez fréquemment sous l'aspect du soleil levant ou couchant. Il s'agit en fait d'un mirage du véritable soleil qui se trouve en réalité sous l'horizon. Cette image est liée à la présence d'une couche d'air chaud au-dessus d'une couche d'air plus froid – d'une inversion de température. Si la différence de température est assez importante, l'air le plus chaud réfracte la lumière. Autre mirage de ce type souvent évoqué : celui du navire qui paraît voguer dans le ciel.

En 1977, les États-Unis ont été le théâtre d'un spectacle admiré par de nombreuses personnes, à Grand Haven. Des lumières ont été vues de l'autre côté du lac Michigan. La ville était Milwaukee, à quelque 120 km de là, mais il semble qu'une inversion de température ait créé un mirage des lumières de cette ville et les ait rendues visibles sur l'eau.

On estime que les mirages supérieurs seraient à l'origine de nombreuses observations d'ovnis – qui seraient en fait des mirages supérieurs de phares d'automobile dans le lointain.

Ci-dessous : mirage supérieur de type Fata Morgana, créé par une île. Une image en double de l'île apparaît au-dessus de celle-ci. Ce genre de mirage transforme un horizon en un panorama de murailles verticales, de colonnes et de flèches. Ce phénomène fut rapporté par des croisés qui, voguant sur la Méditerranée, auraient aperçu des châteaux dans la brume. Ils attribuèrent ce phénomène à la fée Morgane (en italien, *Fata Morgana*), demi-sœur du roi Arthur qui, selon la légende, vivait dans un palais de cristal sous les eaux et avait le pouvoir de construire des châteaux sur les flots. Les mirages apparaissent quand des couches d'air de températures et degrés de réfractivité différents s'étendent sans se mêler près du sol ou de l'eau.

Ci-contre : au couchant, distorsion du disque solaire avec formation sous le Soleil d'un mirage – phénomène naturel lors duquel la courbure des rayons lumineux produit une image déplacée d'objets lointains, dans le ciel. Le mot « mirage » vient du latin populaire *mirare*, qui signifie « regarder attentivement », ou du latin classique *mirari*, « s'étonner ».

Ci-dessous : mirage dans le désert lybique, en Égypte. Un imposant mirage miroite dans la chaleur du désert : il réfléchit les montagnes qui se dressent au-delà. Un mirage est un phénomène atmosphérique dû aux différences de température entre diverses couches d'air. En s'échauffant, l'air se dilate, ce qui influe sur son indice de réfraction. Les rayons lumineux qui passent en oblique d'une couche d'air frais à une couche d'air chaud (en contact avec un sol surchauffé, par exemple) se trouvent réfractés de telle sorte qu'ils semblent se refléter vers le haut. Un mirage donne donc une image du ciel et de paysages situés même au-delà de l'horizon.

LE TEMPS ET LE CLIMAT DANS L'HISTOIRE ET LA CULTURE

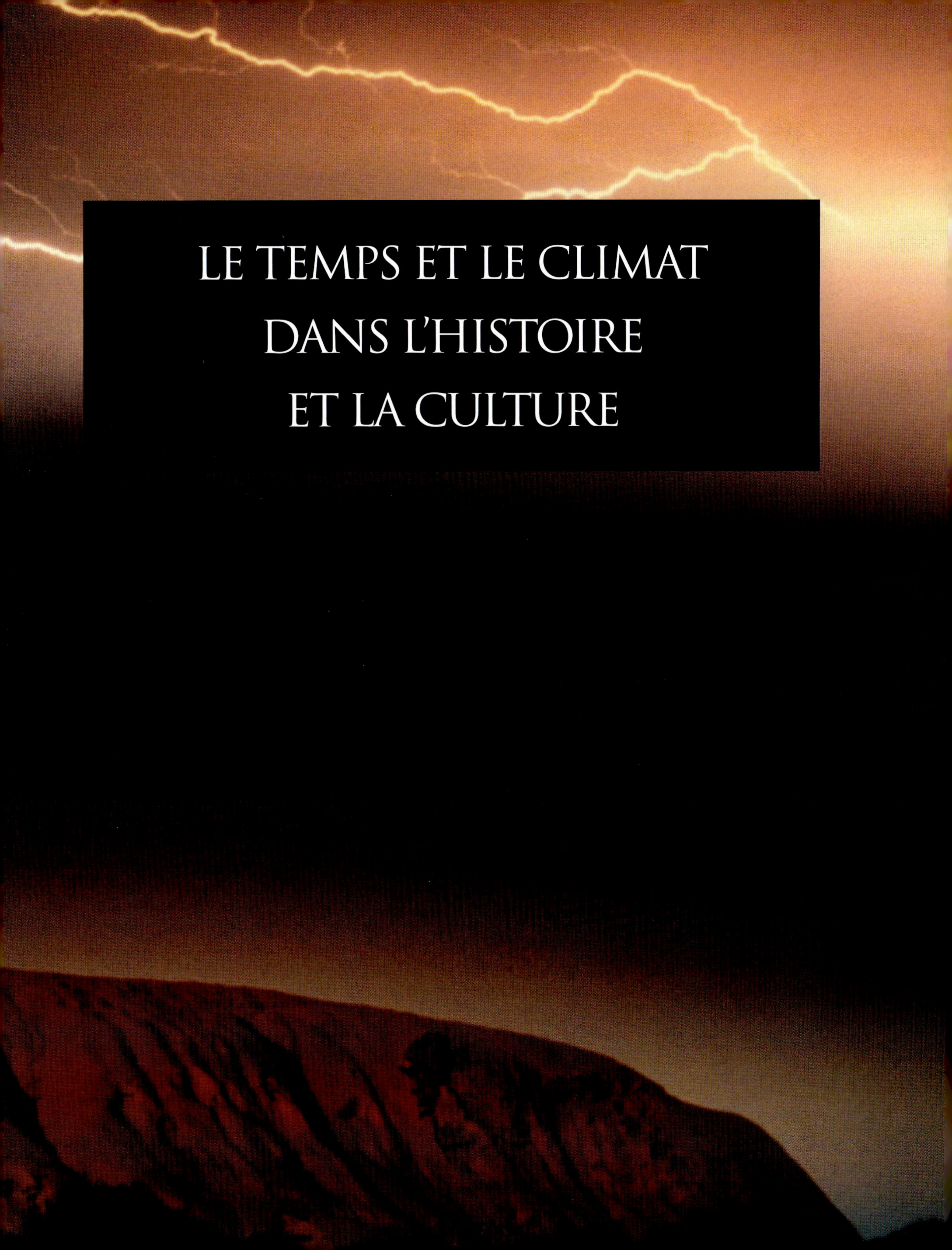

Météo, climat et folklore

Aujourd'hui, les météorologistes disposent d'une impressionnante palette de techniques pour prévoir ou prédire les évolutions de la météo et du climat. Pendant des millénaires cependant, les hommes ont eu recours à l'observation et à la superstition ; au fil du temps, la notion selon laquelle des divinités régissaient le temps fut progressivement supplantée par l'examen d'indicateurs naturels tels que la direction du vent, les formations nuageuses, la couleur du ciel, le comportement des animaux et des végétaux…

La faculté de prévoir le temps qu'il allait faire était cruciale pour tels que les paysans, les marins, les pêcheurs et les bergers, en fait, pour tous ceux qui tiraient leur subsistance de la terre et des flots, et dont la vie dépendait souvent de la météo. À travers le monde, et surtout sous les latitudes tempérées qui connaissent les conditions météo les plus variables, toutes les civilisations trouvèrent des façons d'aborder culturellement le temps, s'exprimant fréquemment dans des proverbes, maximes et dictons.

Certains de ces adages, dépourvus de fondement scientifique, ne se vérifient que rarement, mais nombre de ceux qui reposent sur l'observation et ont trait aux prédictions à court terme trouvent aujourd'hui encore leur traduction dans les faits. Les prévisions à plus long terme, surtout si elles concernent des jours précis de l'année, tendent à être erronées (elles s'appuient sur des croyances superstitieuses), mais celles qui découlent de l'observation séculaire de tendances saisonnières et d'autres cycles naturels continuent de comporter une part de vérité.

Un dicton à caractère météorologique parmi les plus connus – « Ciel rouge le matin, pluie en chemin ; ciel rouge le soir laisse bon espoir » – n'est pas sans véracité. Il se prête même à une explication scientifique. Un couchant rougeoyant se produit souvent en conséquence d'un filtrage de la lumière par un système de hautes pressions venu de l'ouest, qui tend à apporter du beau temps, alors qu'un lever de soleil rougeoyant (à l'est, donc) indique souvent qu'un tel anticyclone est passé, et que la probabilité est forte de le voir suivi par un système de basses pressions, souvent accompagné d'un temps instable. Autre dicton : « Ciel pommelé, beau temps ne saurait durer » (ou « Ciel pommelé et femmes fardées sont de courte durée »). On fait référence ici au cirrus et au cirrocumulus, nuages de haute altitude souvent annonciateurs d'un système dépressionnaire susceptible d'apporter un changement dans la vitesse et la direction des vents ainsi que des précipitations.

D'autres indications à court terme relativement fiables résultent de l'observation de la nature : pomme de pin et fleurs qui se referment, feuilles qui s'enroulent sur elles-mêmes en prévision de fortes pluies, poils des animaux qui au contraire se dressent sous l'effet d'un accroissement de l'humidité ambiante. Le « chant » des grillons et sauterelles peut aussi servir à évaluer (de façon assez précise) la température : il se fait d'autant plus rapide que cette température s'élève, d'autant plus lent qu'elle baisse.

Dans la culture des aborigènes d'Australie, on considère que le temps est soumis à ces forces surnaturelles qui régissent tout le continuum de la vie et tout le monde naturel ; de nombreuses observations concernent les mouvements et déplacements des animaux (dont les oiseaux) ainsi que la floraison de certaines plantes – ce sont souvent de bons indicateurs de l'arrivée des saisons humide ou sèche.

En Amérique du Nord (comme ailleurs), certaines prédictions météorologiques liées aux animaux se signalent par leur piètre fiabilité. Le 2 février, à mi-chemin entre le solstice d'hiver et l'équinoxe de printemps, on y célèbre traditionnellement le jour de la Marmotte. Selon la légende, si la marmotte sort alors de son terrier et ne voit pas son ombre, cela signifie la fin de l'hiver, mais s'il fait soleil et que son ombre l'effraie, la poussant à regagner son terrier, l'hiver durera six semaines de plus. Cette croyance puiserait son origine dans la France ou l'Allemagne médiévales, où l'on avait constaté que l'équinoxe vernal survenait six semaines après le 2 février (jour de la Chandeleur).

Au Royaume-Uni, William Foggitt se servit d'anciens documents familiaux dans lesquels étaient consignées des observations ayant trait aux effets du temps sur les plantes et les animaux pour faire des prévisions dont il assurait qu'elles étaient fiables à 88 %.

Page ci-contre : un ciel pommelé au couchant. Ce spectaculaire défilé d'altocumulus indique sans doute l'approche d'un front atmosphérique annonciateur de pluie.

Ci-contre : pommes de pin sur la branche d'une épinette de Sitka, en Colombie-Britannique (au Canada). La tradition veut que l'on se serve de ces cônes pour prévoir un temps humide. On place la pomme de pin dehors, à un endroit où l'on peut l'observer régulièrement. Au fur et à mesure que l'humidité de l'air s'accroît, la pomme se referme pour protéger ses graines.

Croyances anciennes

Râ, le célèbre dieu égyptien du Soleil, n'est qu'une divinité liée à l'astre solaire parmi les dizaines rencontrées dans différentes cultures. Nombre de peuples anciens, cherchant à comprendre les phénomènes naturels, s'entourèrent de divinités spécialisées dans la maîtrise des vents, du soleil et des précipitations, ou de la qualité des récoltes et de l'abondance du gibier. La superstition régnait jadis, et si l'on redoutait la fureur des éléments, on pensait aussi qu'offrandes et rituels avaient le pouvoir d'apaiser l'ire des dieux.

Des sacrifices humains furent sans doute faits à Tlaloc, dieu aztèque de la pluie et de la végétation ; Quetzalcóatl, pour sa part, était le créateur de la vie, le maître des vents porteurs de pluies dispensatrices de vie. D'autres cultures avaient des dieux des vents, tel Éole dans la Grèce antique, ou Fujin, divinité shinto du Japon. Les kamikazes japonais de la Seconde Guerre mondiale prirent leur nom d'une divinité des tempêtes, Kami kaze signifiant « vent divin » (de *kami*, « dieu » et *kaze*, « vent »). Zeus (en Grèce), Raiden (au Japon) et Indra (en Inde), étaient autant de divinités associées au tonnerre et à la foudre. Le Soleil, à qui l'on devait toute vie, était adoré dans de nombreuses civilisations. Râ était représenté à bord de son navire solaire, traversant chaque jour le ciel, alors qu'Inti l'Inca prenait l'apparence d'un disque doré à visage humain ; les Mayas vénéraient le dieu de la pluie Chac (aujourd'hui, leurs descendants pratiquent au mois de mai la cérémonie Cha-Chac pour appeler la pluie).

Dans de nombreuses régions du monde, il existe encore des fêtes traditionnelles dont l'objet est d'influencer le temps, ce qu'un météorologue ne peuvt faire.

Ci-dessous : tombeau d'Antiochos au sommet du Nemrut Dagi, en Turquie. Les têtes des divinités qui gardent ce sanctuaire sont des représentations hautes de 2,40 m de dieux de l'Antiquité. Au premier plan, Hercule, Apollon et Zeus, dieu du tonnerre ici sous forme d'aigle. Antiochos, roi de l'époque préromaine, fit tailler deux énormes replats au faîte de la montagne pour y ériger des statues de sa propre personne ainsi que de diverses divinités.

Ci-dessus : calendrier solaire aztèque. L'image du Soleil au centre traduit l'importance de l'astre diurne dans la vie des Aztèques. Les saisons sont figurées sur le périmètre de la pierre. Le calendrier aztèque comprenait un cycle annuel civil de 365 jours et un autre, religieux, de 260 jours, qui coïncidaient tous les 52 ans.

Ci-dessus : Quetzalcóatl, divinité toltèque et aztèque représentant les forces de la nature, comptait parmi ses diverses apparences celle d'Ehécatl, dieu du vent. Quetzalcóatl devint aussi une représentation de la pluie et des eaux célestes, ainsi que des vents qui leur étaient associés.

La Renaissance

Les Météorologiques du grand savant et philosophe grec Aristote constituèrent peut-être la première tentative de compréhension scientifique des phénomènes atmosphériques. Son élève Théophraste poursuivit après lui des efforts de déchiffrement des signes du ciel et des vents (notamment dans son ouvrage *Des signes du beau temps*). Plus tard vinrent les Romains : Pline l'Ancien collationna dans son *Histoire Naturelle* des connaissances puisées dans l'ensemble du monde antique. Après la chute de l'Empire romain, il revint aux érudits musulmans d'étudier la météorologie. Au Xe siècle, la *Chronologie des anciens peuples* d'al-Bîrunî contenait un calendrier mensuel de données météorologiques et climatiques, tiré de sources grecques, égyptiennes et romaines.

La météorologie ne connut pas de progrès en Europe avant la Renaissance, période d'évolutions majeures dans la compréhension des sciences et des cultures. Cette époque fut marquée par l'invention d'instruments scientifiques servant à mesurer et à comprendre les phénomènes météorologiques. Au XVe siècle, l'expansion des liaisons commerciales conduisit à une meilleure compréhension de la Terre et du temps. Christophe Colomb, Magellan et d'autres explorateurs accumulaient des connaissances sur les vents et tenaient des registres météorologiques. Avant la fin du XVIe siècle, la circumnavigation fut réussie par deux fois (expéditions Magellan puis Drake).

Parmi les grandes figures, mentionnons Galilée (1564-1642), Léonard de Vinci (1452-1519) et Torricelli (1608-1647). Galilée, certain que de nombreux phénomènes météorologiques pouvaient être expliqués par des moyens scientifiques, est surtout renommé dans ce contexte pour son invention d'un thermomètre. Léonard de Vinci, pionnier dans l'étude de l'optique atmosphérique, suscita l'intérêt pour l'élucidation des forces naturelles. Il travailla notamment à Florence, grand foyer de la recherche scientifique durant la Renaissance. De 1657 à 1667, l'Accademia del Climento y mit au point un certain nombre d'instruments de mesure des phénomènes atmosphériques. Torricelli inventa un baromètre. Le savant Blaise Pascal comprit que les variations de la pression atmosphérique pouvaient être mesurées par un baromètre et qu'elles étaient liées aux changements de temps. Nombre des progrès réalisés ultérieurement dans la compréhension et la mesure des phénomènes météo découlent directement des travaux de cette période féconde.

Page ci-contre, en bas, à gauche : le Toscan Léonard de Vinci naquit en 1452 à Vinci, non loin de Florence. Bien qu'ayant reçu une éducation parcellaire, il s'imposa comme un homme d'esprit universel, excellant dans de multiples domaines.

Page ci-contre, en bas, à droite : représentation du Gulf Stream selon Franklin-Folger sur une carte de l'océan Atlantique publiée en 1769 par Mount & Page. Benjamin Franklin demanda à son cousin Timothy Folger, capitaine d'un baleinier, de réaliser une telle carte afin de rendre plus rapides les traversées. Les instructions de navigation sont portées en haut, au centre et en haut, à gauche. La carte principale est attribuée au capitaine Edmund Halley (immortalisé par la comète qui porte son nom).

Ci-contre : Isaac Newton (1642-1727), astronome, mathématicien et physicien, fit progresser la science à grands pas, et ce dans des domaines variés. Ses lois de la gravitation et du mouvement constituèrent le socle d'un modèle de l'Univers accepté jusqu'à Einstein. Il inventa le télescope à réflexion, employé aujourd'hui encore dans presque tous les grands observatoires astronomiques ; il étudia le spectre lumineux, montra que la lumière était composée d'un mélange de couleurs et qu'elle pouvait être courbée par un prisme. Il conçut les lois de la réflexion et de la réfraction. En mathématique, il exposa son théorème du binôme et développa le calcul différentiel et intégral.

Les XVIIe et XVIIIe siècles : l'âge de la raison

Pascal, Newton ou Celsius sont autant de noms que nous associons à des découvertes scientifiques réalisées au cours des XVIIe et XVIIIe siècles, toutes liées aux améliorations dans la mesure et la prévision du temps qui caractérisèrent cette période.

Le savant français Blaise Pascal découvrit que la pression atmosphérique variait avec l'altitude et que cette pression était liée aux changements de temps.

En Angleterre, Isaac Newton, surtout célèbre pour sa théorie de la gravitation universelle, exposa des lois de la physique qui demeurent à la base des modèles informatisés de prévision météorologique.

Le physicien allemand Gabriel Fahrenheit créa en 1724 l'échelle des températures qui porte son nom. Fahrenheit consacra une grande part de son temps à mettre au point des instruments de mesure météorologiques, notamment des thermomètres à alcool et à mercure d'une grande fiabilité, dont il assura la production commerciale de 1717 jusqu'à sa mort en 1736. Des controverses persistent quant à la façon dont il conçut son échelle, mais on pense que sur une échelle utilisant des subdivisions de 12, puis de 8, il désigna le « 0 » comme étant le point indiqué lorsque son thermomètre était placé dans un bain de glace, de sel et d'eau, « 32° » comme le point auquel l'eau gelait et « 96° » la température du corps humain, mesurée dans la bouche ou sous l'aisselle. D'aucuns affirment cependant qu'il adopta une échelle précédemment mise au point par l'astronome danois Ole Rømer, en multipliant simplement les valeurs existantes pour supprimer les fractions, avant de calibrer son échelle selon les méthodes indiquées ci-dessus. Quelle que soit la manière dont elle fut établie, l'échelle de Fahrenheit eut du succès : dans de nombreux pays, elle demeura d'usage courant pour des applications météorologiques, médicales et industrielles variées, jusqu'à l'adoption généralisée de l'échelle de Celsius, dans les années 1960 et 1970

On peut prétendre que l'échelle de Fahrenheit est compréhensible car ses mesures peuvent s'employer sans fractions ni décimales et seraient plus liées aux températures de l'air perçues. Pour ces raisons peut-être, l'échelle de Fahrenheit est encore utilisée, à des fins météorologiques surtout, aux États-Unis.

L'échelle de Celsius fut créée en 1742 par le suédois Anders Celsius, qui prit pour « 0 » le point d'ébullition de l'eau – dont il démontra avec justesse qu'il variait selon la pression atmosphérique – et attribua la valeur de 100° au point de congélation de la glace. Le point d'ébullition de l'eau fut alors calibré à la pression atmosphérique moyenne au niveau de la mer. Cette échelle constitua la première tentative d'introduction d'un système standardisé international, n'exigeant pas l'expression de valeurs négatives pour enregistrer des températures extrêmement froides.

Deux ans plus tard, en 1744, année de la mort de Celsius, le savant suédois Carl von Linné aurait inversé l'échelle de Celsius, de telle sorte que le « 0° » désignât désormais le point de congélation et « 100° » le point d'ébullition de l'eau. Cette modification a toutefois été attribuée à plusieurs personnages, dont Mårten Strömer, élève et successeur de Celsius, et Daniel Ekström, fabricant d'instruments suédois dont on sait qu'il fournissait des thermomètres à Linné. C'est cette échelle de Celsius inversée qui a perduré : elle est employée par la communauté scientifique mondiale et jouit d'une acceptation généralement pour des usages non scientifiques – elle a été introduite globalement dans le cadre du processus international d'adoption du système métrique, dans les années 1960 et 1970. Depuis 1954 cependant, l'échelle de Celsius est liée à l'échelle de Kelvin au sein du monde scientifique, le « zéro absolu » et le « point triple » de l'eau scientifiquement standardisée venant remplacer le point de congélation de la glace et le point d'ébullition de l'eau.

Ci-contre : portait de l'astronome suédois Anders Celsius (1701-1744). Celsius fut le premier à établir un lien entre l'aurore boréale et des variations dans le champ magnétique terrestre. En 1730 il devint professeur d'astronomie à Uppsala, et en 1740 il prit la direction d'un grand observatoire nouvellement construit. Il est surtout connu cependant pour son échelle des températures, qui divisait la différence de température entre le point d'ébullition et le point de congélation de l'eau en 100° de même grandeur. Il en donna la description en 1742, en plaçant le point d'ébullition à 0° et le point de congélation à 100°. Ces valeurs furent bientôt inversées. L'échelle de Celsius révisée est aujourd'hui employée par les scientifiques du monde.

Page ci-contre, en haut : le 15 juin 1752, Benjamin Franklin et son fils William réalisent leur célèbre expérience consistant à faire voler un cerf-volant dans un orage. Un fil métallique attaché au cerf-volant attira un éclair, et l'électricité de la foudre suivit le fil jusqu'à une clef avant de charger une bouteille de Leyde (un condensateur), que l'on voit ici dans la main de Franklin. Cette expérience apporta la preuve que la foudre était un phénomène électrique, ce qui vint démontrer l'intérêt du paratonnerre inventé par Franklin. Plusieurs savants périrent en reproduisant cette expérience – les Franklin eurent de la chance de n'être pas eux-mêmes tués.

Dans ces temps héroïques, des personnes aisées et éduquées purent tirer parti des instruments scientifiques à leur disposition pour effectuer leurs propres observations. Thomas Jefferson, troisième président des États-Unis, procéda à des relevés météorologiques précis de 1776 à 1816. Si on en croit la légende, il fit l'acquisition de son premier thermomètre au moment où il rédigeait la *Déclaration d'indépendance.* Autre philosophe et homme d'État américain à faire œuvre de pionnier, Benjamin Franklin aborda tout différemment les expérimentations à caractère météorologique. En 1752, il procéda à une expérience historique – fort périlleuse – dans le but de vérifier si la foudre était une décharge électrique. Pour ce faire, il lança un cerf-volant dans un orage (et eut bien de la chance de survivre). Franklin est sans doute aussi l'inventeur du paratonnerre, qui protège les édifices des ravages de la foudre.

Tableau de conversion des températures

Celsius °C	Fahrenheit °F
0	32.0
1	33.8
2	35.6
3	37.4
4	39.2
5	41.0
6	42.8
7	44.6
8	46.4
9	48.2
10	50.0
11	51.8
12	53.6
13	55.4
14	57.2
15	59.0
16	60.8
17	62.6
18	64.4
19	66.2
20	68.0
21	69.8
22	71.6
23	73.4
24	75.2
25	77.0
26	78.8
27	80.6
28	82.4
29	84.2
30	86.0

L'équation permettant de convertir des degrés Fahrenheit en degrés Celsius est :
(Degrés Fahrenheit - 32) x (5/9) = Degrés Celsius

À gauche : William Kelvin proposa l'échelle de température absolue qui porte son nom en 1848.

Ci-contre : dans l'échelle de Fahrenheit, 0° correspond au point enregistré dans un bain de glace, de sel et d'eau, 32° au point de congélation de l'eau et 96° à la température du corps humain. Selon l'échelle de Celsius, 0° est le point de congélation et 100° le point d'ébullition de l'eau.

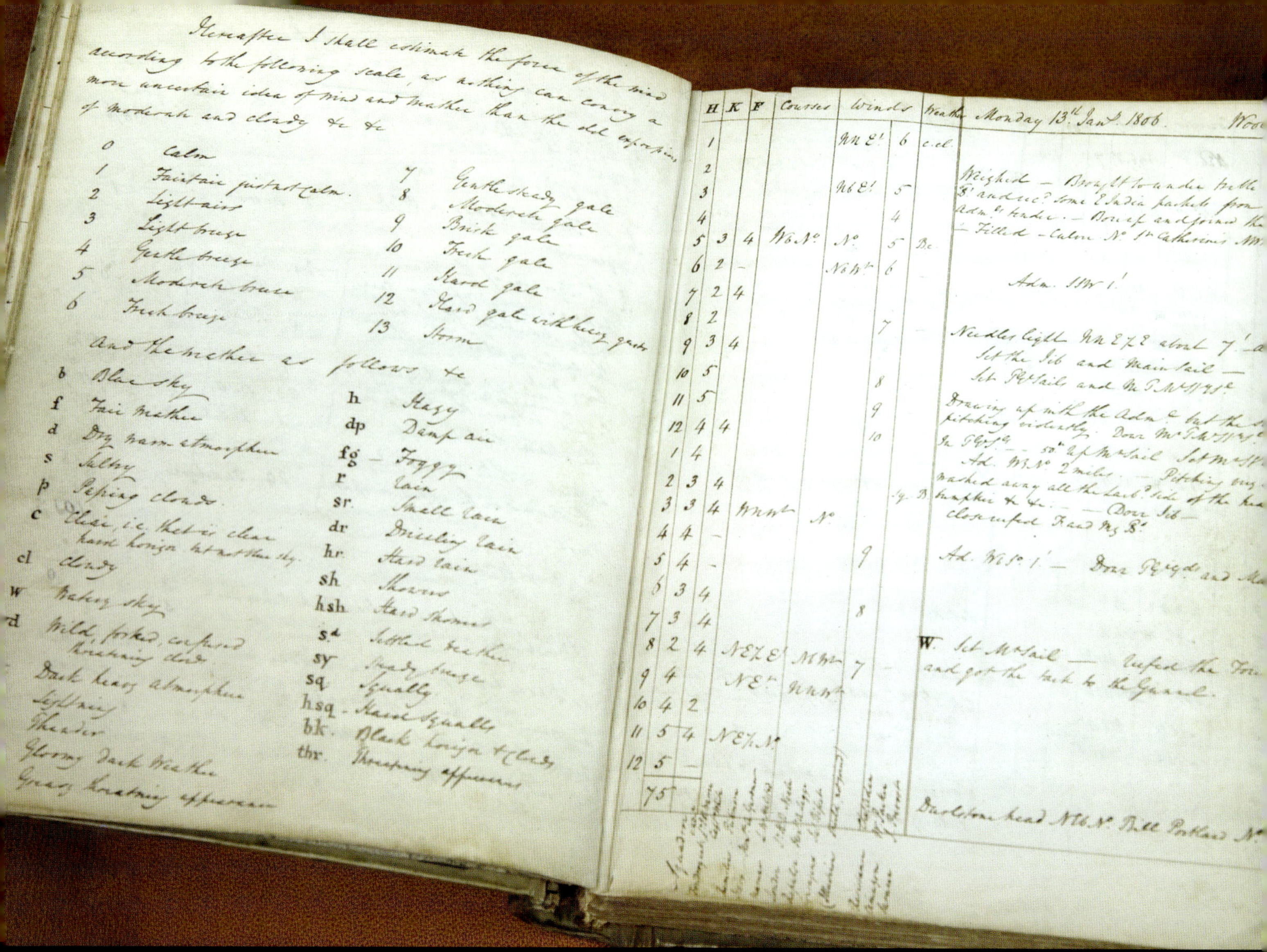

Le XIXe siècle : l'influence des navigateurs

L'essor de la colonisation et du commerce qui se produisit aux XVIIIe et XIXe siècles est très certainement à l'origine de l'invention, de la mise au point et de l'usage pratique des premiers instruments de mesure météorologiques, ainsi que des progrès de la compréhension des phénomènes atmosphériques.

En 1806, l'amiral britannique Francis Beaufort créa l'échelle qui porte son nom pour mesurer la force des vents. À l'époque, son emploi ne fit pas l'unanimité, mais l'échelle de Beaufort fut néanmoins adoptée par la Royal Navy en 1838 ; depuis lors, l'expérience a montré combien elle est d'une précieuse utilité.

Peu après les travaux de Beaufort, le capitaine de la marine britannique (puis amiral) Robert Fitzroy mit au point un type de baromètre susceptible d'être produit en grande série, qui fut distribué dans tous les ports des îles Britanniques. Il avait observé que les systèmes atmosphériques tendaient à se déplacer d'ouest en est, et que les dépressions pouvaient être suivies « à la trace » au moyen d'un réseau atlantique de stations météorologiques. L'invention du télégraphe facilita grandement la diffusion des informations. Une fois nommé à la tête des services météorologiques de la Couronne britannique, Fizroy fut à même de fournir les premières prévisions météorologiques concernant son pays ; dans le même temps, le capitaine Matthew Maury créait un système comparable aux États-Unis. La France n'était pas en reste.

Les prévisions de Fitzroy furent publiées dans le *Times* à partir de 1860. La reine Victoria demanda un bulletin à la veille d'aller en villégiature dans l'île de Wight. Malgré quelques échecs, ce système fut approuvé ; il devait constituer la base des prévisions météo modernes. Son baromètre est toujours utilisé

Ci-contre : une station météo à l'Observatoire royal de Greenwich, près de Londres, en 1880. Cette station contenait un anémomètre automatique, qui mesurait la direction ainsi que la force du vent et l'enregistrait sur une bande de papier. La science météorologique fit d'immenses progrès à la fin du XIXe siècle, ce grâce à l'essor de la télégraphie – il devint en effet possible de collecter rapidement des données en provenance de nombreuses stations météorologiques. Les premières cartes météo quotidiennes furent publiées en 1860.

Page ci-contre : ces archives météorologiques du XIXe siècle montrent les relevés quotidiens effectués à Woolwich, en Angleterre. Sur la page de gauche, une table des abréviations utilisées. Le Meteorological Office, dont le siège se trouve à Exeter, dans le Devon, a conservé les relevés quotidiens concernant tout le Royaume-Uni, du 1er janvier 1869 jusqu'à aujourd'hui.

Ci-contre : portrait de Robert Fitzroy, (1805-1865), hydrographe et météorologiste britannique. Après ses études effectuées au Royal Naval College de Portsmouth, Fitzroy devint capitaine du *Beagle* lors de ses deux missions hydrographiques et cartographiques en Amérique du Sud (en 1828 et 1831). Lors de la seconde de ces expéditions, Fitzroy emmena à son bord Charles Darwin, en tant que naturaliste. En 1839, il publia, en même temps que *Le Voyage du Beagle* de Darwin, son propre compte rendu, *Narrative of the Voyage of the HMS*. Député à la chambre des Communes de 1841 à 1843, Fitzroy devint gouverneur de la Nouvelle-Zélande jusqu'en 1845. Nommé superintendant de l'Office météorologique britannique en 1854, il organisa un réseau de postes d'observation et décida de la publication d'avis de tempête. Il se donna la mort en 1865.

Le XXe siècle

Au début du XXe siècle se dessina une transformation des méthodes des prévisionnistes. L'un des pionniers de l'utilisation des techniques mathématiques fut Lewis Fry Richardson, qui s'appuyait sur des équations différentielles. Cette méthode s'utilise encore de nos jours, au moyen d'ordinateurs dont Fry ne disposait évidemment pas. Lorsqu'il publia son *Weather Prediction by Numerical Process*, en 1922 (après la publication de la théorie des fronts météorologiques et de la cyclogénèse des latitudes moyennes par les Norvégiens Vilhelm et Jacob Bjerknes), il envisageait d'accélérer le processus de prévision en recourant à des messagers motorisés pour transférer l'information entre les sites de calcul. Il s'intéressa aux turbulences atmosphériques – le nombre de Richardson, paramètre sans dimension utilisé dans la théorie de la turbulence.

Vilhelm Bjerknes (1862-1951) avait dès 1904 avancé que l'atmosphère obéissait à un ensemble de variables qui pouvaient être reliées sous forme d'équations. Richardson voulut montrer que l'on pouvait fonder les prévisions météorologiques sur le calcul. Selon lui, il fallait pour cela disposer d'une abondance de données relevées au sol et en altitude sur l'ensemble de la planète.

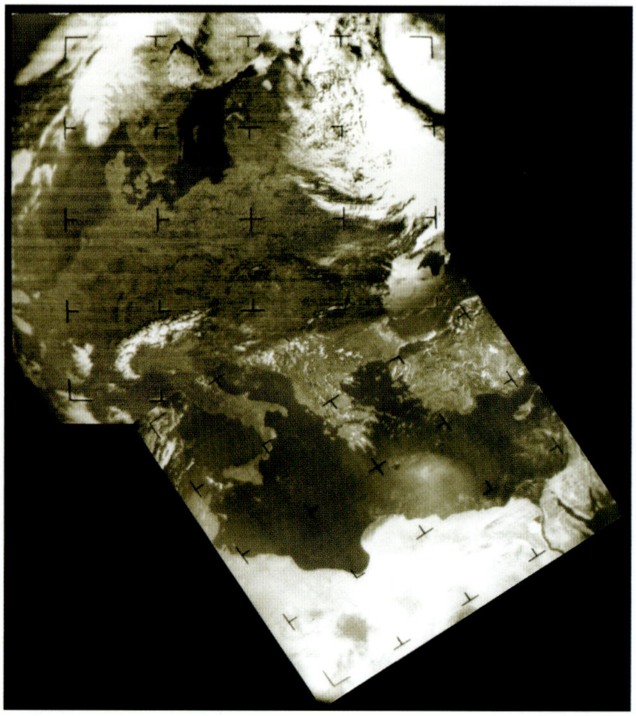

Ci-dessus : images météo de l'Europe prises par satellite dans le cadre du programme TIROS (1960-1966), qui, pour surveiller les formations nuageuses, faisait appel à des caméras de télévision ainsi qu'aux satellites Nimbus (1964-1978), premiers d'une longue série de satellites météorologiques. Les engins modernes sont capables de collecter des données plus nombreuses et variées que ne le faisaient ces anciens satellites météo.

Les premières années du XXe siècle virent aussi les balbutiements des calculateurs électroniques, dont les héritiers informatiques servent aujourd'hui aux prévisions. Dans les années 1930, on entreprit de se servir d'avions pour réaliser des observations dans les hauteurs de l'atmosphère, ce qui constitua une avancée dans le domaine des prévisions dans la mesure où les pressions, les vents et les températures d'altitude influent fortement sur les conditions météo au niveau du sol. Autres moyens de mesurer les conditions dans la haute atmosphère, les radiosondes et autres ballons-sondes virent le jour durant la même période, pour connaître une rapide expansion dans les années 1940. Le radar, inventé pendant la Seconde Guerre mondiale par les Britanniques pour traquer les avions ennemis (lors de la bataille d'Angleterre de 1940, tout d'abord), est utilisé aujourd'hui pour surveiller l'approche des averses de pluie ; aux États-Unis, on l'emploie pour traquer les ouragans.

Page ci-contre, en bas : des scientifiques assurent des réglages du TIROS, premier satellite météo. Ce Television Infrared Observation Satellite fut lancé le 1er avril 1960. Les images permettent une meilleure compréhension des systèmes météorologiques.

Ci-dessus : depuis le début de l'ère spatiale, les techniques employées dans le domaine de la prévision météo ont beaucoup progressé. Ici, des techniciens testent la partie « sondeur » du satellite météo GOES-L.

Événements historiques influencés par la météo

Nous avons tous connu des journées gâchées par le mauvais temps, mais pour la plupart d'entre nous de tels épisodes ne sont pas d'une importance vitale. Pourtant, le cours de l'histoire a souvent été modifié par les caprices du temps.

Jules César envahit l'actuelle Grande-Bretagne en 54 av. J.-C., mais ce n'était pas là sa première tentative de conquête des îles Britanniques. L'année précédente, sa marine avait vu ses plans contrecarrés par de forts vents de nord-ouest.

Une autre invasion de la Grande-Bretagne, cette fois menée par l'Invincible Armada espagnole au XVIe siècle, subit également les effets de la météo. À la fin de l'été 1588, les navires espagnols battirent en retraite après avoir été défaits par les forces navales de Francis Drake. Une dépression apportant des vents violents et une très grosse mer au nord de l'Écosse et de l'Irlande détruisit la plupart des navires encore en état de voguer ; cette tempête, qui fit des centaines de noyés, mit un terme définitif aux velléités espagnoles d'invasion de l'Angleterre.

Tout au long de l'histoire, on note bien d'autres exemples des effets du temps sur l'issue de campagnes militaires. Ainsi, au XIIIe siècle, les forces navales de Kublai Khan échouèrent par deux fois à envahir le Japon : en 1274 et en 1281, des typhons dévastèrent les flottes mongoles. Ces tempêtes salvatrices restèrent dans l'histoire nippone comme autant de *kami-kaze*, ou « vents divins ».

Dans l'Europe septentrionale du XVIIe siècle, alors que le Danemark attaquait la Suède, la rigueur de l'hiver permit aux forces suédoises de faire la traversée du Jutland sur la glace avant de contraindre les Danois à la reddition. En 1812, le froid et la neige furent pour beaucoup dans la retraite de Russie à laquelle fut acculée la Grande Armée napoléonienne. Deux ans et demi plus tard, à la bataille de Waterloo, des orages et des pluies torrentielles incitèrent Napoléon à retarder son attaque contre les Anglais, ce qui permit aux forces prussiennes d'effectuer leur jonction avec eux, alors que l'avance française était ralentie. Le champ de bataille se mua en bourbier. On a souvent affirmé que Napoléon aurait pu emporter la victoire s'il avait eu la possibilité de porter plus tôt son offensive.

Plus près de nous, lors de la Seconde Guerre mondiale, le temps joua un rôle significatif en au moins deux occasions. Tout d'abord, durant les hivers de 1941 et 1942, les forces allemandes furent entravées dans leur assaut contre la Russie, et l'armée russe se

trouva en situation de lancer ses premières contre-offensives d'importance à Moscou et à Stalingrad.

En juin 1944, les Alliés se basèrent sur les prévisions météorologiques dont ils disposaient pour organiser et déclencher le débarquement de Normandie. Les commandants avaient besoin d'une « fenêtre météo » pour faire débarquer leurs troupes dans une certaine sûreté, pour lancer des planeurs et pour assurer une couverture aérienne au moyen de leurs bombardiers. Il fallait des conditions légèrement différentes aux uns et aux autres, aussi était-il difficile de trouver une date qui convienne à tous. À la suite d'une période de temps instable, les prévisionnistes prédirent avec justesse qu'une éclaircie assez longue interviendrait dans la nuit du 5 au 6 juin. La décision de procéder à l'invasion fut prise. Le reste appartient à l'histoire.

Parmi les autres événements historiques dans lesquels le temps a eu une part déterminante, mentionnons le Grand Incendie de Londres, en 1666, qui vit le feu balayer la ville à la suite d'une période de sécheresse prolongée. Les édifices à colombages s'embrasèrent aisément, et les flammes furent attisées par un fort vent d'est. Le feu prit rapidement, et les maisons de 70 000 des 80 000 habitants de la cité furent détruites.

La sécheresse qui en France marqua le printemps et l'été de 1788 et entraîna perte des récoltes et disette – sécheresse suivie par un hiver rigoureux – contribua notablement aux soulèvements populaires qui culminèrent au cours de l'été 1789 avec la Révolution française.

Page ci-contre : cette lithographie (d'après un tableau de Jan Chelminski) montre le retour de Moscou de Napoléon Ier. L'hiver russe, la maladie, les désertions et les pertes subies par suite d'actions mineures firent des milliers de morts dans le camp français.

En haut, à droite : cette huile représente la cathédrale Saint-Paul de Londres en 1616. Un demi-siècle plus tard, en septembre 1666, l'édifice fut ravagé par le « Grand Incendie » qui détruisit les quatre cinquièmes de la ville.

Ci-contre : Russie, 1942 – des soldats marchent en file indienne dans la neige.

Le temps dans l'art et la littérature

Des textes sacrés de l'Antiquité aux romans modernes, le temps est depuis toujours un thème récurrent de la littérature mondiale. Dans la fiction, il joue un rôle esthétique et affectif ; il fixe un ton, un cadre, il enrichit l'intrigue d'un récit, il en est un moteur parfois, ou une illustration. Par ailleurs, dans le monde de la science-fiction, certaines idées de maîtrise du temps et du climat se sont révélées étrangement prophétiques.

Indra, dieu de la guerre et du temps (il a pour attributs l'éclair et l'arc-en-ciel), est une figure éminente des Védas, textes sacrés de l'hindouisme rédigés il y a 3 000 ans. La Bible est source de références à caractère météorologique. Nous avons tous à l'esprit l'histoire de Noé, du Déluge tel que le relate la Genèse (événement qui trouve son parallèle dans l'épopée babylonienne de Gilgamesh). Le Déluge est dépeint comme un acte de purification imposé par Dieu à une Terre corrompue et gagnée par l'iniquité. Noé, sa famille et les animaux qu'il a réunis sont sauvés après avoir pris place à bord d'une arche, qui leur permet de survivre à 40 jours et 40 nuits d'inondation : « Toutes les sources du grand abîme jaillirent, et les écluses du ciel s'ouvrirent. » Qu'un tel cataclysme ait effectivement eu lieu, voilà qui prête à conjecture, mais de nombreux climatologues modernes pensent que les événements rapportés dans la Genèse (et d'autres récits mythologiques appartenant à d'autres cultures) traduisent une soudaine débâcle de très grande ampleur – une fonte des glaces correspondant à une période de réchauffement planétaire.

Par contraste, la Bible fait aussi référence à des épisodes de sécheresse, dont celui (relaté également dans la Genèse) qui fait l'objet des rêves du pharaon. Joseph, un jeune juif, a été vendu au pharaon, qui s'ouvre à lui des songes dans lesquels il voit la prospérité suivie par la pénurie s'abattre sur l'Égypte. Étant donné le climat précaire de la région, il est probable que la famine ait été causée par une sécheresse prolongée. Le fait que Joseph ait pris des dispositions pour faire face à la disette montre que cette société était familière d'un tel problème.

L'Exode évoque la fuite hors d'Égypte des Israélites, qui échappent à l'esclavage sous la conduite de Moïse. Afin de prouver au pharaon que Dieu existe et pour le convaincre de libérer les Israélites, Moïse a demandé à Dieu d'accomplir une série de miracles. Moïse a prévenu le pharaon que Dieu ferait pleuvoir « une grêle tellement forte, qu'il n'y en a point eu de semblable en Égypte ». « La grêle frappa, dans tout le pays d'Égypte, tout ce qui était dans les champs, depuis les hommes jusqu'aux animaux ; la grêle frappa aussi toutes les herbes des champs, et brisa tous les arbres des champs. » Une telle catastrophe, survenant à l'époque biblique, avait certainement un coût élevé.

Le temps joue aussi un grand rôle dans les Eddas nordiques du XIIIe siècle. Le dieu Thor, qui comptait parmi les plus puissantes divinités, parcourait les cieux sur un chariot tiré par des boucs (ou des chèvres) lors des orages ; il produisait le tonnerre et la foudre en lançant son marteau de guerre, Mjöllnir. Vidar était lui aussi une divinité nordique régnant sur les éléments.

Les événements atmosphériques font partie des œuvres de William Shakespeare (composées à la fin du XVIe siècle et au début du XVIIe), dans une fonction symbolique le plus souvent. Ainsi, un temps orageux constitue fréquemment une métaphore de difficultés dans les relations humaines, ou il vient en parallèle d'événements violents, comme dans *Macbeth*, *Jules César* et *Le Roi Lear*. Les tempêtes sont aussi employées comme ressorts de l'intrigue, comme dans *La Nuit des rois*, où une tempête sépare les personnages Viola et Sebastian, ou à l'inverse dans *La Tempête*, où ladite tempête réunit les personnages – le pouvoir de la nature et des éléments sur les êtres humains constitue un thème majeur de cette dernière pièce.

Au XVIIIe siècle, le poète, romancier, dramaturge, philosophe, théoricien et savant Johann Wolfgang von Goethe fut très influent dans des domaines variés.

Il porta les travaux de Luke Howard (qui fut le premier à classifier les nuages) à la connaissance de nombreux artistes. Pour des poètes tels que William Blake, lord Byron, Samuel Taylor Coleridge, Percy B. Shelley, William Wordsworth et John Keats, qui incarnèrent le mouvement romantique en Angleterre – ces romantiques eurent de nombreux homologues dans la plupart des pays d'Europe, le temps et le cycle des saisons occupaient une place de choix dans leurs préoccupations, comme le traduit le titre d'œuvres telles que *Le Nuage* et *Ode au vent d'ouest* de Shelley, *J'errais solitaire comme un nuage* de Wordsworth ou *À l'automne* de Keats.

En haut : William Shakespeare fit souvent des conditions et événements météorologiques un ressort majeur de l'action de ses pièces de théâtre. Orages et tempêtes ont leur part dans l'intrigue, qu'ils soient le miroir d'événements violents ou qu'ils symbolisent les difficiles relations entre les êtres humains.

Ci-contre : portrait de l'écrivain allemand Johann Wolfgang von Goethe.

Page ci-contre : une scène de *La Tempête*. Au commencement de la pièce de Shakespeare, Prospero, ancien duc de Milan, déchu et banni, soulève une tempête pour provoquer le naufrage du navire de son frère parjure Antonio.

À Saint-Pétersbourg, en Russie, une tradition comparable est notable au milieu du XIXe siècle dans les œuvres de Nicolas Gogol, Fedor Dostoïevski et Nikolaï Nekrassov. Le temps instable qui est décrit, et qui caractérisait effectivement le climat de la ville, reflète fréquemment les états d'âme et les sentiments des personnages, voire une plus large malveillance sociale ; il dirige parfois aussi l'intrigue, submerge les personnages, les plonge dans la mélancolie et cause leur infortune. De même, les ouvrages du romancier anglais Thomas Hardy, à la fin du XIXe siècle, sont imprégnés par un temps maussade et cruel, qui fournit une toile de fond dramatique et là encore détermine fréquemment le destin des personnages.

Le temps, et en particulier l'idée de le contrôler ou de le créer, est une caractéristique récurrente dans les romans de science-fiction, où revient souvent la notion de terraformation – cette transformation de l'atmosphère et de l'écologie d'une planète dans le but de la rendre habitable par les êtres humains. De tels concepts demeurent théoriques, mais d'autres qui en sont proches – comme nombre de ceux que proposait *Voyages en d'autres mondes* (1894), de l'inventeur et écrivain américain John Jacob Astor IV – offrent de saisissants parallèles avec le monde réel d'aujourd'hui. Par exemple, Astor évoque la production d'électricité au moyen de vastes « fermes éoliennes » et de structures équivalentes aux panneaux solaires ; il décrit en outre l'installation d'éoliennes individuelles sur le toit des maisons, appareils reliés à des batteries de stockage pour fournir l'énergie nécessaire au chauffage et à l'éclairage du logis.

Art et météo

Les éléments figurent depuis des millénaires dans les représentations artistiques, dès les dessins et peintures rupestres de la préhistoire en fait, qui ouvrirent la voie à une longue tradition de figuration du monde naturel et des conditions atmosphériques, notamment dans les peintures des cieux et des paysages. Une telle tradition se poursuit de nos jours, mais l'on voit aussi aujourd'hui des artistes incorporer les phénomènes météorologiques naturels dans leur art, les répliquer de manière artificielle ou employer des données météo pour produire leurs œuvres.

On pense que la représentation picturale réaliste du ciel commença avec les Grecs de l'Antiquité et fut poursuivie par les Romains. Elle occupait aussi une grande place dans la peinture orientale ancienne. Au Japon, cette tradition trouva son prolongement aux XVIIIe et XIXe siècles dans l'œuvre d'artistes tels que Matsumura Goshun, Okamoto Toyohiko (auteur d'œuvres remarquées sur le thème du bord de mer, des montagnes et des saisons), Katsushika Hokusai

Ci-dessus : cette illustration réalisée en 1875, dont le cadre se situe dans le Midi de la France, montre le sauvetage d'une famille réfugiée sur le toit de sa maison pour échapper à la crue d'un fleuve.

Page ci-contre : *Les chasseurs dans la Neige* (1565), de Bruegel l'Ancien, peintre flamand de la Renaissance renommé pour ses paysages et ses scènes rurales. On le considère souvent comme le premier peintre occidental à avoir représenté des paysages pour leur valeur esthétique intrinsèque plutôt qu'en tant que toiles de fond d'allégories religieuses. Ses paysages hivernaux de 1565 témoignent de la rudesse des saisons froides lors du « Petit Âge glaciaire ».

Ci-contre : miniature moghole (v.1760) représentant la mise en sûreté d'une dame menacée par un orage nocturne.

Ci-dessus : *Pont et colline au crépuscule à Meguro*, du grand estampiste japonais Ando Hiroshige (1797-1858), qui fut l'un des derniers grands artistes à œuvrer dans la tradition du *ukiyoe* – estampes japonaises produites entre le XVIIe et le XXe siècle, qui souvent prirent pour thème les paysages et les conditions atmosphériques.

Page ci-contre : l'un des nombreux tableaux de Claude Monet – et notamment ceux qu'il peignit à Londres, comme ici *Le Pont de Waterloo* – montrant les effets des variations du temps et de la lumière sur les paysages tant ruraux qu'urbains.

(qui bâtit sa réputation sur des représentations du mont Fuji) et Ando Hiroshige – son *Ohashi, averse soudaine à Atake* (1857) aurait inspiré à Van Gogh un tableau de 1890 montrant la pluie à Auvers.

La première grande « explosion » du temps dans l'art résulta d'un intérêt croissant pour l'observation de la nature apparu au cours de la Renaissance (XVe et XVIe siècles), avec des artistes tels que Léonard de Vinci, Rembrandt, Titien, Albrecht Dürer, Jan Van Eyck et les Bruegel, qui tous excellèrent dans la représentation des nuages et des ciels.

Plus tard, aux XVIIe et XIXe siècles, ce thème devint une préoccupation majeure des artistes romantiques d'Europe occidentale – nombre d'entre eux donnèrent des figurations à la fois symboliques et naturalistes des paysages. Le peintre allemand Caspar David Friedrich, par exemple, aurait été fortement influencé par le météorologiste britannique Luke Howard, inventeur au début du XIXe siècle d'une classification des nuages : il peignit de nombreuses scènes dans lesquelles la neige, le ciel et les nuages jouent un rôle d'importance – ainsi de *Le voyageur contemplant une mer de nuages* (1818). Autres grands romantiques : Joseph M.W. Turner, qui exposa son *Pluie, Vapeur et Vitesse* en 1844 ; et John Constable, britannique lui aussi, qui peignit de nombreuses études de nuages dans les années 1820.

Plus tard, les effets du soleil et les qualités changeantes de sa lumière suscitèrent un intérêt passionné de la part des impressionnistes français du XIXe siècle, qui adoptèrent aussi la technique consistant à peindre en plein air, au sein des éléments. Claude Monet et Camille Pissarro comptent au nombre des meilleurs représentants du mouvement impressionniste. Des œuvres comme les *Effets de neige* de Pissarro (dans les années 1870-1880) ou les meules de foin de Monet sous l'effet de la neige (au début des années 1890) témoignent d'une fascination pour les variations de la lumière et des conditions météorologiques.

Plus récemment, dans les années 1970, le spécialiste américain du « land art » Walter De Maria créa *The Lightning Field* dans une plaine du Nouveau-Mexique. Il planta pour ce faire 400 mâts d'acier inoxydable dans un champ, en formant un quadrillage d'environ 1 600 m par 600 m, les mâts étant éloignés de 67 m les uns des autres. Parmi les images les plus emblématiques de cette œuvre figurent celles du photographe John Cliett, qui montrent la foudre frappant les mâts ou leurs parages. L'œuvre est toutefois conçue pour être appréciée par tous les temps ; elle prend vie non seulement en période d'orage mais aussi sous l'effet des jeux de luminosité, de brume, de brouillard…

De même, Ned Kahn, « artiste du temps », a-t-il produit plusieurs œuvres animées par les phénomènes météorologiques, tout en rendant les éléments – le vent, en particulier – visibles pour les observateurs. Parmi ses créations, mentionnons *Slice of Wind* (Tranche de vent, 1996), *Wind Veil* (Voile de vent, 2000), *Articulated Cloud* (Nuage articulé, 2004) et *Wind Leaves* (Feuilles de vent, 2006), dans laquelle des milliers de petits disques et panneaux métalliques, parfois attachés à des sculptures ou prenant la forme d'écrans pare-soleil ou de façades d'immeubles, tournoient dans le vent en reflétant le ciel et le soleil de façon spectaculaire. D'autres œuvres, dont *Prism Tunnel*, se concentrent plus exclusivement sur la lumière réfractée. Les travaux les plus remarquables de Ned Kahn sont sans doute ceux dans lesquels il reproduit par des moyens artificiels des phénomènes atmosphériques naturels ; il produit ainsi des nuages et du brouillard, voire même des tornades (au moyen de ventilateurs et de vapeur d'eau), comme celle, haute de sept étages, qu'il fit admirer à l'EXPO 2000 de Hanovre, en Allemagne, à l'intérieur du pavillon de Dual System.

Ólafur Elíasson crée lui aussi des œuvres qui simulent les éléments : arc-en-ciel de *Beauty* (1994), brouillard de l'installation *The Mediated Motion* (2001), lever de soleil et brume de *The Weather Project* (2003). Cet artiste danois incorpore aussi à ses réalisations des phénomènes naturels tels que la lumière du soleil, comme dans *Your Sun Machine* (1997).

Andrea Polli est une artiste new-yorkaise qui travaille dans le monde des médias numériques, en conjonction avec des météorologues et d'autres scientifiques, afin de produire des sonorisations et des visualisations fondées sur des données météorologiques en provenance du monde entier ainsi que sur des modèles ou simulations informatisés, des projections météorologiques et climatiques. Parmi ses œuvres phares, citons *Atmospherics/Weather Works*, *Heat and the Heartbeat of the City* et *N*.

LA PRÉVISION MÉTÉO MODERNE

Méthodes modernes

La prévision météo moderne utilise des instruments de mesure et d'enregistrement des phénomènes météo ; les données fiables qu'ils fournissent sont complétées par d'autres données, obtenues grâce aux satellites et aux radars. Les informations peuvent provenir de stations automatisées ou manuelles alimentant une image du temps à un niveau national. Une fois reçues par les bureaux météorologiques du monde, les données sont traitées par ordinateur puis vont nourrir les modèles informatisés mis au point pour aider aux prévisions. Les prévisionnistes s'en remettent de plus en plus à ces modèles, toujours plus complexes. Les données employées peuvent être issues de nombreux sites dans le monde ; les bureaux partagent les informations dont ils disposent, quasiment en temps réel, ce qui traduit le degré élevé de coopération qui prévaut dans ce domaine – coopération dont l'origine remonte au milieu du XIXe siècle, marqué par les grandes avancées de la discipline.

Toutes les stations météo contiennent un matériel de mesure et d'enregistrement standardisé. Dans un abri Stevenson (boîte blanche à persiennes, montée sur un support) sont installés divers thermomètres, un baromètre et un hygromètre servant à enregistrer températures, pressions atmosphériques et taux d'humidité. On y trouve aussi un pluviomètre et/ou un nivomètre (quantité de pluie et/ou de neige), un anémomètre (force du vent), une girouette (direction du vent) et un héliographe (durée d'ensoleillement). Les données fournies par ces instruments sont relevées selon un protocole précis et transmises par des moyens électroniques à un bureau central et y sont exploitées dans un objectif de prévision météo. Elles servent aussi à alimenter des modèles informatiques utiles pour les conjectures à plus long terme.

Les données météorologiques proviennent aussi d'autres sources. Des ballons-sondes gonflés à l'hélium procurent des données sur la haute atmosphère selon des critères voisins de ceux que l'on emploie pour les observations des stations au sol. Les résultats sont transmis par radio, d'où leur nom de radiosondes. Des avions collectent aussi des données sur les températures et les taux d'humidité ; ils peuvent de plus être employés pour des études sur la physique des nuages. Les navires météorologiques emportent des instruments de mesure et d'enregistrement sous la forme de bouées météorologiques et transmettent des données souvent cruciales. Certaines de ces bouées sont ancrées, d'autres dérivent au gré des courants océaniques ; elles sont parfois alimentées par des panneaux solaires. Les informations fournies sont précieuses, notamment pour les pays maritimes.

Météo et instruments d'enregistrement

Thermomètre et baromètre sont encore utilisés par les météorologistes, mais nombre des appareils employés pour la prévision météo sont plus perfectionnés. Les instruments anciens étaient souvent de belle facture : ils font à présent la joie des collectionneurs. Sans les versions modernes de ces instruments, les prévisions sur lesquelles nous comptons ne seraient pas possibles.

Thermomètre
Les thermomètres modernes emploient de l'alcool ou du mercure pour mesurer les températures. On se sert de ces liquides car ils se dilatent en chauffant et se contractent en refroidissant, dans des proportions régulières et mesurables.

Abri Stevenson
Des instruments de mesure et d'enregistrement variés sont installés dans cette boîte à persiennes, où ils sont protégés des interférences du soleil et de la pluie.

Baromètre
Il mesure la pression atmosphérique en hectopascals (anciennement en millibars : 1 mbar = 1 hPa). Elle est généralement enregistrée graphiquement par le biais d'un barographe (baromètre enregistreur).

Pluviomètre
Un récipient calibré mesure les quantités de précipitations tombées dans un secteur donné.

Ci-dessus : un scientifique recueille l'eau de pluie destinée à être envoyée en laboratoire pour analyse. La mesure des rapports isotopiques de l'oxygène-18 et de l'hydrogène-2 (deutérium) dans l'eau de pluie aide à déterminer la circulation planétaire de l'eau.

Page ci-contre : un météorologiste lance un ballon-sonde. Empli d'hélium, ce dernier emporte une sonde d'ozone (instrument qui détecte la présence d'ozone dans l'atmosphère et transmet ses mesures vers une station au sol au moyen d'un émetteur radio). À mesure que le ballon s'élève et que la pression locale baisse, le ballon se dilate jusqu'à finalement exploser. La sonde d'ozone retombe au sol, suspendue à un petit parachute. Les mesures obtenues seront utilisées pour étudier la diminution de la couche d'ozone polaire.

Ci-contre : radar météorologique mobile, employé pour surveiller l'approche du front de rafales lié à une tempête de poussière. Les mesures prises servent à prévenir les personnes qui habitent sur la trajectoire de la tempête, afin qu'elles puissent prendre les meilleures dispositions.

Hygromètre
Cet instrument est employé pour mesurer le taux d'humidité de l'atmosphère.

Héliographe
Il sert à mesurer la durée d'ensoleillement ininterrompue dans un secteur donné.

Anémomètre
L'anémomètre (du grec *anemos*, « vent ») sert à mesurer la vitesse du vent (en m/s, en km/h ou selon l'échelle de Beaufort).

Ballon-sonde (radiosonde)
Les mesures de température, de pression atmosphérique et d'humidité effectuées dans la haute atmosphère sont nécessaires aux prévisionnistes, qui se doivent de collecter des données aussi complètes que possible afin de procéder à leurs prévisions. Ces mesures sont effectuées au moyen d'instruments miniatures placés dans un caisson ultraléger emporté en haute altitude par un ballon empli d'hydrogène. Le trajet de celui-ci est suivi par un radar, et les données sont transmises par signaux radio vers un ordinateur central qui en assure le traitement.

Mesurer les températures

Les stations sont équipées de plusieurs sortes de thermomètres, qu'utilisent les prévisionnistes.

Un thermomètre à minimum et maximum (ou thermomètre de Six, de James Six) comprend deux thermomètres placés côte à côte ou une tige capillaire en U donnant l'impression qu'il y a deux thermomètres côte à côte, dont chacun mesurerait la température actuelle de l'air ainsi que le maximum (ou le minimum) qui ait été enregistré au cours d'un laps de temps donné. Les petits marqueurs en métal ou en plastique contenus dans chacun des demi-tubes du thermomètre sont poussés par le liquide et restent au niveau de la température maximale (ou minimale) atteinte durant la période choisie (une journée, généralement). Une fois la température relevée, les repères peuvent être replacés, au moyen d'un aimant ou par une pression sur un bouton. Ce genre de thermomètre a été inventé en 1782 par James Six.

Autre type de thermomètre « maxi-mini », le thermomètre bimétallique à cadran se distingue par sa facilité de lecture. Il doit lui aussi être remis régulièrement à zéro.

On utilise parfois aussi un thermographe, qui représente les températures sous la forme d'une ligne continue portée sur une feuille de papier millimétré spécialement conçue à cet usage (chaque feuille enregistre les températures d'un jour donné).

Le thermomètre sec (ou « à boule sèche », ou encore « à bulbe sec »), empli de mercure, enregistre les changements de température en degrés centigrades et en dixièmes de degré (c'est ainsi que sont exprimées les températures dans les bulletins météo de la télévision ou de la radio). Le thermomètre mouillé (ou humide) est un instrument ordinaire dont le bulbe est recouvert d'une mèche de mousseline humidifiée par de l'eau provenant d'un réservoir annexe. La comparaison entre les températures données par le thermomètre sec et le thermomètre mouillé permet de calculer le point de rosée ainsi que l'humidité relative.

Il existe bien entendu plusieurs autres types de thermomètre, dont le thermomètre de Galilée, superbe objet employé à des fins décoratives autant que pratiques chez les particuliers. Il s'agit d'un cylindre de verre scellé contenant un liquide transparent dans lequel sont suspendus un certain nombre de poids – qui souvent contiennent eux-mêmes un liquide coloré, ce qui ajoute à l'attrait esthétique de l'instrument. En changeant de température, le liquide change de densité, de sorte que les poids en suspension s'élèvent ou retombent. Ils se stabilisent dans la position à laquelle leur densité est égale à celle du liquide environnant. Si la différence qui sépare les poids est à la fois minime et mesurable, et si on les agence de telle sorte que le moins dense est au sommet et le plus dense à la base, il est possible d'obtenir une échelle de températures. En règle générale, chaque poids comporte un disque métallique gravé sur lequel on peut lire la température.

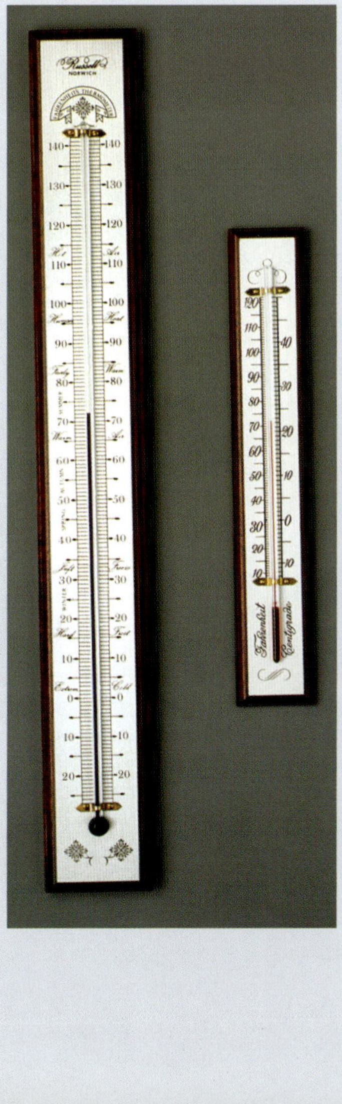

Ci-contre (à gauche) : deux thermomètre servant à mesurer la température de l'air. Ils comportent une colonne de verre évidée avec à la base un bulbe contenant du mercure ou de l'alcool teinté de bleu ou de rouge. Le mercure ou l'alcool se dilate à mesure que la température de l'air s'accroît, de sorte qu'il monte dans la colonne – on peut alors lire la température au moyen de l'échelle graduée.

Page ci-contre : toutes les trois heures, les météorologues de cette station météorologique implantée en Laponie finnoise relèvent les données fournies par une rangée d'abris Stevenson.

Ci-contre : un thermomètre « maxi-mini », employé pour relever les maxima et minima de la température de l'air, comporte deux colonnes reliées à la base par un coude contenant du mercure. La colonne de gauche (minimum) conduit à un réservoir d'alcool. Lorsque la température s'accroît, l'alcool se dilate, poussant le côté gauche du mercure vers le bas et le côté droit vers le haut. Quand la température baisse, l'alcool se contracte, ce qui permet le retour du mercure. Des petits marqueurs intégrés dans chaque colonne enregistrent les limites de ces déplacements.

catégories d'anémomètres, selon qu'ils mesurent la vélocité du vent ou la pression exercée par celui-ci.

L'instrument le plus simple est l'anémomètre à coupelles, inventé en 1841 par l'Irlandais John Robinson. Trois ou quatre petites demi-coquilles sont attachées

– en tungstène, le plus souvent – que l'on chauffe au moyen d'un courant électrique à une température supérieure à celle de l'air ambiant. Le vent refroidit le fil, ce d'autant plus qu'il souffle fort, ce qui permet de calculer la vitesse du vent.

Ci-contre : un anémomètre, instrument servant à mesurer la vitesse du vent, installé au sommet d'une tour au radio-observatoire de Jodrell Bank, près de Manchester, en Angleterre. L'imposant télescope à l'arrière-plan est le radiotélescope géant Mark IA (76 m de diamètre). Lorsque la vitesse du vent dépasse une certaine valeur, on oriente le télescope vers le haut (comme ici), en position de sécurité.

Page ci-contre : abri Stevenson renfermant des thermomètres et d'autres appareils de mesure et d'enregistrement de données météorologiques. Cet abri est conçu de manière à protéger les thermomètres des effets du rayonnement solaire direct ainsi que des précipitations, tout en permettant la libre circulation de l'air. De par le caractère standardisé des abris Stevenson, les conditions qui règnent au niveau des différentes stations météorologiques sont elles-mêmes normalisées au mieux, ce qui autorise des comparaisons fiables entre des températures mesurées sur différents sites. Les thermomètres que l'on voit ici, très sensibles aux variations, sont un combiné « maxi-mini » (horizontal) et un thermomètre humide (vertical, au centre), de part et d'autre desquels sont installés des enregistreurs.

L'abri Stevenson

Nul météorologue ne saurait prendre des mesures exactes sans une simple boîte blanche appelée « abri de Stevenson ». Ce dispositif fut inventé par l'ingénieur écossais Thomas Stevenson (1818-1887), père de Robert Louis Stevenson (auteur de *L'Île au trésor*).

Cette boîte à persiennes blanche repose sur un support qui place les instruments à au moins 1,25 m du sol afin d'éviter toute interférence dudit sol. Les persiennes permettent une libre circulation de l'air autour des instruments contenus dans l'abri. Celui-ci est peint en blanc afin de réfléchir le rayonnement solaire ; il possède une porte qui s'ouvre au nord dans l'hémisphère nord et au sud dans l'hémisphère sud (ce afin d'éviter que la lumière du soleil ne vienne directement frapper les instruments et ainsi fausser les données). L'abri renferme différents appareils d'une importance cruciale pour enregistrer puis prévoir les conditions météorologiques.

Thermomètres sec, humide et « maxi-mini » donnent leurs indications dans cet ordre. Le thermomètre sec, à mercure, enregistre les variations de température en degrés et en dixièmes de degré. Le bulbe du thermomètre mouillé est entouré d'une mousseline humide. La comparaison des températures données par les deux instruments permet de calculer le point de rosée, et donc l'humidité relative. Le thermomètre « maxi-mini » contient lui aussi du mercure, qui monte dans la colonne à mesure que la température croît. Un petit marqueur métallique dans le tube se déplace vers le niveau maxi ou mini atteint au cours d'une période donnée, et y reste jusqu'à remise à zéro.

L'abri contient aussi un baromètre mesurant la pression atmosphérique.

Bien que de nombreuses stations météorologiques emploient aujourd'hui des capteurs électroniques permettant des relevés à distance, l'abri Stevenson reste l'un des plus précieux outils, par la précision des données détaillées qu'il fournit.

Ci-contre : le physicien italien Evangelista Torricelli (1608-1647) travailla dans le domaine de la dynamique de la chute des corps avec Benedetto Castelli, ce qui lui valut d'être nommé assistant de Galilée à qui il succéda en tant que mathématicien à la cour de Toscane. Torricelli s'intéressa aux mathématiques pures et à la physique expérimentale, mais il est surtout célèbre pour avoir inventé le baromètre à mercure et pour sa découverte de la pression atmosphérique (en 1644). Il remarqua ensuite que de petites variations de la hauteur de la colonne de mercure équilibrée par la pression atmosphérique étaient liées à des changements d'ordre météorologique.

Mesurer la pression atmosphérique – le baromètre

Dans les maisons, un baromètre décoratif est parfois accroché au mur. Rares pourtant sont les personnes qui savent l'utiliser. Un baromètre indique les tendances météo à court terme et mesure la pression atmosphérique. Les gaz qui composent l'atmosphère terrestre ont un poids et exercent une pression sur la surface de la planète. C'est cette pression que mesure un baromètre. Si la pression atmosphérique s'élève, la tendance va vers une météo stable, et inversement. La pression atmosphérique se mesure en hectopascals, en millibars ou en millimètres de mercure.

Au XVIIe siècle, l'Italien Evangelista Torricelli découvrit le principe du baromètre en retournant dans une cuve un tube de verre empli de mercure. Une partie du mercure resta dans le tube, et il comprit que la hauteur de la colonne de mercure variait en fonction de la pression atmosphérique.

Au cours du XIXe siècle, le baromètre de Fitzroy vit le jour et fut vite adopté par les ports le long des côtes britanniques. Ce baromètre, le premier à être produit en grande série et à un coût relativement modéré, fut employé par l'amiral Robert Fitzroy pour fournir des prévisions aux marins pêcheurs, à la Royal Navy et à la marine marchande. Ces baromètres, qui font les délices des collectionneurs, sont toujours employés.

La plupart des baromètres « de ménage » sont de type anéroïde. Le baromètre anéroïde fut créé au XIXe siècle par l'ingénieur français Lucien Vidie (1805-1866). Il ne contient pas de mercure mais une capsule métallique dans laquelle on a fait le vide et qu'un ressort interne empêche de s'écraser sur elle-même. Au gré de l'augmentation et de la baisse de la pression, les parois de la capsule se déforment vers l'intérieur ou vers l'extérieur ; ces mouvements sont transmis et visualisés sur le cadran du baromètre.

Quelle que soit la méthode employée pour mesurer la pression atmosphérique, on enregistre généralement les données sous la forme d'une trace portée sur un papier millimétré spécial, au moyen d'un instrument appelé barographe (une petite aiguille s'élève et s'abaisse avec la pression atmosphérique en laissant une trace continue sur la feuille de papier).

Le meilleur moment pour installer un baromètre chez soi est un jour marqué par des conditions calmes, anticycloniques – il est peu probable alors que la pression varie rapidement. Il est souvent réglé pour le niveau de la mer ; dans la mesure où la pression chute de 11 hPa (autant de mbars et 8 mm de mercure) chaque fois que l'on gagne 100 m d'altitude, il faudra peut-être procéder à un réajustement. Pour effectuer un tel réglage, mieux vaut prendre contact avec le bureau météorologique le plus proche.

L'héliographe

Avant l'apparition des cellules photoélectriques, on utilisait – et on utilise encore – une sphère de verre pour mesurer l'ensoleillement. Cet instrument, l'héliographe de Campbell-Stokes, concentre le rayonnement solaire sur un papier rigide traité : si le soleil brille assez, une trace brûlée y est portée. Plus l'ensoleillement dure et plus la ligne tracée est longue.

Le pluviomètre

Cet instrument mesure la quantité tombée en un laps de temps donné. La pluie se mesure en millimètres. Il existe de nombreux modèles de pluviomètres, le plus courant étant un cylindre gradué (c'est ce genre de pluviomètre que l'on rencontre dans les stations météo des amateurs, mais aussi des professionnels).

L'hygromètre

Cet instrument mesure l'humidité de l'air. Le premier hygromètre, un hygromètre à cheveu, fut conçu par un savant suisse, Horace Benedict de Saussure, en 1783.

Le type d'hygromètre le plus courant est constitué d'un thermomètre sec et d'un thermomètre mouillé. Le premier, empli de mercure, enregistre les températures en degrés centigrades ainsi qu'en dixièmes de degré (il s'agit des températures mentionnées dans les bulletins météo télévisés ou radiodiffusés).

Le second est un thermomètre classique dont le bulbe est recouvert d'une mousseline humidifiée par de l'eau en provenance d'un réservoir spécial. La comparaison entre les températures des bulbes sec et mouillé permet de calculer le point de rosée et l'humidité relative.

Ci-dessus : cet appareil de mesure de la pollution recueille des dépôts secs et humides. Le collecteur de dépôts secs comprend des filtres imprégnés de substances chimiques qui lui permettent de recueillir les particules polluantes ; le collecteur de dépôts humides recueille l'eau de pluie pour analyser les polluants.

Ci-dessus : un héliographe moderne fait appel à des photodiodes qui modifient un signal électrique en fonction de la quantité de rayonnement solaire. Des résistances électriques chauffantes évitent que la rosée ou le givre ne perturbent la lecture des données.

Le radar

Le radar est indispensable au météorologiste pour ses prévisions à court terme. Les systèmes radars modernes peuvent produire des images tridimensionnelles très détaillées de systèmes atmosphériques tels que les orages ou les fronts, voire des ouragans, et ce toutes les 10 ou 15 minutes. Le radar est le seul instrument pouvant avertir les prévisionnistes de la formation de tornades. Aux États-Unis, on emploie le radar pour pister l'œil des ouragans et fournir aux populations les informations les plus exactes, qui leur permettent notamment de savoir à quel moment évacuer. Il est désormais possible de voir des images radars en direct, sur Internet comme sur certaines chaînes de télévision.

Le radar (abréviation de RAdio Detecting And Ranging, « détection et télémétrie par radioélectricité ») a été inventé par les Britanniques pendant la Seconde Guerre mondiale pour détecter des avions ennemis. Après que l'on se fut rendu compte que le radar détectait aussi la pluie, il devint un outil précieux au service des prévisionnistes météo.

Le radar fonctionne par émission d'impulsions radioélectriques. Lorsque ces ondes rencontrent un « obstacle » tel qu'une averse, elles sont réfléchies vers l'appareil émetteur. Un radar Doppler mesure le changement de fréquence des échos renvoyés, ce qui permet de calculer par exemple la vitesse des vents. Ces radars se signalent par leur faisceau étroit. Ils balayent l'atmosphère sous différents angles pour obtenir une image en trois dimensions.

Les États-Unis possèdent le réseau de radars le plus dense ; ce réseau est mis à contribution pour surveiller les 10 000 tempêtes, les 5 000 inondations et le millier de tornades qui touchent chaque année la région. Les services météo emploient des avions tels que l'Electra L188L pour s'approcher au plus près du centre des tempêtes en formation et ainsi fournir une image tridimensionnelle détaillée du vent et de la pluie.

Ci-dessous : image radar d'une tempête. Sur l'écran apparaissent les données fournies par un radar Doppler utilisées pour surveiller les orages. Les différentes couleurs représentent différentes intensités de pluie – une échelle figure sur la droite. Les valeurs de réflectivité jusqu'à 30 dBZ indiquent des pluies légères ; entre 30 et 60 dBZ on a affaire à de fortes pluies, au-dessus de 60 dBZ, sans doute à de la grêle.

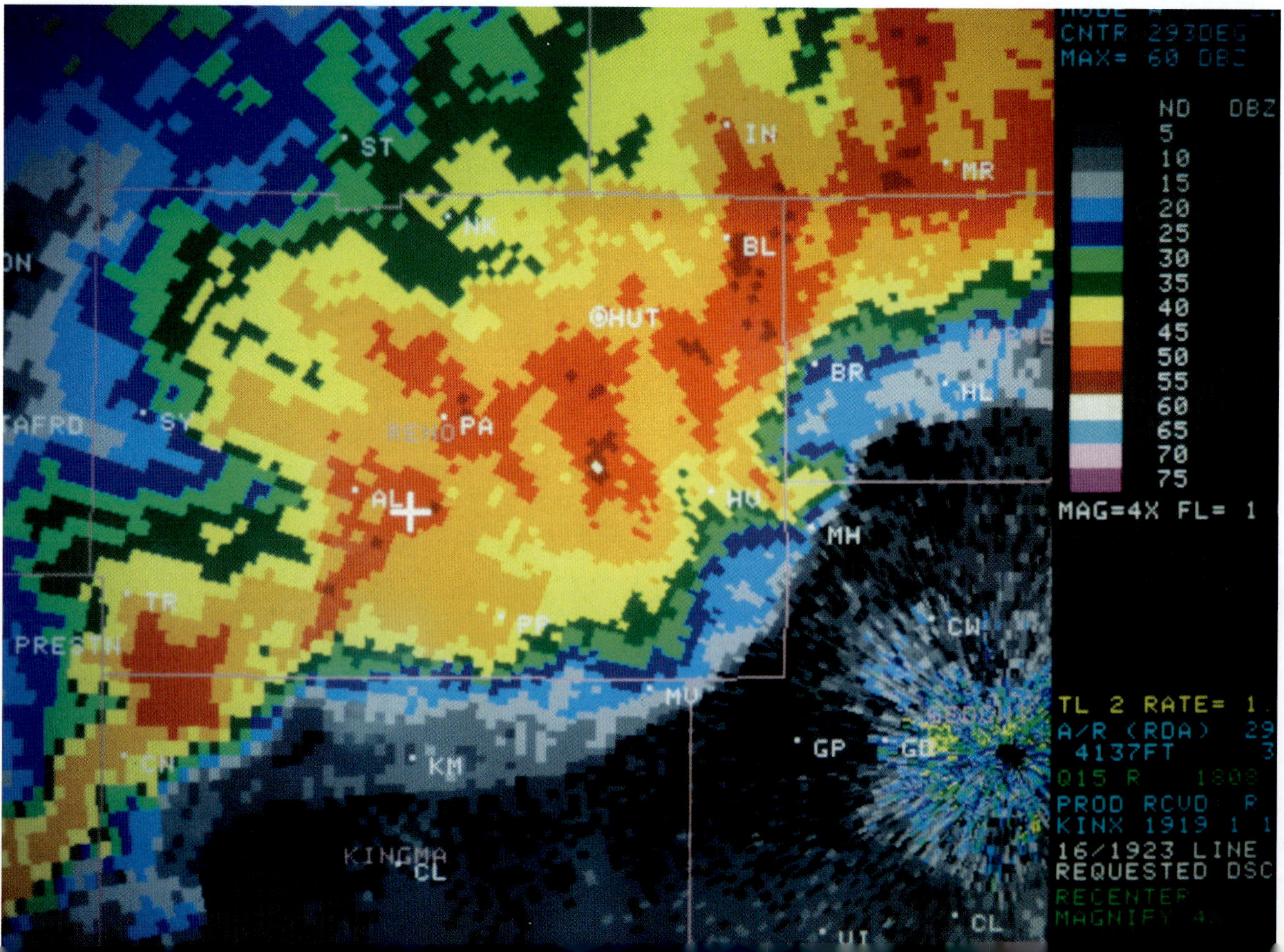

Les satellites

Depuis le lancement du premier satellite, dans les années 1950, est apparue la formidable possibilité d'utiliser ces engins pour la surveillance et l'aide à la prévision des conditions atmosphériques. Le premier satellite météo fut TIROS 1, en 1960, suivi en 1966 par le premier satellite en orbite équatoriale, crucial pour la surveillance de phénomènes météo. Aujourd'hui, des satellites comme ceux de la famille des Météosat, géostationnaires, sont des outils précieux pour les prévisionnistes. Ils fournissent un flux continuel de données en provenance de toutes les régions de la planète, y compris celles qui naguère étaient trop isolées ou trop inhospitalières, comme les déserts et les océans.

On distingue deux grandes catégories de satellites d'usage courant. Les satellites géostationnaires, positionnés à quelque 36 000 km d'altitude au-dessus de l'équateur, demeurent immobiles pour un observateur placé en un point donné de la Terre. L'un des satellites Météosat, employé par les pays européens, est positionné à l'intersection de la latitude 0° et de la longitude 0°, soit à l'intersection du méridien de Greenwich et de l'équateur. De là, il surveille l'Afrique, le Proche-Orient, l'Europe, une partie de l'Atlantique et l'ouest de l'océan Indien.

Le deuxième type de satellite est placé en orbite polaire. Il en va ainsi des satellites américains de la NOAA, en orbite à 830 km d'altitude et qui mettent environ 1 h 42 pour accomplir une révolution autour de la Terre. Ce type de satellite observe une région différente de la Terre pour chaque orbite, car lorsqu'il effectue une révolution, la Terre effectue pour sa part une rotation de 22°. En octobre 2006, le satellite européen MetOp a remplacé l'un des NOAA. Leur orbite étant basse (entre 600 et 1 500 km d'altitude), ces satellites enregistrent plus de détails que ceux de type géostationnaire. Les satellites contiennent des instruments destinés à mesurer divers paramètres utiles dans le cadre des prévisions météo et de

Ci-dessus : photographie en couleurs codées prise par satellite, montrant l'ouragan Allen au-dessus du golfe du Mexique.

Ci-dessous : des techniciens s'affairent sur le satellite météorologique Météosat 6 au centre d'essais de l'Aérospatiale à Toulouse, conçu pour fournir toutes les 30 minutes une image de la Terre (disque terrestre complet) depuis son orbite géostationnaire.

la modélisation des climats. Certains fournissent les images que connaissent tous ceux qui regardent les bulletins météo télévisés (ce sont les radiomètres) ; d'autres appareils mesurent l'humidité (interféromètres), d'autres encore les températures (spectromètres). Parmi les capteurs employés, mentionnons aussi une sorte de radar servant à évaluer le couvert nuageux ou les précipitations. Les images des satellites nous sont données par des canaux divers, visibles ou infrarouges notamment. Les images visibles ressemblent à des photographies en noir et blanc et, comme les photos, elles ne peuvent être prises que lorsqu'il fait jour, alors que les images infrarouges peuvent être prises la nuit.

Tous les satellites sont utiles pour surveiller et pister des phénomènes atmosphériques particuliers tels que les dangereux ouragans ou cyclones tropicaux, mais aussi des systèmes de hautes et basses pressions plus ordinaires. Ils servent aussi à mesurer la vitesse des vents et à analyser les formations nuageuses.

Il ne fait aucun doute que l'essor des satellites modernes est venu rendre d'immenses services à ceux qui font profession de prévoir la météo au jour le jour comme à ceux qui s'intéressent aux évolutions climatiques à plus long terme. Les satellites de la nouvelle génération, lancés depuis le début du XXIe siècle, ne manqueront pas de faire toute la preuve de leur caractère précieux au cas où des modifications du climat planétaire seraient envisagées.

Ci-contre, photographie principale : un chercheur inspecte une station météorologique automatique sur l'île Alexandre, en Antarctique. Cette station enregistre des données de base telles que la vitesse du vent, l'insolation, la température, l'humidité et la pression atmosphérique, données transmises par satellite jusqu'à la base où elles seront analysées.

Ci-contre (en médaillon) : image radar d'un nuage d'orage (rouge et jaune). Ce radar est ici employé pour surveiller un avion blindé qui traverse l'orage en recueillant des données utiles à la recherche.

le temps mais aussi à modéliser la manière dont les éléments météorologiques et climatiques peuvent être modifiés. Les dynamiques en jeu dans l'atmosphère étant complexes, la modélisation est nécessaire pour établir des prévisions d'une réelle portée pratique.

En France, le modèle Arpège permet d'effectuer plusieurs fois par jour des prévisions à échelle fine sur l'ensemble du pays. Ce modèle a été conçu en collaboration avec le CEPMMT (Centre européen pour les prévisions météorologiques à moyen terme, en Grande-Bretagne). Un autre modèle, baptisé Aladin et créé en coopération avec la Belgique, le Portugal et une douzaine de pays d'Europe centrale et orientale, fournit des prévisions locales à haute résolution.

L'AGCM (Atmosphere General Circulation Model) est un modèle tridimensionnel présentant l'atmosphère dans ses liens avec la terre ferme et la cryosphère. Contrairement aux modèles utilisés pour les prévisions météo numériques à court terme, les modèles climatiques se projettent jusqu'à des des climats et des modifications induites par les variations de température à la surface des mers.

Il existe aussi des modèles de circulation océanique d'ensemble, des cycles du carbone, de climats régionaux, de chimie atmosphérique… qui traitent d'aspects exerçant une influence sur les climats. Les plus complexes sont sans doute ceux qui couplent la circulation générale atmosphérique et océanique (modèles globaux océan-atmosphère).

La capacité informatique requise pour traiter la masse des données est si gigantesque qu'il n'est pas toujours possible de confier les tâches à un seul ordinateur. Divers programmes, dont celui mis sur pied au Royaume-Uni en 2005, font en sorte que les utilisateurs d'ordinateurs personnels mettent à disposition la capacité inutilisée de leur machine afin de faire fonctionner certains programmes. Des milliers de personnes se sont inscrites pour participer à de telles entreprises, dont on ignore si elles permettront de réaliser des progrès dans la modélisation.

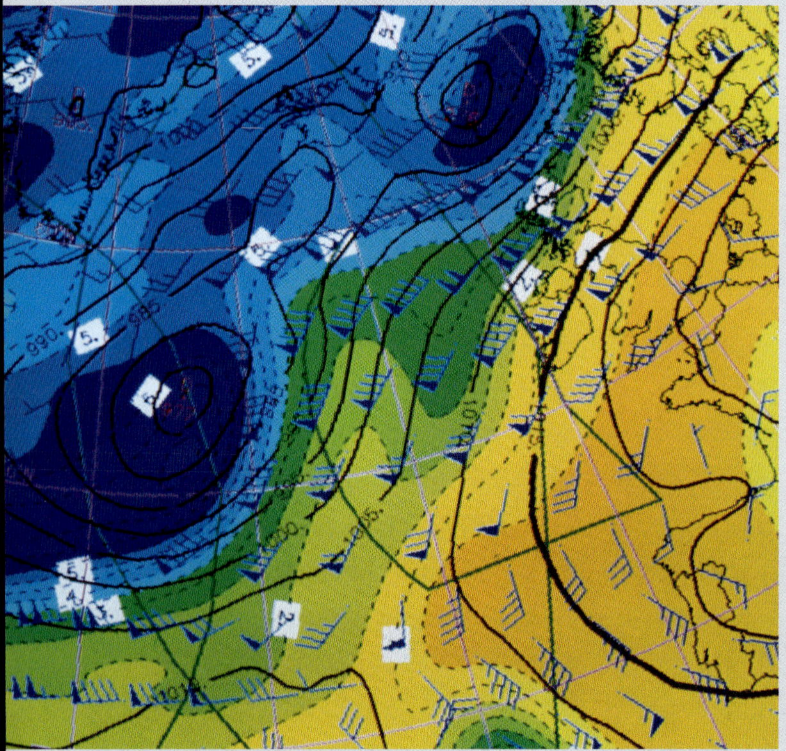

Ci-contre : simulation par ordinateur d'une carte météo, dans le cadre de l'étude FASTEX (Fronts and Atlantic Storm-Track EXperiment). Les lignes continues sont des courbes isobares, qui relient des zones de même pression atmosphérique. Plus les courbes sont rapprochées sur la carte et plus les vents sont puissants dans ces secteurs. Le programme de recherche international qu'est FASTEX fait appel à des données fournies par des avions, des navires et des satellites pour découvrir quels sont les facteurs qui conditionnent l'évolution d'un système dépressionnaire « ordinaire » en une tempête de moyenne latitude.

Page ci-contre, en haut : graphique informatisé donnant une représentation tridimensionnelle d'une situation météorologique (écran supérieur), obtenue par traitement de données recueillies au moyen d'un radar Doppler à double faisceau embarqué à bord d'un avion et ayant pour fonction de détecter les mouvements des masses d'air. L'écran inférieur est une carte des pressions atmosphériques, sur laquelle des lignes isobares relient les zones de même pression.

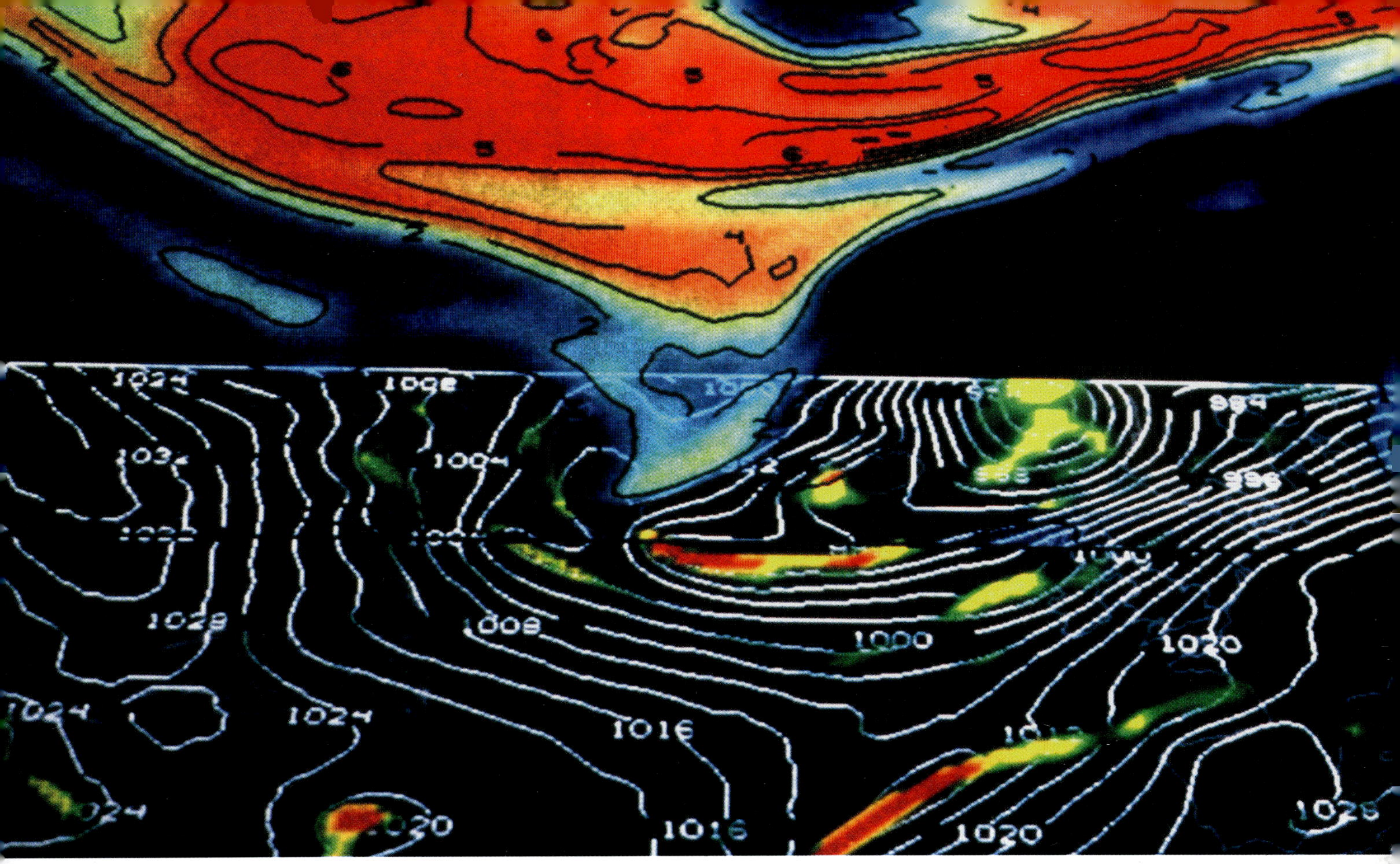

Prévisions et cartographie

Les personnes d'un certain âge se souviennent qu'à la télévision on voyait naguère des cartes couvertes de ce qui ressemblait fort à des hiéroglyphes. Ces cartes, alors très utilisées, portent le nom de « cartes synoptiques ». Elles sont toujours employées par les météorologistes, mais en conjonction avec des données électroniques recueillies à distance et traitées par de complexes programmes informatiques.

Une carte synoptique donne une représentation de la météo d'un secteur particulier à un moment donné. Elle résulte de la collecte de données provenant des stations météorologiques. Ces données sont affinées puis représentées par des symboles standardisés.

Il existe différents types de cartes synoptiques. Les plus perfectionnées comprennent une grande quantité de détails (l'importance de la superficie occupée par des nuages de diverses sortes à diverses altitudes, les points de rosée, etc.). Très spécialisées, elles ne sont employées que par les centres de prévision nationaux ou régionaux. Avant la généralisation du dessin assisté par ordinateur, la réalisation d'une telle carte était considérée comme un art, que certains spécialistes (*aerographers*) de l'US Navy pratiquent encore.

Plus faciles à lire, les cartes synoptiques d'une station affichent des caractéristiques météorologiques sélectionnées – il s'agit le plus souvent de la pression atmosphérique, de la température, de la couverture nuageuse, de la météo du moment (chute de pluie, par exemple), de la direction et de la vitesse du vent. Ce genre de carte était jusqu'à une époque récente celui que l'on voyait le plus fréquemment dans les journaux et même parfois à la télévision.

Aujourd'hui toutefois, la carte météo quotidienne, que nous voyons chaque jour dans les médias, vise à donner une notion claire (et donc très simplifiée) du temps qu'il fera. De telles cartes synoptiques sont désormais presque toujours montrées en conjonction avec des images satellites de la même région.

Malgré l'énorme quantité d'informations dont ils disposent, les prévisionnistes ne peuvent prétendre qu'à une fiabilité d'environ 70 % pour les prévisions figurant sur ces cartes. Les données météo sont des échantillons prélevés en divers lieux plutôt qu'une image d'ensemble ; la possibilité est toujours présente de voir une anomalie se muer en réalité pour nous, au sol. Il est souvent sage, quel que soit le bulletin météo du jour, d'avoir à portée de main sa « petite laine » ou son parapluie !

Les services nationaux

Des prévisions fiables revêtent une importance cruciale pour les citoyens ordinaires, certes, mais plus encore pour les agriculteurs, les marins, les aviateurs… Ces prévisions s'appuient sur une collecte ample, précise et organisée de données traitées par des services nationaux de météorologie. Presque tous les pays du monde en sont dotés. Il existe parfois, en plus du service national, des organismes de prévision. Au Royaume-Uni, par exemple, le Meteorological Office (ou « Met Office »), aujourd'hui installé à Exeter, existe depuis le XIXe siècle. Il fut fondé dans les années 1860 par l'amiral Fitzroy, sous l'égide du ministère britannique du Commerce.

Ces services nationaux de météorologie font une utilisation intensive de l'immense quantité de données collectées dans chaque pays et en mer. Ces données alimentent des programmes informatiques utilisés pour effectuer des prévisions à court et à long terme. Parmi les pays disposant d'ordinateurs très puissants, mentionnons la France (Fujitsu VPP5000), les États-Unis (IBM, marque qui équipe aussi le CEPMMT), la Grande-Bretagne (NEC), le Japon (Earth Simulator)…

Selon les pays, les types de bulletins fournis varient. Les prévisions peuvent être à l'échelle nationale ou régionale, et l'on diffuse aussi des bulletins spécialisés. Aux États-Unis, le National Weather Service émet des prévisions détaillées portant sur des phénomènes aussi divers que les crues et inondations, les gelées, les tempêtes, les orages, la neige, les coups de vent, les vagues (en mer et en lac), les conditions hivernales, etc. Il est possible, grâce au site Web de cet organisme, de connaître la probabilité de déclenchement de feux de broussailles et de l'apparition d'ouragans, mais aussi de se procurer des prévisions pour la navigation maritime et aérienne. Les services météo de la plupart des pays sont consultables sur Internet, ce qui permet à chacun de prendre connaissance des bulletins, et aux personnes ayant besoin d'informations plus ciblées de bénéficier de services spécialisés.

Les prévisions reposent souvent sur des données provenant de plusieurs pays, aussi la coopération internationale revêt-elle une importance croissante. Ce phénomène n'est pas nouveau : dès le milieu du XIXe siècle, l'amiral Fitzroy de la Royal Navy britannique entreprit de diffuser ses prévisions ; il échangea donc des données et des indications méthodologiques avec le balbutiant American Meteorological Service ainsi qu'avec les services météo naissants de France et d'Allemagne. La coopération internationale joue désormais un rôle essentiel dans la prévision non seulement météorologique mais aussi climatique. C'est dans un tel cadre international qu'ont vu le jour des réseaux tels que la Veille météorologique mondiale et des organismes comme l'OMM (Organisation météorologique mondiale), émanation des Nations unies qui comprend près de 190 membres. Dans la mesure où les phénomènes atmosphériques ne connaissent pas de frontières et où l'inquiétude suscitée par l'évolution du climat à l'échelle mondiale s'accroît, des réseaux et organisme tels que ceux-ci sont certainement appelés à jouer un rôle de plus en plus important.

En haut, à gauche : des météorologistes surveillent les situations atmosphériques du monde entier pour établir leurs prévisions quant aux conditions météo à venir.

Page ci-contre, en bas, à gauche : photographie ancienne de l'observatoire du Ben Nevis, première station météo britannique d'altitude, inaugurée en 1883. Le Ben Nevis est, avec ses 1344 m, le point culminant de la Grande-Bretagne. Cet observatoire fut créé pour effectuer en altitude des mesures à caractère météorologique telles que température, vitesse du vent, précipitations et pression atmosphérique. Il ferma ses portes en 1904, victime d'un financement insuffisant.

Ci-dessus : vue du bâtiment principal (à l'arrière-plan) et des coupoles protégeant les instruments de la station de recherches atmosphériques de Mauna Loa, à Hawaii (États-Unis). La coupole ouverte contient les appareils de mesure du rayonnement solaire, qui permettent d'évaluer les effets de la poussière atmosphérique sur la luminosité ambiante. L'observatoire étudie tous les constituants de l'atmosphère susceptibles de contribuer au changement climatique, tels que les aérosols et gaz à effet de serre, ou ceux qui causent une diminution de la couche d'ozone. Toutes ces observations font l'objet de comparaisons avec les mesures prises sur d'autres sites, ce afin de déceler les tendances à l'œuvre au niveau planétaire.

Les bulletins

Nous considérons comme naturel de disposer chaque jour de bulletins météo, à la télévision et à la radio, dans les journaux et sur Internet. « La météo » fait partie intégrante de notre vie quotidienne, et il s'agit du domaine scientifique qui sans doute existe depuis le plus longtemps. Les premiers hommes levèrent certainement les yeux vers le ciel et se rendirent compte que les nuages sombres annonçaient la pluie. Hippocrate lui-même, père de la médecine moderne, estimait que « quiconque souhaite emprunter la voie de la science médicale doit d'abord étudier les saisons de l'année et ce qui s'y produit ». La science météorologique ne vit véritablement le jour, cependant, que lorsqu'il devint possible de mesurer les éléments – au cours des XVIe et XVIIe siècles.

Le bulletin de prévision météorologique moderne apparut au milieu du XIXe siècle, en 1854 plus précisément, quand fut créé le British Meteorological Office, sous la houlette de Robert Fitzroy, ancien capitaine du *Beagle* (navire célèbre pour avoir accueilli à son bord Charles Darwin lors de ses grandes expéditions scientifiques). Le « Met Office » commença à émettre des avis de tempête en 1861. Des bulletins rudimentaires furent bientôt publiés dans le *Times* de Londres, et des prévisions furent diffusées dans presque tous les journaux eureà partir de 1879.

En 1921, les premières prévisions du temps par radio furent données à l'université du Wisconsin, aux États-Unis ; deux ans plus tard, la BBC diffusa ses premiers bulletins quotidiens. Cette même BBC allait être la première, quelques années plus tard, à fournir des prévisions télévisées (essais en 1936, bulletins quotidiens en 1949).

Depuis lors, la radio et télédiffusion des bulletins de prévision météo a pris son essor. Dans le monde entier, stations de radio et chaînes de télévision émettent régulièrement des bulletins plus ou moins précis et plus ou moins complets, mais toujours suivis avec attention.

Climats du passé

La Terre s'est formée il y a 4,6 milliards d'années. Près de 2 milliards d'années plus tard, glaciers et banquises commencèrent à apparaître. Depuis, notre planète a connu de nombreux changements climatiques, certains mineurs, d'autres de grande ampleur. Il y a 65 millions d'années s'est ouvert le Cénozoïque (ère tertiaire), qui a surtout vu la Terre se refroidir, de façon irrégulière toutefois. Nous sommes actuellement au Pléistocène (ère quaternaire), ère géologique qui a commencé il y a 1,6 million d'années. Le début de l'ère a été marqué par sept glaciations majeures, au cours desquelles la Terre s'est trouvée recouverte par les glaces jusqu'à 30 %. La période actuelle, dite Holocène, a débuté il y a 10 000 ans par un réchauffement qui a connu un pic il y a 5 000 ans. Il est possible que nous soyons dans une période interglaciaire (entre deux glaciations). Si les études faisant état d'un réchauffement de l'atmosphère terrestre en raison des activités humaines sont fondées, il faut cependant noter que de telles fluctuations se sont déjà dessinées dans le passé. Il est possible qu'en dépit de nos connaissances nous ne sachions par encore précisément quelles modifications connaîtra notre climat.

Le Paléozoïque – avant les dinosaures

Il y a environ 3,7 milliards d'années, les premières roches sédimentaires (calcaire, grès, craie) se sont formées sur le fond des mers et des grands lacs. Les températures sur Terre étaient alors plus élevées qu'aujourd'hui d'une dizaine de degrés. Les premiers organismes vivants – des algues – sont apparus il y environ 3,5 milliards d'années. Jusqu'au Mésozoïque (ère secondaire, époque des dinosaures), entre -250 et -65 millions d'années, la Terre s'est réchauffée puis a refroidi de façon répétée, ce qui a conduit à une alternance de périodes glaciaires et de périodes plus chaudes. Les traces sont décelables dans les roches sédimentaires déposées au cours de ces périodes. Les plantes fossilisées dans les roches indiquent que le climat de l'ère primaire était beaucoup plus chaud et humide que celui d'aujourd'hui. Nombre de ces fossiles sont des fougères, qui ont besoin pour prospérer de chaleur et d'humidité. Les vestiges déposés au Dévonien et au Carbonifère (de -408 à -295 millions d'années) montrent qu'il en allait justement ainsi. Une grande partie des gisements de houille du Carbonifère exploités aux XIXe et XXe siècles recelaient des ptéridospermes ou « fougères à graines » fossilisées.

Le Mésozoïque – l'ère des dinosaures

Le succès de *Jurassic Park* traduit l'intérêt que nous portons à la période des dinosaures, le Mésozoïque. Les périodes géologiques du Trias et du Jurassique virent apparaître et évoluer de nombreuses espèces, ce qui fut rendu possible par la température élevée des mers. Cette situation, associée à des précipitations abondantes, favorisa le développement d'une végétation luxuriante et, partant, celui d'importantes populations d'herbivores de grande taille. Vers la fin du Trias, la Terre connut des bouleversements du fait de la dérive des continents à la surface du globe ; cette dernière ne manqua pas de produire des effets sur les courants océaniques et sur les températures des continents. La croissance des végétaux en fut certainement affectée, et donc la disponibilité des aliments à la portée des dinosaures, ce qui joua peut-être un rôle dans la disparition des ces animaux.

Le Cénozoïque et le Pléistocène – les glaciations récentes

Les glaciations ont souvent marqué l'histoire de notre planète. On estime que de telles périodes glaciaires interviennent tous les 200 ou 250 millions d'années, et durent plusieurs millions d'années. Une glaciation se caractérise par des différences climatiques marquées entre régions équatoriales et polaires. Les glaces des pôles gagnent des latitudes inférieures, où des calottes glaciaires viennent recouvrir terres et mers, tandis que les vallées sont envahies par de gigantesques glaciers. Depuis le début de l'ère tertiaire (il y a 65 millions d'années), la Terre a connu trois périodes de refroidissement significatives, il y a respectivement 36, 15 et 3 millions d'années environ.

Page ci-contre : fossile d'archéoptéryx découvert dans des calcaires de la fin du Jurassique (-205-144 millions d'années) à Solenhofen, en Bavière, dans le sud de l'Allemagne. *Archaeopteryx*, considéré comme un chaînon entre reptiles et oiseaux, présente de nombreuses caractéristiques d'un petit dinosaure ainsi que des plumes et des griffes (évoquant tant les reptiles que les oiseaux) sur les ailes. Cet animal avait la taille d'un corbeau.

En haut, à droite : une falaise de roches sédimentaires dans le parc national de Zion, dans l'Utah (aux États-Unis), montrant très nettement ses différentes strates. Les couches de roches supérieures se sont déposées il y a environ 10 millions d'années, alors que celles de la base ont plus de 250 millions d'années. Les roches sont ici de différentes couleurs, selon leur composition : la plupart des roches rouges et jaunes sont des grès comportant diverses proportions d'inclusions minérales. La couche grise correspond à un dépôt de grauwacke de la fin du Trias (formation de Chinle, vers -210 millions d'années) dans lequel des empreintes de pas de dinosaures ont été retrouvées.

Ci-dessus : restes fossiles de *Diplomystus dentatus*, poisson de l'Éocène (vers -50 millions d'années), découverts dans le Wyoming.

Ci-contre : blocs erratiques à Dusty Basin, dans le parc national de King's Canyon, en Californie (États-Unis). Un bloc erratique est un rocher qui a été déplacé de son site d'origine par un glacier et qui s'est déposé par suite de la fonte des glaces ; de tels blocs erratiques peuvent être transportés sur de très grandes distances, aussi sont-ils fréquemment d'une nature différente de celle du roc sous-jacent environnant.

Ci-dessous : la Terre telle qu'elle se présentait à l'époque de la disparition des dinosaures, il y a quelque 65 millions d'années. L'extinction des dinosaures aurait été provoquée par la chute d'un énorme astéroïde sur ce qui est aujourd'hui la péninsule du Yucatán, au Mexique. Cet événement marque la limite Crétacé-Tertiaire (KT). Sur cette reconstitution par ordinateur, le nord est en haut. Les terres émergées sont vertes, l'eau bleue, les nuages blancs. Les continents nord-américain (en haut, au centre), sud-américain (en bas, au centre) et africain (au centre, à droite) sont ici visibles. La position et la forme de ces masses continentales se sont modifiées au fil du temps en raison de la dérive des continents, de l'érosion et des changements climatiques.

Il existe de multiples preuves géologiques de ce que les glaces recouvraient il y a bien longtemps d'immenses régions de notre planète qui en sont aujourd'hui dépourvues. De profondes vallées glaciaires en auge (en U), au fond et aux flancs souvent jonchés de débris de roche appelés moraines, apparurent à la fonte des glaciers. On peut en voir en Europe comme dans certaines régions des Amériques. Il est également possible de voir les glaces à l'œuvre dans les contrées où elles sont encore présentes. Les reliefs qui en résultent, observés donc dans d'autres parties du monde, nous procurent des témoignages sur les changements climatiques. La première personne à indiquer qu'un brutal refroidissement du climat de la Terre, à une époque passée, avait conduit à une glaciation, fut le savant suisse Louis Agassiz, en 1837. Lors d'un séjour dans le Jura, il rencontra d'énormes blocs de granite (appelés blocs erratiques par les géomorphologistes) dont il pressentit qu'ils n'avaient pu être transportés là depuis leur point de formation que par la force colossale d'un glacier.

Bien que des études récentes montrent que presque tous les glaciers et calottes glaciaires du monde sont en recul, la cause de cette fonte généralisée n'est pas encore totalement élucidée : réchauffement anthropogénique (provoqué par l'homme) du climat planétaire ou/et cycle naturel de changements climatiques réguliers ?

Les cycles de Milankovic

L'astrophysicien serbe Milutin Milankovic consacra sa carrière à la mise au point d'une théorie mathématique du climat fondée sur les variations saisonnières et latitudinales du rayonnement solaire reçu par la Terre. Selon cette théorie de Milankovic, les variations cycliques entre la Terre et le Soleil produisent des variations dans la quantité de rayonnement solaire atteignant la Terre.

L'orbite que décrit la Terre autour du Soleil est elliptique ; de plus, sa forme changerait à intervalles réguliers. Plus cette orbite est elliptique et moins la Terre reçoit de rayonnement solaire.

L'axe de rotation de la Terre est actuellement incliné de 23°27' par rapport à la perpendiculaire à l'orbite de la Terre autour du Soleil. Selon Milankovic, cet angle change périodiquement et pourrait se situer entre 21°30' et 24°30'. La quantité de rayonnement solaire reçue par la Terre en serait modifiée, ce qui conduirait à des cycles de réchauffement et de refroidissement.

Milankovic identifia des cycles de glaciation de 100 000 ans au Quaternaire, depuis quelques millions d'années donc. Il estimait qu'une période de précession complète se produisait tous les 26 000 ans – en d'autres termes, que tous les 26 000 ans l'axe de rotation de la Terre, changeant d'orientation à la manière d'une toupie, décrivait un cercle complet sur la sphère céleste.

Les cycles de Milankovic, qui prennent en compte la périodicité de ces trois types de mouvements orbitaux, sont aujourd'hui utilisés pour comprendre les variations cycliques du climat de la Terre.

Ci-dessous : la circulation océanique planétaire, représentée sur une image satellite de la Terre. Les courants océaniques circulent autour de la planète en raison de différences de température et de salinité. Un courant chaud (en rouge) venu de l'océan Pacifique se déplace vers l'ouest à la surface de l'océan. Ce faisant, l'évaporation le rend plus salin. Le Gulf Stream transporte alors cette eau tiède et saline au long de la côte est des États-Unis puis vers l'Europe. Sous les latitudes septentrionales, caractérisées par un climat plus froid, l'eau devient si dense qu'elle coule au fond de la mer et se dirige vers le sud (en bleu). La perturbation du Gulf Stream sous l'effet du réchauffement planétaire pourrait apporter en Europe des conditions climatiques relevant de l'ère glaciaire.

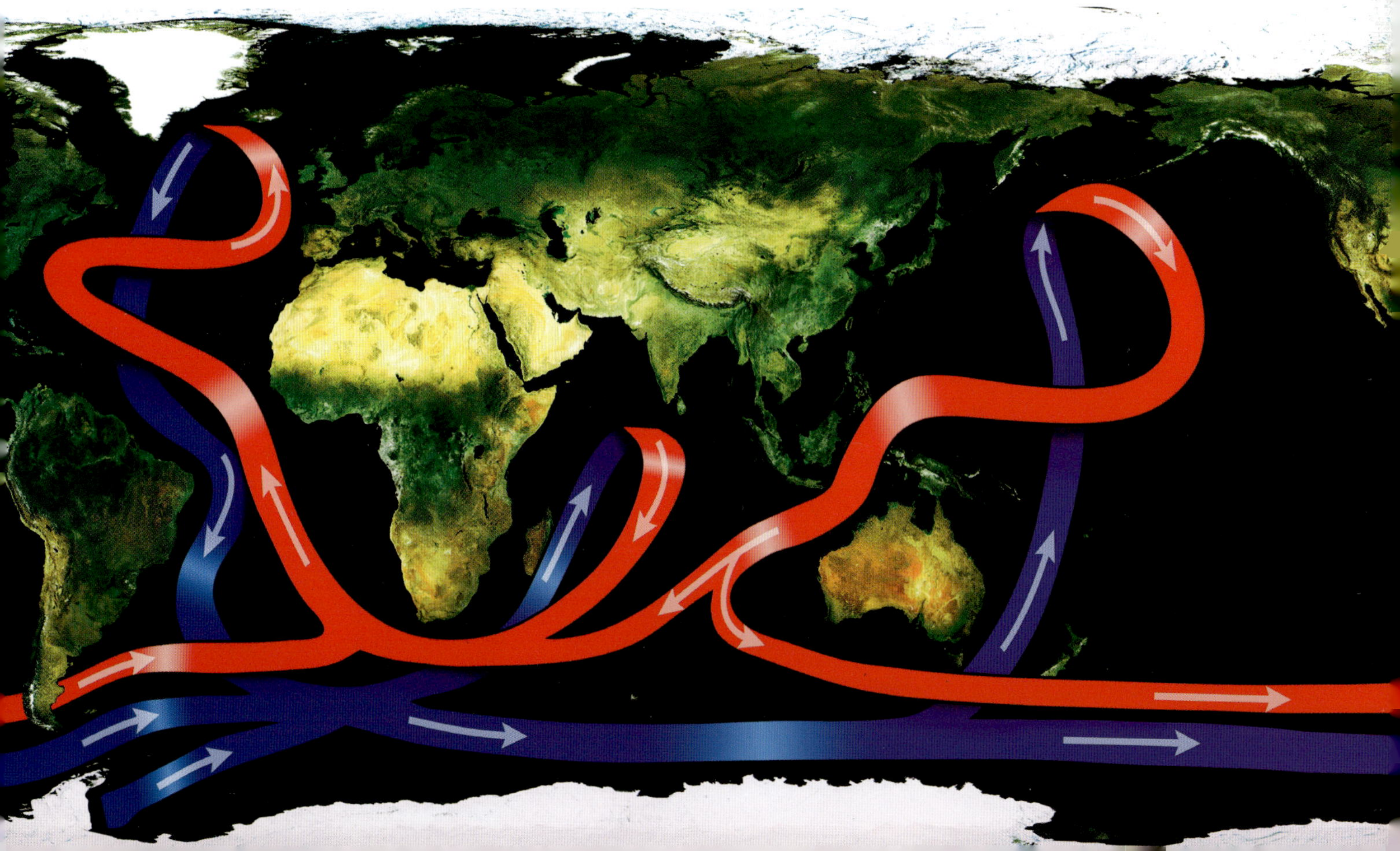

Les carottes de glace

Nous disposons d'une foule de documents historiques pour retracer les variations météorologiques et climatiques au cours des 150 dernières années, mais les indications sur ce que furent les climats d'époques plus lointaines sont moins étayées – ce qui ne signifie pas qu'on ne puisse en trouver. Les sources les plus communes résident dans les anneaux de croissance des arbres, dans les sédiments du fond des lacs et des mers, dans les carottes de glace prélevées sur les glaciers ou les calottes glaciaires.

Des climatologues prélèvent en effet dans les glaces de l'Arctique, et plus encore de l'Antarctique, des échantillons appelés carottes, qu'ils se procurent en forant de la surface des glaces jusqu'à des profondeurs dépassant les 3 km. À de telles profondeurs, la glace a plusieurs centaines de milliers d'années – elle y est constituée de neige tombée à ces époques reculées et comprimée sous le poids des chutes ultérieures. Dans ces régions la neige ne fond jamais, de sorte que les différences entre accumulations estivales et hivernales sont très nettes. Cela explique l'utilité des carottes de glace dans la mise en évidence de variations climatiques saisonnières comme à long terme.

Tout ce qui s'est trouvé dans l'atmosphère s'est déposé avec la neige – ainsi des cendres du Krakatoa en 1883 ou des particules des fonderies de plomb de la Rome antique. Les pollens informent sur les plantes qui abondaient et donc sur les variations climatiques.

Autre source d'informations : les variations dans la teneur en acides et sels dissous avec les gaz et les liquides dans les bulles d'air de la glace. L'étude des fluctuations des gaz dits « à effet de serre » est un outil précieux pour la connaissance des climats du passé comme pour la prédiction des changements à venir.

En haut : des scientifiques recueillent une carotte de glace antarctique extraite près de la base de Rothera. L'analyse chimique des carottes de glace est susceptible de révéler des changements intervenus dans le climat au fil des siècles et des millénaires. L'air piégé dans les névés (couches supérieures des neiges glacées) fournit un témoignage direct sur ce qu'était la composition de l'atmosphère à l'époque où la neige s'est transformée en glace. Or, l'étude des variations atmosphériques permet d'améliorer la modélisation et donc de mieux prévoir les changements futurs.

Ci-dessus : la mesure d'une carotte de glace permet d'en déterminer la densité, et partant, son âge. Cette glace antarctique s'est formée il y a plus de 1 000 ans, par compactage de neige. Son analyse est susceptible de fournir des informations quant aux conditions climatiques qui régnaient lors de sa formation. Certaines carottes révèlent quels furent les changements traversés par les climats et la composition de l'atmosphère au cours des millénaires. Le fait de savoir comment le climat s'est modifié dans le passé permet de formuler des hypothèses plus exactes au sujet des variations à venir. Cette carotte a été extraite dans le cadre de la mission EPICA (European Project for Ice Coring in Antarctica), dans les glaces de la Chaîne de la Reine-Maud.

Ci-contre : le naturaliste américano-helvétique Jean Louis Rodolphe Agassiz (1807-1873) donnant une conférence. Agassiz étudia les poissons fossiles avec passion ; de 1833 à 1844, ce savant suisse publia toutes ses observations en cinq volumes. Agassiz fut le premier à suggérer (puis à démontrer) que les glaciers se déplacent lentement, et que par le passé ils occupaient de vastes régions (au cours de périodes glaciaires). En 1846, Agassiz alla s'établir aux États-Unis ; il devint citoyen américain en 1861. Il ne cessa de s'opposer à la théorie de l'évolution proposée par Darwin, alors même que ses travaux sur les fossiles contribuèrent à sa mise sur pied.

Données paléoclimatiques

La dendrochronologie est un méthode de datation par l'observation des anneaux de croissance des arbres, qui fournit des renseignements sur les climats du passé. Chaque année, la croissance d'un arbre est marquée par la formation d'un anneau, dont la morphologie traduit les conditions climatiques (précipitations, vent, isolation, nature du sol, température et neige). Les variations de largeur des cernes montrent par exemple que l'arbre fut soumis à une sécheresse ou à un manque d'ensoleillement en raison d'événements tels que des éruptions volcaniques. De telles sources d'information remontent jusqu'à la fin de la dernière glaciation, il y a une dizaine de milliers d'années. Les arbres les plus vieux sont les pins à cône épineux (*Pinus longaeva*) de Californie, dont la longévité atteint les cinq millénaires, et qui constituent donc une précieuse source de renseignements par application de la dendrochronologie.

Les sédiments des fonds marins ou lacustres s'extraient comme les carottes de glace. Les échantillons de sédiments indiquent les quantités et la nature des matières déposées. Lors d'une période d'extrême sécheresse, les couches sédimentaires sont très fines, et très épaisses dans les périodes plus humides. La taille des particules sédimentaires fournit aussi des indices car les gros sédiments ne peuvent être déplacés que s'il y a suffisamment d'énergie dans les cours d'eau qui alimentent le lac ou la mer pour les soulever. En mars 2003, la revue *Science* avançait que des sédiments du Mexique et du Venezuela révélaient des sécheresses entre 810 et 910 : ces dates correspondent à l'abandon des cités mayas, de sorte que l'on peut penser que la civilisation maya s'est effondrée en raison de ces sécheresses.

Ci-dessus : un arbre solitaire au sommet d'un drumlin, colline oblongue façonnée par un glacier. Ce drumlin se situe près de Menzingen, en Suisse. Il s'est constitué sous l'action du glacier de la Linth, qui recouvrait la région à la fin de la dernière ère glaciaire, il y a environ 10 000 ans.

Ci-contre : chaque année, la partie externe, vivante d'un tronc d'arbre dépose une nouvelle couche de cellules conductrices d'eau (xylème). Les cellules plus anciennes se dessèchent et meurent, en formant la masse de bois dur au cœur du tronc. Chaque anneau correspond à une année de croissance, de sorte que l'on peut déterminer l'âge de l'arbre par comptage des cernes. Du fait des fluctuations climatiques d'une année sur l'autre, les anneaux plus ou moins minces, plus ou moins larges, se succèdent d'une manière qui se retrouve dans les différents arbres d'un même lieu.

Page ci-contre : un glacier est une masse de glace constituée de neige compactée, qui s'écoule au gré du relief. En se retirant (lorsqu'il fond plus rapidement que ne s'accumule la nouvelle neige), un glacier laisse apparaître des débris rocheux, les moraines.

Le Petit Âge glaciaire

Famines généralisées, progression des glaciers alpins, gel de la Tamise à Londres… ces événements comptèrent parmi les conséquences d'un refroidissement temporaire de l'atmosphère terrestre intervenu aux XVIIe et XVIIIe siècles.

Les basses températures de cette période auraient raccourci la saison de croissance de trois ou quatre semaines, ce qui contribue à expliquer le quintuplement des prix des céréales constaté alors, ainsi que les pénuries et les disettes à répétition dans toute l'Europe – mais surtout dans les régions, d'altitude notamment, les plus vulnérables aux variations climatiques.

En cette période marquée par des hivers très froids, la mer Baltique et de grands fleuves tels que la Tamise furent régulièrement pris par les glaces. On rapporte dès 1564 l'usage du fleuve anglais gelé pour l'organisation de divertissements tels que des tournois de tir à l'arc, mais c'est bien au cours du XVIIe siècle que ce genre d'activité connut son véritable essor. En 1685, la Tamise fut gelée pendant deux mois ; on y installa des échoppes pour vendre des denrées, et on fit rôtir un bœuf sur la glace. Privés de ressources, les bateliers, ancêtres des chauffeurs de taxi, en furent réduits à creuser des trous dans la glace et à se faire payer pour conduire les gens de la rive à la glace solide du fleuve gelé. Cette année-là le roi Charles II en personne, accompagné de sa famille, visita la foire sur le fleuve, ce qui montre combien elle suscitait d'engouement. D'autres festivités sur glace suivirent en 1715-1716, en 1739-1740 et en 1813-1814 (date de la dernière foire du genre). Le Petit Âge glaciaire sévit dans toute sa rigueur de 1550 à 1750 environ.

Gilbert White, naturaliste anglais de renom, écrivait en janvier 1776 dans son journal que les températures de la période étaient inhabituellement basses. « […] et le 31 janvier, juste avant le lever du soleil […] le mercure tomba exactement à zéro, étant à 32 degrés au-dessous du point de congélation. » [Gilbert exprimait la température selon l'échelle de Fahrenheit.] Il poursuivit en notant qu'il s'agissait d'un froid « des plus étonnants pour le sud de l'Angleterre ».

Les documents anciens tels que celui-ci nous permettent de nous faire une idée du climat de l'époque, en complément de données scientifiques plus récentes.

Illustration principale : le *Dénombrement de Bethléem*, œuvre de Bruegel l'Ancien datant de 1566, montre des enfants en train de jouer sur une rivière gelée, ce qui traduit bien la rudesse de la froidure hivernale de l'époque.

Les effets du volcanisme

L'année 1816, appartenant à une période considérée comme froide, est parfois désignée comme « l'année sans été ». Cette année-là vit pour la dernière fois la Tamise prise par les glaces accueillir une foire sur sa surface gelée, après un été et un automne glacials. C'est en 1816 que le poète anglais Byron écrivit *Les Ténèbres*, prenant peut-être le temps pour métaphore de certaines difficultés émotionnelles.

On pense aujourd'hui que ce froid inhabituel fut provoqué par l'éruption en 1815 du Tamboro, volcan indonésien. Durant cette éruption, d'immenses quantités de poussières, de cendres et de gaz furent expulsées dans l'atmosphère. Ces éléments, notamment les gouttelettes de dioxyde de soufre, se combinèrent pour refléter le rayonnement solaire (ainsi renvoyé vers l'espace interstellaire) ; ceci entraîna à la surface de la Terre une baisse de la température atteignant 3 °C. S'ouvrit une période de perturbations majeures, enregistrées surtout en Europe occidentale et dans le nord-est des États-Unis. Au Canada et en Nouvelle-Angleterre, l'été 1816 ne fut pas épargné par les gelées. Les aérosols projetés par le volcan furent à l'origine des couchers de soleil magnifiques qui eurent lieu pendant plusieurs années après l'éruption.

En Islande, le Laki fut en 1783 le théâtre de l'une des plus importantes éruptions effusives de l'histoire, qui incita le savant et diplomate américain Benjamin Franklin à émettre l'hypothèse selon laquelle des liens existaient entre émissions volcaniques et baisse des températures.

En 1991, l'éruption d'un volcan des Philippines, le Pinatubo, se traduisit par l'éjection d'énormes quantités

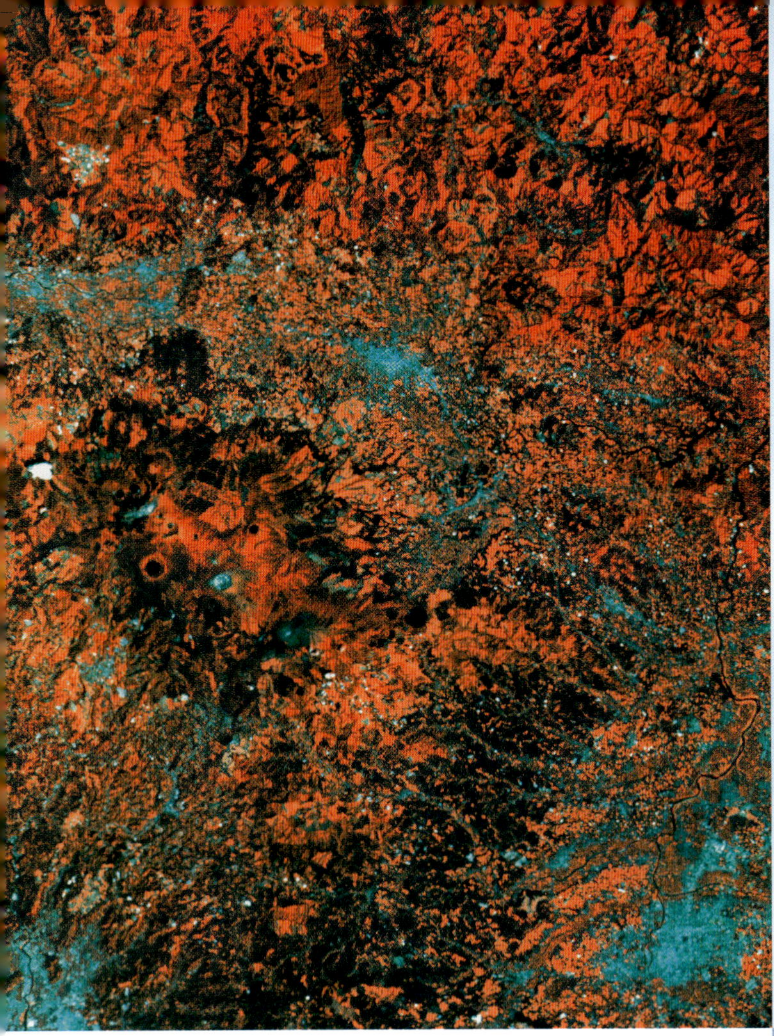

Page ci-contre : l'île d'Hawaii doit sa création à l'activité volcanique. Les éruptions volcaniques envoient parfois de gigantesques quantités de cendres et de dioxyde de soufre dans la haute atmosphère. Le dioxyde de soufre réagit avec la vapeur d'eau stratosphérique pour produire un épais brouillard susceptible de demeurer pendant des années dans la stratosphère. Ce brouillard absorbe une partie du rayonnement solaire et en renvoie davantage dans l'espace, ce qui provoque une élévation de la température dans la stratosphère et un refroidissement des couches inférieures de la troposphère.

Ci-contre : image satellite infrarouge des volcans de Yaku (au centre), dans l'île de Kyushu, au Japon. Dans la gamme infrarouge, la végétation verte paraît rouge, les constructions et les rochers sont bleu clair, l'eau est noire et les nuages sont blancs. Les cratères des volcans sont largement emplis d'eau.

Ci-dessous : les spectaculaires reliefs hawaiiens ont été façonnés par l'activité volcanique.

de dioxyde de soufre (22 millions de tonnes) dans la stratosphère, où elles se combinèrent à la vapeur d'eau pour donner un aérosol d'acide sulfurique. Les rayons du soleil en furent assez bloqués pour que les températures baissent d'environ 0,5 °C à l'échelle du monde au cours de l'année suivante.

Dans les années 1980, on a découvert que la région de Yellowstone, aux États-Unis, est un « super-volcan ». Son éruption se solderait par un bouleversement planétaire catastrophique. Étant donné la quantité de poussières et de gaz qui serait alors émise, une telle éruption abaisserait de 5 °C les températures mondiales, provoquerait des terribles famines et précipiterait peut-être même une nouvelle glaciation.

Le dioxyde de soufre émis par un volcan réagit parfois avec l'humidité atmosphérique de telle sorte que se forme un smog volcanique, ou « vog ». Ce phénomène a été étudié à Hawaii, où le Kilauea est actif depuis des décennies. Les problèmes respiratoires y sont aggravés, on note une corrosion des métaux et l'agriculture… souffre. L'eau qui alimente de nombreuses habitations de l'île est contaminée par le plomb provenant des toits et des canalisations, sous l'effet des chutes de pluies acides.

MAÎTRISER ET MODIFIER LA MÉTÉO

Énergies renouvelables

Les hommes utilisent depuis des millénaires le Soleil, l'eau et le vent pour se chauffer, pour se déplacer, pour cultiver, pour produire… L'île grecque de Karpathos recourt depuis des siècles aux moulins à vent. Le spectacle d'autres moulins à vent, dans de nombreuses contrées des Pays-Bas, est une image emblématique de la culture hollandaise.

Alors que l'avenir des réserves de combustibles fossiles se fait plus précaire et que croît l'inquiétude suscitée par la pollution, nous en revenons à l'idée d'employer des énergies « renouvelables ». Les techniques de production d'énergie solaire, éolienne et hydroélectrique font de grands progrès et prennent de plus en plus d'importance. Naturellement, elles sont liées aux phénomènes météorologiques.

Si l'on veut produire assez d'énergie solaire pour assurer efficacement chauffage ou production d'électricité, il est nécessaire de bénéficier d'un ciel dégagé et d'une insolation importante et régulière. C'est pourquoi la production à grande échelle dans ce domaine est encore limitée à des régions telles que la Californie ou le Midi de la France.

L'efficacité de l'énergie éolienne repose pour sa part sur des vents à la fois forts et réguliers, ce qui là encore limite son emploi effectif à des contrées venteuses comme l'Europe septentrionale. Les champs d'éoliennes sont souvent jugés inesthétiques, aussi le choix des sites doit-il s'effectuer avec soin pour réduire l'impact environnemental perçu.

De même, l'hydroélectricité ne peut être produite que là où les précipitations (sous forme de pluie ou de neige) sont suffisamment abondantes et régulières pour maintenir des niveaux d'eau adéquats dans les lacs-réservoirs. La création de grandes centrales hydroélectriques nécessitent que de vastes étendues de terres soient noyées à jamais, ce qui perturbe l'environnement et entraîne souvent le déplacement de milliers de personnes.

Aucune de ces techniques ne crée de pollution au sens habituel du terme, mais les effets visuels sont souvent très mal ressentis. Les éoliennes, visibles de loin, tendent à être installées dans des secteurs écologiquement sensibles, ce qui engendre des conflits entre les écologistes et les promoteurs des fermes éoliennes. Nul ne sait quels sont les effets des panneaux solaires sur les milieux désertiques, mais leur impact visuel ne fait pas de doute.

Malgré ces évidents inconvénients et les controverses immanquablement soulevées, il ne fait guère de doute qu'à l'avenir la production d'énergie sera de plus en plus dépendante de facteurs météorologiques et climatiques.

En haut : le Mya-17 Stratofera est un avion russe conçu avant tout pour la photographie cartographique et la lutte contre la grêle. Dans ce second rôle, l'appareil ensemence les nuages d'orage de petits cristaux, ce qui amène le nuage à libérer sa pluie ou sa grêle avant d'atteindre les zones de cultures où les grêlons risqueraient de causer de graves dégâts. Les organismes russes de surveillance de l'environnement affirment aussi que le Mya M-17 serait capable d'emporter des générateurs d'ozone en haute altitude pour qu'ils y « rapiècent » les trous de la couche d'ozone.

Ci-dessus : des nuages en enclume, chargés de pluie et de grêle. De telles formations nuageuses sont le signe annonciateur d'un orage imminent.

Page ci-contre : les hommes emploient depuis des siècles les moulins à vent pour tirer partie de l'énergie contenue dans les éléments.

L'ensemencement de nuages

En 1946, une expérience fut menée aux États-Unis, dans le Massachusetts, pour voir s'il était possible d'accroître l'abondance des précipitations. Un avion « ensemença » un nuage en y introduisant de la glace sèche (du dioxyde de carbone gelé, solide), ce qui fut suivi d'une chute de neige. Plus tard, on découvrit que l'iodure d'argent possédait les mêmes effets ; on emploie aussi ces particules, désormais.

Dans les régions du monde où les précipitations sont faibles et les populations en forte croissance, tous les moyens permettant d'accroître les apports d'eau sont bienvenus.

Pour que l'ensemencement des nuages soit applicable, il faut qu'existent des nuages contenant de l'eau en surfusion (soit de l'eau restée liquide au-dessous de 0 °C). Une substance telle que l'iodure d'argent ou la glace sèche (dont la structure est voisine de celle de la glace) alors introduite dans le nuage déclenche un processus de congélation. Les particules de glace qui se forment dans les nuages en surfusion croissent au détriment des gouttelettes d'eau et deviennent assez lourdes pour tomber sous forme de pluie.

En général, les particules d'ensemencement des nuages sont dispersées par des avions ou au moyen de dispositifs de dispersion au sol. Depuis les premières expériences des années 1940, la technique a été employée dans de nombreuses régions de la planète, et notamment, à très grande échelle, en Chine – où des fusées sont lancées dans l'atmosphère pour accroître la quantité de pluie tombant sur des contrées arides du pays ainsi que sur la capitale, Pékin. Aux États-Unis, l'ensemencement est pratiqué pour humidifier les secteurs arides, pour diminuer la taille des grêlons qui se forment lors des orages et pour atténuer les brouillards aux abords des aéroports. Parfois, on s'en sert également pour augmenter l'enneigement des stations de ski, et même pour des expériences visant à modifier la structure des ouragans. Mais ces expériences ont récemment été abandonnées, eu égard aux inquiétudes manifestées dans les zones voisines qui redoutaient d'être davantage exposées à l'ouragan qu'elles ne l'étaient avant l'ensemencement.

Ci-dessus : miroirs solaires paraboliques de la centrale hélioélectrique de White Cliffs, en Australie. Chacun de ces miroirs concentre le rayonnement solaire vers un générateur thermoélectrique placé en son foyer. Un ordinateur oriente les paraboles de telle sorte qu'elles restent face au soleil tout au long de la journée.

Page ci-contre : les panneaux solaires installés sur les toits collectent l'énergie solaire pour chauffer les réservoirs d'eau de chacun de ces bâtiments de Stettlen, dans le canton de Berne, en Suisse. Ces dispositifs, qui économisent l'énergie et réduisent les coûts de chauffage, évitent d'avoir à employer des énergies plus polluantes, notamment l'emploi de combustibles fossiles.

Ci-contre : un automobiliste téléphone d'un poste d'appel d'urgence. Le panneau solaire (bleuté, en haut, à gauche) convertit l'énergie des rayons du soleil en électricité afin d'alimenter le téléphone utilisé pour appeler les secours ou une dépanneuse en cas d'incident. Le signal est transmis par l'antenne placée au-dessus du panneau solaire.

L'énergie solaire

Les hommes emploient depuis des millénaires l'énergie solaire sous sa forme la plus simple, pour faire sécher vêtements et récoltes. Or depuis quelque temps, des techniques modernes nous aident à exploiter l'énergie solaire presque n'importe où, jusque sous des latitudes élevées. Les héliocentrales de grande envergure ne sont encore implantées que sous des latitudes plus modérées, où les rayons du soleil sont plus intenses et la couverture nuageuse moindre – l'insolation et la quantité de rayonnement solaire reçues y sont assez importantes pour permettre la production de chaleur (pour chauffer l'eau) ou d'électricité.

On recense trois méthodes principales. La première consiste à recourir à des cellules solaires (ou photopiles solaires, ou cellules photovoltaïques), qui transforment la lumière en chaleur. Cette technique, employée dans les régions ensoleillées, reste coûteuse et n'est pas encore largement employée à des fins domestiques.

Le chauffage de l'eau par des panneaux solaires est plus souvent utilisé. Ces panneaux utilisent l'énergie solaire pour chauffer l'eau d'une maison. Ce système, relié au chauffage central, est un appoint précieux.

Troisième technique, celle des fours solaires (ou héliodynes), constitués d'un ensemble de miroirs qui concentrent les rayons du soleil afin de produire des températures très élevées. Le four solaire d'Odeillo, dans les Pyrénées-Orientales, en France, permet ainsi d'atteindre la température record de 3 500 °C. En Californie, la centrale Solar One, qui opère d'une manière similaire, utilise la chaleur pour produire de la vapeur et générer ainsi de l'électricité.

Les avantages de la conversion thermodynamique par concentration sont évidents, mais il existe aussi des inconvénients : la nuit, il n'y a pas de soleil et donc pas de production d'énergie. Lorsque le temps est nuageux ou sous les hautes latitudes, l'énergie produite est insuffisante pour des usages intensifs.

Malgré cela, l'on peut espérer que dans un avenir plus ou moins proche la plupart des logements pourront bénéficier de l'une ou l'autre des techniques précitées, afin de compléter ou même de remplacer les sources d'énergie plus conventionnelles.

Ci-dessus : moulins éoliens à axe vertical de type Darrieus – du nom du Français Georges Darrieus, inventeur de ce concept en 1931. Chacune de ces éoliennes comporte quatre pales incurvées, fixées à chacune de leurs extrémités à un pilier vertical autour duquel elles tournent. Le matériel lourd (notamment les engrenages et les générateurs) peut être placé près du sol, ce qui réduit les besoins de structures de support des éoliennes. De plus, celles-ci fonctionnent dès lors qu'il vente, quelle que soit la direction du vent. Toutefois, ces moulins éoliens ne peuvent démarrer par leurs propres moyens, et sont par ailleurs vulnérables aux vents violents. Ces éoliennes, propriété de Sustainable Energies Technologies, font partie d'une centrale expérimentale de 1,5 MW implantée à Pincher Creek, dans l'Alberta, au Canada.

L'énergie éolienne

La vision de moulins à vent aux Pays-Bas, en Espagne ou en Grèce revêt un caractère charmant mais quelque peu désuet. Ces édifices montrent néanmoins combien le vent a constitué une source d'énergie précieuse par le passé, et laissent deviner combien il pourrait se révéler important dans l'avenir.

Les premiers moulins à vent étaient munis d'ailes entoilées pour faire tourner un rotor relié à des rouages. Ces moulins entraînaient des meules de pierre qui, en pivotant, broyaient les céréales pour les réduire en farine. Certains moulins actionnaient des soufflets de forge. Ces dispositifs traditionnels sont encore employés dans de nombreuses contrées.

Les fermes éoliennes modernes sont différentes. Leurs éoliennes, dont les plus grandes mesurent près de 100 m de hauteur pour une envergure quasiment identique, produisent un fort impact visuel. Une éolienne est un générateur de courant électrique monté au sommet d'une tour (ou d'un pylône). Le vent fait tourner les pales du rotor autour d'un moyeu relié à un générateur. L'impopularité des éoliennes auprès des défenseurs de l'environnement vient du danger qu'elles représentent pour les oiseaux migrateurs, cependant que les personnes vivant à proximité se plaignent du bruit. Par ailleurs, le fonctionnement des éoliennes est directement dépendant du vent : s'il n'y a pas de vent, elles ne produisent pas d'électricité ; si le vent est trop fort, on ne peut les faire fonctionner, par mesure de sécurité. Il faut installer de nombreuses éoliennes pour qu'une ferme soit rentable ; de plus, le problème du stockage de l'électricité se pose.

En 2005, l'énergie éolienne ne représentait que 1 % de l'énergie totale produite, mais au Danemark le chiffre était de 33 %, en Espagne de 8 %. Le secteur de l'énergie électrique d'origine éolienne est en forte croissance (il a plus que quadruplé entre 1999 et 2005). La prolifération de fermes éoliennes sur les côtes européennes orientées à l'ouest (et donc battues par les vents dominants) témoigne de l'immense potentiel de cette source d'énergie, dont l'emploi est pris de plus en plus au sérieux.

En raison de la nature controversée des sites terrestres, de nombreuses fermes éoliennes offshore ont été construites ou sont en cours d'implantation. Les petites éoliennes à usage domestique, de plus en plus efficaces et économiques, se répandent aussi.

Ci-dessus : deux types d'éoliennes expérimentales à axe vertical, à Burry Port, au pays de Galles. Contrairement aux éoliennes à axe horizontal, celles-ci ne nécessitent pas d'être réalignées en fonction des variations de direction des vents, et le générateur n'est pas obligatoirement placé au sommet du pylône.

Ci-dessous : les grandes ailes du moulin à vent traditionnel exploitent l'énergie du vent en faisant tourner les mécanismes abrités à l'intérieur, ce par le biais d'un système de rouages. L'un des talents du meunier résidait dans son habileté à régler les pales de façon que le moulin tourne à une allure relativement régulière.

Ci-contre : les silhouettes de ces grandes éoliennes modernes se découpent dans le couchant, au-dessus de la jetée d'un port. Chaque éolienne comporte trois pales qui tournent autour d'un moyeu horizontal, entraînant un arbre qui transmet l'énergie à un générateur électrique. Les pales doivent être orientées face au vent pour fonctionner efficacement. Les éoliennes constituent une source d'énergie écologique, dans la mesure où elles ne dégagent pas de substances toxiques et ne sont pas alimentées au moyen d'énergies fossiles non renouvelables.

Ci-dessous : les fermes éoliennes peuvent être implantées sur terre ou offshore. Les sites offshore nécessitent des conditions maritimes relativement stables mais la mer doit bénéficier de vents assez forts et réguliers ; ce type d'implantation permet de placer les éoliennes à l'écart des zones habitées, ce qui limite les nuisances sonores.

L'hydroélectricité

L'hydroélectricité est la plus courante des méthodes de production énergétique faisant appel à l'eau. L'énergie de l'eau est utilisée depuis des siècles. La première maison à avoir été alimentée en hydroélectricité le fut en 1878 au Royaume-Uni (Cragside House) ; en 1882, la Fox River, aux États-Unis, produisait assez d'énergie pour alimenter une maison et deux fabriques de papier. De nos jours, les installations hydroélectriques sont de plus grande ampleur – elles nécessitent la construction de barrages retenant d'énormes volumes d'eau dans des lacs-réservoirs.

Une fois en place, la production d'hydroélectricité est sûre et non polluante. Cependant, la phase de construction apporte de grands bouleversements dans l'environnement et la vie des populations : des villages, des villes même parfois, se trouvent irrémédiablement noyés, et la faune locale voit son habitat détruit.

L'énergie hydroélectrique ne représente qu'une petite partie de l'énergie totale produite dans le monde (2 % au Royaume-Uni, 10 % en France), mais dans les pays bénéficiant de précipitations abondantes et de sites appropriés, la part de l'énergie hydroélectrique peut être significative.

Le barrage des Trois-Gorges, en Chine, est sans doute le plus célèbre mais aussi le plus controversé des programmes actuels de production hydroélectrique dans le monde. Les travaux ont commencé en 1993 sur le Yangzi Jiang, près de Yichang, et la production commerciale d'électricité a commencé dès 2003. La puissance installée d'environ 18 gigawatts devrait permettre, lorsque la production atteindra son rythme de croisière, en 2009, de répondre pour une part importante aux besoin énergétiques en croissance de la Chine. On pensait initialement que le barrage des Trois-Gorges représenterait 10 % de la capacité installée en Chine, mais la croissance économique du pays a été si extraordinaire que cette part ne sera en fait que de 3 % environ. La navigation sur le Yangzi en sera améliorée et les risques d'inondations en aval, réduits – mais le barrage a posé et pose encore de multiples problèmes aux populations locales. Près de deux millions de personnes ont été déplacées, leurs maisons et leurs terres étant noyées par la création de l'immense lac-réservoir (d'une superficie de plus de 1 000 km^2). L'habitat d'espèces rares comme le dauphin d'eau douce chinois a également disparu à jamais ; cette espèce a certainement été frappée d'extinction, ainsi que d'autres.

Ci-dessus : le barrage de Grand Coulee, dans l'État de Washington. Les pays qui tirent le meilleur parti de l'hydroélectricité sont ceux qui bénéficient d'abondantes précipitations. Les États-Unis et le Canada figurent parmi ceux qui possèdent la plus grande capacité hydroélectrique installée. L'énergie hydroélectrique est souvent produite par la construction d'un barrage ; on fait passer l'eau dans des turbines couplées à des générateurs d'électricité. Une centrale hydroélectrique peut accroître rapidement sa production, il suffit de laisser passer plus d'eau. C'est pourquoi les centrales de ce type sont souvent utilisées lors des pics de charge de consommation.

Page ci-contre : ce moulin est équipé depuis 1888 d'une turbine permettant une production d'hydroélectricité. Les techniques d'utilisation de l'énergie contenue dans l'eau en mouvement sont très anciennes, puisqu'elles datent au moins de l'Antiquité.

Ci-contre : funiculaire à contrepoids d'eau du Center for Alternative Technology, au pays de Galles ; sa motricité est assurée par les 1 500 l d'eau emmagasinés dans la soute du wagon descendant.

LES CLIMATS DU FUTUR

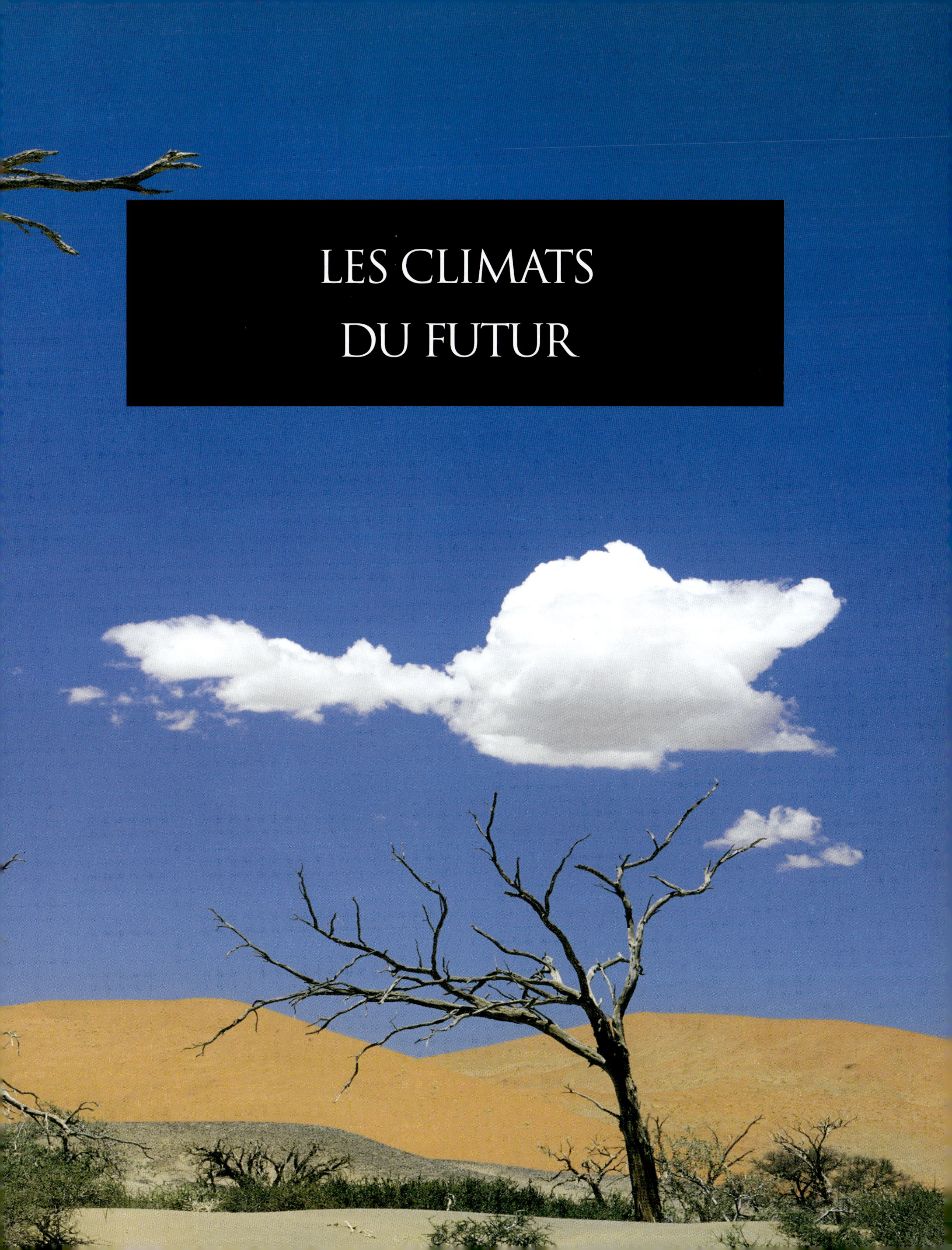

Le changement climatique

L'atmosphère connaît un cycle de changements permanents mais très lents. Il existe maintes traces des variations climatiques du passé : montagnes et vallées glaciaires, dunes de sable, indices géologiques tels que les gisements de fossiles de charbon (vestiges d'anciennes forêts tropicales)… L'idée que le climat soit appelé à changer à l'avenir n'a donc rien de très surprenant.

On a toujours envisagé les changements climatiques comme des phénomènes lents et progressifs. On pense que la dernière glaciation s'est achevée il y a 10 000 ans, et qu'il a fallu de longs siècles pour que les glaces se retirent. Il y a peu, on estimait que des fluctuations climatiques s'étaient produites au cours de laps de temps plus brefs, de 30 à 100 ans, mais qu'elles s'effectuaient autour d'une norme similaire à celle qui existe depuis 4 000 ans.

Depuis quelques années cependant, de sérieux doutes sont émis au sujet de ces hypothèses, et les changements climatiques sont désormais sources d'inquiétude à l'échelle internationale. L'une des principales questions concerne la responsabilité des activités humaines dans le changement climatique, mais surtout dans le rythme de ce changement. De plus, on perçoit aujourd'hui que les changements climatiques du passé se sont produits bien plus vite qu'on ne le pensait – en l'espace d'un siècle ou moins sans doute, et non de nombreux siècles ou millénaires.

La plus grande préoccupation actuelle porte sur l'éventualité que ces changements puissent conduire à une augmentation significative des températures mondiales. Des recherches récentes donnent à penser que la température moyenne de la Terre s'est élevée de 0,5 °C depuis 1960, et de 0,6 °C depuis le début de la révolution industrielle. Les inquiétudes soulevées par les effets du réchauffement planétaire se sont immanquablement accrues depuis quelques années. Des gouvernements ont signé des traités tels que le protocole de Kyoto (en 1997) et mené des discussions dans le cadre de conférences comme celle de Bonn en 2006 ou de Bali en 2007, dans le but de limiter les quantité de gaz à effet de serre émises dans l'atmosphère – et, partant, de réduire les risques liés aux changements climatiques à venir.

Ci-contre : nuages stratosphériques polaires (ou PSC, pour Polar Stratospheric Clouds) de type II, vus au-dessus de l'Arctique depuis un DC-8 de recherche de la NASA. Les PSC II, très lumineux, constitués de cristaux de glace, sont à une altitude d'environ 15 000 m. Ils présentent une structure en « vagues », due aux effets des montagnes sur les vents qui causent le déplacement des nuages. Les nuages stratosphériques polaires se trouvent dans les vents circumpolaires tourbillonnants, autour des pôles boréal et austral. Les PSC de type I, faits de cristaux d'acide nitrique, ont été associés aux processus chimiques qui provoquent la diminution des couches d'ozone au-dessus des régions arctiques et antarctiques.

Les pluies acides

Dans les années 1970 et 1980, les pays scandinaves subirent de lourds dommages : les forêts dépérissaient et les lacs, les cours d'eau et les sols devenaient de plus en plus acides. L'on pensa que la mort des arbres était elle aussi due à la très forte acidité des pluies. On rendit responsables de ce phénomène les pays situés plus au sud qui brûlaient depuis des décennies des combustibles fossiles. Les vents de sud-ouest avaient chassé les gaz nocifs vers les pays scandinaves, où ils étaient retombés sous forme de pluies acides.

Le terme de « pluies acides » est assez vague, puisqu'il peut désigner des dépôts aussi bien secs qu'humides, ayant en commun une concentration anormalement élevée d'acides nitrique et sulfurique. Ceci peut être d'origine naturelle, en cas d'une éruption volcanique par exemple, mais les problèmes évoqués sont ceux qui découlent des activités humaines. Les combustibles fossiles tels que le charbon dégagent en brûlant des gaz tels que le dioxyde de soufre et le dioxyde d'azote. Ces gaz réagissent dans l'atmosphère avec la vapeur d'eau, l'oxygène et d'autres substances chimiques pour donner divers composés acides – ce qui a pour conséquence la présence d'acides sulfurique ou nitrique dans la pluie, la brume, la neige…

La forme sèche se rencontre quand le dioxyde de soufre et le dioxyde d'azote sont libérés au cours de la combustion puis poussés vers d'autres contrées et d'autres pays par les vents dominants. On estime que cette forme sèche représente la moitié de toute l'acidité de l'atmosphère. Ces substances se répandent dans les sols aussi bien que dans les lacs et les cours d'eau. Celles qui se retrouvent sur la végétation sont ensuite entraînées par les pluies, ce qui acidifie l'eau.

En haut à gauche : les cheminées d'une usine de nickel crachent leurs fumées dans l'atmosphère à Norilsk, en Sibérie. Les émanations sulfurées se déposent aux alentour de l'usine sous la forme d'une fine poussière qui empoisonne la faune. Les oxydes de soufre, une fois dissous dans l'humidité atmosphérique, sont l'une des causes majeures des pluies acides.

Ci-contre : une forêt de conifères du mont Mitchell, en Caroline du Nord (États-Unis), aux arbres rongés par les pluies acides. Les arbres, et plus particulièrement les conifères, sont extrêmement vulnérables face aux pluies acides, qui tendent à provoquer un dépérissement terminal.

Les effets des pluies acides

Les pluies acides ne tuent pas directement les arbres, mais les affaiblissent en endommageant leurs feuilles – de sorte qu'ils ne peuvent plus accéder aisément aux nutriments. L'eau acide entraîne éléments nutritifs et minéraux solubles dans les profondeurs du sol, où les racines des plantes ne peuvent les atteindre.

Les pluies acides ont aussi des effets délétères sur les édifices en matériaux alcalins, comme le calcaire. La cathédrale Saint-Paul de Londres, chef-d'œuvre de Christopher Wren, est faite d'un calcaire parfois appelé marbre de Purbeck pour sa superbe apparence. Malheureusement, l'acidité croissante qui caractérise l'atmosphère londonienne a exercé ses ravages sur la pierre : on estime que les pluies acides et les composés acides secs qui tombent sur la cathédrale ont pour effet de dissoudre l'équivalent d'un plein seau de pierre par jour. Les chevilles de plomb utilisées lors de la construction ressortent désormais de plusieurs centimètres à la surface de la cathédrale, ce qui traduit bien le rythme rapide de l'usure subie depuis son édification. Des effets comparables de l'acidification de l'atmosphère se remarquent sur de nombreuses églises et sur d'autres bâtiments publics, ainsi que sur les pierres tombales.

Les effets des nuisances acides sur la santé sont souvent négligés, et pourtant dangereux. Le problème réside dans les composés polluants tels que les dioxydes de soufre et d'azote dans l'air plus que dans l'eau de pluie. Ces gaz interagissent dans l'atmosphère pour donner de fines particules de sulfates et de nitrates qui pénètrent profondément dans les poumons de ceux qui les inhalent. De nombreuses études scientifiques indiquent l'existence de liens entre l'accroissement des cas de diverses affections et l'élévation des taux de particules fines, et même des décès dus à des troubles cardiaques ou pulmonaires (asthme et bronchite, notamment).

Les oxydes d'azote interagissent aussi avec des composés organiques volatils pour constituer de l'ozone, aux effets néfastes sur la santé – on note une augmentation des risques associés aux affections pulmonaires, asthme et emphysème en particulier.

En haut : ces reliefs qui ornent la façade de l'église St Bartholomew, à Manhattan (New York), ont été gravement endommagés par des années de pollution et de pluies acides.

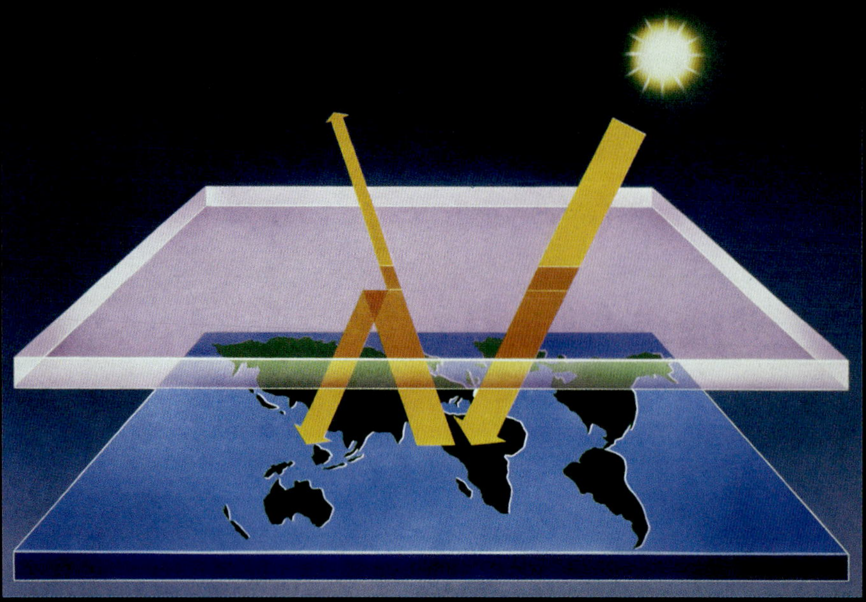

L'effet de serre naturel

Ci-dessus : illustration de l'effet de serre. L'accumulation de certains gaz dans la basse atmosphère (troposphère) retient une quantité accrue de rayonnement solaire et entraîne un réchauffement progressif de toute la planète. Ici, une troposphère polluée est représentée par la surface violette, qui ne permet le renvoi vers l'espace que d'une petite fraction de l'énergie solaire (flèches jaunes) réfléchie par la surface de la Terre.

Ci-dessous : représentation schématique de la composition chimique de l'air.

Composition de l'air

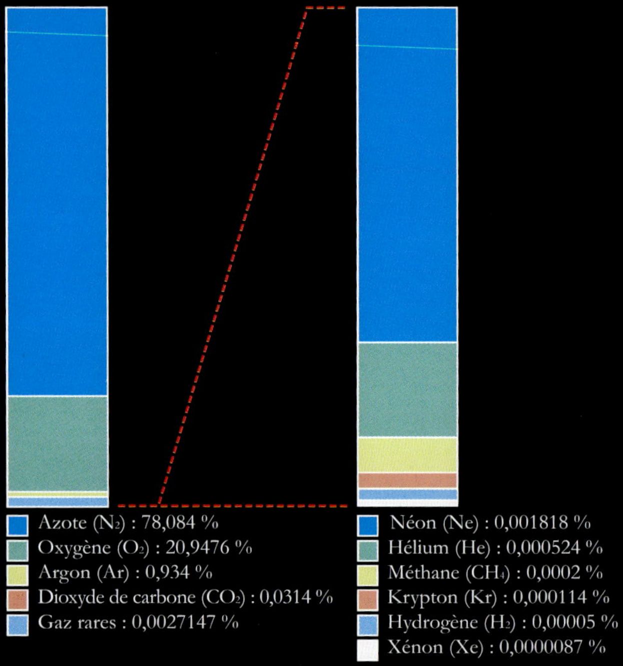

La Terre est rendue propice à la vie par des gaz à effet de serre tels que l'ozone, le dioxyde de carbone et le méthane. Ces gaz absorbent les rayonnements infrarouges et réchauffent la planète, ce qui permet aux hommes et à d'autres espèces de l'occuper. Lorsque l'équilibre des gaz à effet de serre se modifie sous l'effet des activités humaines, il se produit un accroissement de l'effet de serre, notion pour la première fois démontré par le mathématicien et physicien français Joseph Fourier, en 1824. la Terre reçoit de l'énergie du Soleil sous forme de radiations, dont une grande partie (70 % environ) est absorbée par les terres, l'atmosphère et l'eau à la surface de la Terre ; une forte proportion de ces radiations sont finalement renvoyées vers l'espace. Quelque 30 % de l'énergie reçue sont réfléchis vers l'espace avant d'avoir atteint le sol. Ce cycle régulier assure l'équilibre de la « machine Terre ». Que cet équilibre soit perturbé, et la Terre risque de se refroidir ou de se réchauffer. Les fluctuations mineures font partie du processus normal – ce sont donc les menaces de déséquilibres majeurs qui font peser de lourdes inquiétudes.

Les principaux gaz à effet de serre sont la vapeur d'eau, le méthane, l'oxyde nitreux et le dioxyde de carbone, une contribution significative étant apportée par l'ozone et les chlorofluorocarbures. Conséquence de ces processus, la surface de notre planète se maintient à une température moyenne d'environ 15 °C. Sans effet de serre, elle serait plus proche de -18 °C, ce qui serait beaucoup trop froid pour permettre la vie. L'atmosphère tient la Terre au chaud d'une façon comparable – mais non identique – à celle dont une serre tient des plantes au chaud.

Le renforcement de l'effet de serre

Depuis la révolution industrielle, il s'est produit un fort accroissement de la quantité de dioxyde de carbone, d'oxyde nitreux et de méthane présente dans l'atmosphère. Des données récemment transmises par l'observatoire de Mauna Loa donnent à penser que les niveaux de CO_2 sont passés de 313 ppm (parties par million) en 1960 à 375 ppm en 2005.

Des modèles climatiques planétaires suggèrent que l'accroissement des taux de CO_2 serait responsable d'un réchauffement de l'atmosphère terrestre qui serait de 0,6 °C depuis 150 ans, dont 0,5 °C depuis 1960. Une masse d'informations actuellement collectée tend à prouver que les activités humaines sont responsables de ce réchauffement, même si la question suscite encore des controverses.

En haut à droite : manchots Adélie sur l'île de Torgersen, en Antarctique. Cette partie de l'Antarctique s'est davantage réchauffée que toute autre contrée du monde depuis 30 ans que les scientifiques étudient ces manchots. En conséquence, la banquise recule et les chutes de neige sont plus abondantes, de sorte que les manchots Adélie ont de plus en plus de difficultés à nicher et à trouver de la nourriture.

Ci-contre : Un ballon-météo gonflé à l'hélium sert à emporter dans les airs une sonde chargée de détecter l'ozone de l'atmosphère. Les mesures, transmises par radio à une station implantée à terre, sont exploitées dans le cadre de l'étude de la diminution de la couche d'ozone.

La couche d'ozone

L'ozone permet l'existence de l'humanité, et pourtant elle peut rendre cette existence très difficile. L'ozone, un gaz constitué d'atomes d'oxygène, peut être présent partout dans l'atmosphère mais se concentre surtout dans la stratosphère, à 20 km et plus au-dessus de la surface de la Terre. Sous certaines conditions atmosphériques, il peut aussi apparaître près du sol. Si l'oxygène sous sa forme normale est constitué de deux atomes, l'ozone en compte trois (d'où sa formule chimique : O_3). De couleur parfois bleu pâle, il dégage une odeur puissante ; l'ozone est également très toxique.

Au sein de la stratosphère, là où il est le plus abondant, l'ozone forme une barrière protectrice contre les rayons ultraviolets, potentiellement nocifs, venus du Soleil. Dans certaines circonstances et sous certaines longueurs d'ondes, le Soleil crée des rayons UVB susceptibles de causer des cancers de la peau. Dans ce cas, l'ozone, qui est pourtant parfois un irritant, joue un rôle crucial dans le bien-être des espèces vivantes de notre planète.

Ci-contre : illustration réalisée par ordinateur montrant la couche d'ozone. Les molécules d'oxygène (O_2, en haut, à gauche) sont frappées par des photons à haute énergie, ce qui provoque leur éclatement en deux atomes d'oxygène (photodissociation de l'oxygène). Les atomes d'oxygène individuels (O) peuvent ensuite se combiner avec des molécules d'oxygène (O_2) pour créer de l'ozone (O_3, au centre). Les molécules d'ozone absorbent les rayons UV (faisceaux violets), ce qui provoque l'éclatement de l'ozone en une molécule d'oxygène et un atome d'oxygène, qui peuvent ensuite se recombiner pour donner encore de l'ozone.

Ci-dessous : jusqu'à une époque récente, de nombreux aérosols utilisaient pour gaz propulseurs des chlorofluorocarbures (CFC).

La perte d'ozone

À la fin des années 1970, des scientifiques du British Antarctic Survey (BAS) ont découvert que la quantité d'ozone stratosphérique avait diminué de manière très significative au-dessus du continent antarctique. Le « trou dans la couche d'ozone » s'ouvre périodiquement au printemps antarctique pour se refermer quelques mois plus tard. Les recherches menées dans l'Arctique ont mis en évidence un schéma similaire.

On s'est rendu compte que le responsable de ce phénomène était un groupe de substances chimiques, les chlorofluorocarbones (CFC), employées comme réfrigérants et gaz propulseurs pour les aérosols, mais aussi dans les appareils de climatisation, les solvants de nettoyage et les matériaux d'emballage tels que le polystyrène. Les CFC atteignent la haute atmosphère, où ils réagissent avec la lumière du soleil pour produire du monoxyde de chlore – gaz très réactif jouant un rôle majeur dans le cycle catalytique destructeur de l'ozone.

En 1985, le protocole de Montréal fut signé par 49 pays, à l'issue d'une convention des Nations unies visant à faire cesser l'emploi des CFC. En 1989, l'Union européenne proposa une interdiction totale de l'usage des CFC. Les recherches se sont poursuivies – en 1991, la Nasa lança un satellite pour mesurer les variations des taux d'ozone à différentes altitudes, pour fournir une image plus complète de la situation.

Bien que les quantités de CFC présentes dans l'atmosphère aient été réduites de façon spectaculaire, le problème persiste : ces produits ont une durée de vie importante (plus de 80 ans), aussi les dégâts subis par la couche d'ozone risquent-ils de durer longtemps. Cela signifie que la Terre est exposée à bien plus de rayonnement UV qu'il n'est nécessaire. On craint que cela n'accroisse l'incidence des cancers de la peau comme des cataractes, et ne réduise l'efficacité du système immunitaire. La photosynthèse des plantes et la croissance du phytoplancton dans les océans pourraient également en être affectées, ce qui par contrecoup atteindrait les écosystèmes marins.

Page ci-contre, en haut : illustration réalisée par ordinateur montrant la sévère diminution (ou « trou ») de la couche d'ozone au-dessus de l'Antarctique (masse blanche). La couche d'ozone est présente à une altitude comprise entre 14 et 24 km, mais se concentre plus particulièrement entre 17 et 21 km (en blanc). Le trou laisse passer les rayons ultraviolets (en violet). Les altitudes sont représentées par un Boeing 727 (volant à 12 km), un Concorde (15 km) et l'appareil de recherche ER-2 (18 km) utilisé par la Nasa pour étudier le trou. Celui-ci a fait son apparition pour la première fois en 1980, puis s'est agrandi chaque année. Il s'agit d'un phénomène saisonnier, qui se dessine durant le printemps antarctique.

Ci-contre : réfrigérateurs et congélateurs en attente de recyclage dans un centre de traitement des ordures ménagères. On retire les compresseurs, les réfrigérants et la mousse polyuréthane de ces appareils avant de les broyer et de les vendre à la ferraille. Les réfrigérants et la mousse contiennent des chlorofluorocarbones (CFC), gaz nocifs qui détruisent la couche d'ozone et retiennent la chaleur dans l'atmosphère, ce qui contribuerait à l'effet de serre.

La basse atmosphère

L'ozone est présent à proximité du sol, dans les basses couches de l'atmosphère. Bien qu'il s'agisse d'un gaz toxique, on considère qu'il ne présente pas de danger si son taux ne dépasse par les 30 ppb (parties par milliard). Diverses activités humaines sont responsables d'un accroissement de la quantité d'ozone présente au niveau du sol, qui atteint par endroits des niveaux dangereux pour la santé des hommes.

L'ozone de la basse atmosphère pose problème aux personnes atteintes d'affections respiratoires telles que l'asthme – surtout chez les personnes âgées et les jeunes enfants. Ce gaz est donc surveillé et, quand des seuils critiques sont atteints, des alertes sont émises à l'intention des groupes les plus vulnérables.

L'ozone nuit à la santé des hommes, mais aussi des animaux et de la végétation ; on pense qu'il abîme le caoutchouc, les matières plastiques, les teintures, le nylon et les peintures. Le coût de la réfection d'édifices contenant ces matières est colossal.

L'ozone de la basse atmosphère contribue à la formation de pluies acides et au renforcement de l'effet de serre ; il joue un rôle dans l'apparition du smog photochimique. L'ozone est un produit dérivé de la combustion des sources d'énergie fossiles. Des polluants tels que les hydrocarbures et les oxydes d'azote réagissent avec la lumière solaire pour produire de l'ozone. Le smog photochimique est un polluant complexe parfois engendré quand une telle réaction s'effectue sous une forte lumière solaire, ce qui rend le problème particulièrement aigu dans des zones urbaines au fort ensoleillement (en Californie, par exemple), ce plus encore à la « belle saison ». Sous l'effet des vents dominants, les polluants d'origine urbaine sont emportés vers les zones rurales.

Ci-dessous : pollution atmosphérique photochimique à Singapour. Ce smog résulte de la réaction des hydrocarbures et des oxydes d'azote (provenant principalement des échappements automobiles) en présence de la lumière du soleil. Cette pollution réduit la visibilité, nuit aux plantes et irrite les yeux.

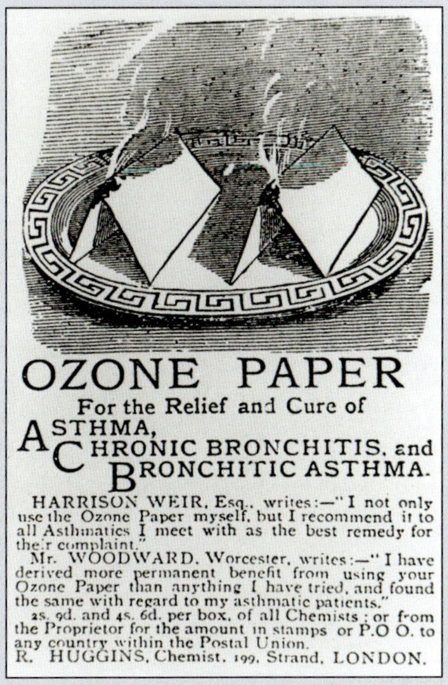

Ci-dessus : site de recherche sur la pollution à l'ozone. Pour étudier les effets polluants de l'ozone (O_3) et du dioxyde de carbone (CO_2) sur les arbres, on pompe du O_3 et du CO_2 dans l'air à partir de tuyaux verticaux de 2,50 m de haut. Les arbres subissent les effets délétères de l'ozone, gaz polluant issu de réactions chimiques entre oxygène et substances polluantes de la basse atmosphère. L'on s'attend à ce que les niveaux d'ozone s'élèvent parallèlement à l'accroissement de l'industrialisation et des températures. Quand au dioxyde de carbone, il favorise la croissance des plantes, mais l'ozone tend à réduire ses quantités.

Ci-contre : réclame des années 1880 pour un papier censé produire en brûlant une fumée à forte teneur en ozone. On prétendait que l'inhalation de cette fumée soulageait les symptômes de l'asthme et de la bronchite, voire guérissait ces affections. Or, l'ozone, qui est une forme d'oxygène, ne se produit pas par combustion du papier ; de plus, il s'agit d'un gaz toxique pour les êtres humains.

Ci-dessus : vue aérienne du bord de la banquise du Groenland. L'étendue des glaces varie au fil des saisons, mais une vaste portion des régions les plus au nord demeurent en permanence sous les glaces.

Réchauffement planétaire : les preuves

Il ne faudrait pas croire qu'un ou deux étés torrides ou hivers très froids puissent signifier l'avènement de changements climatiques de grande ampleur, mais une masse croissante d'indices donnent à penser que ces événements, pour inhabituels qu'ils soient, s'inscrivent toutefois dans une nette tendance. En 2001, le GIEC (Groupe intergouvernemental d'experts sur l'évolution du climat), créé en 1998, prédisait que les températures connaîtraient une élévation de 1,4 °C et 5,8 °C avant la fin du XXIe siècle, et déclarait que la majeure partie du réchauffement observé au cours des 50 dernières années était sans doute attribuable aux activités humaines. C'était la première fois que cet organisme (qui en 2007 se verrait attribuer le prix Nobel de la paix) établissait ainsi un lien entre changement climatique et activités humaines.

Les températures mondiales ont augmenté de 0,6 °C au cours des 150 ans écoulés, la majeure partie de cette augmentation ayant eu lieu depuis les années 1960. Les années 1990 furent les plus chaudes et 1998 a connu les températures les plus élevées depuis que des mesures fiables sont enregistrées, soit depuis les années 1860. Les dix années les plus chaudes sont postérieures à 1987, et neuf d'entre elles à 1990. Au Royaume-Uni, l'année 1995 a vu le plus grand nombre de jours chauds pour ce pays (26 jours au-dessus de 20 °C) en 225 ans de relevés quotidiens. Le nombre total de jours froids (température moyenne inférieure à 0 °C) par an était compris entre 15 et 20 jusqu'à la fin du XIXe siècle, mais on estime que ce nombre est descendu à une dizaine à la fin du XXe siècle.

Le niveau des mers s'est déjà élevé de 10 à 20 cm au cours du siècle écoulé : les banquises de l'Arctique s'amincissent, et les chutes de pluie s'accroissent dans certaines régions du monde. La banquise du Groenland perd plus de 1 m d'épaisseur par an par endroits.

Des données récentes évaluent à 50 km^3 la glace qui disparaît chaque année dans la région. Le couverture neigeuse a décru d'environ 10 % dans l'hémisphère nord, et les glaciers de montagne (hors des régions polaires) ont nettement reculé dans la dernière partie du XXe siècle. Le mont Kilimandjaro, en Tanzanie, a perdu les quatre cinquièmes de sa calotte glaciaire depuis que celle-ci fut mesurée pour la première fois, en 1912, et environ un tiers au sommet au cours de cette dernière douzaine d'années. La calotte glaciaire du Quelccaya, au Pérou, a perdu un cinquième de sa masse depuis 1963 ; l'un de ses glaciers, celui de Qori Kalis, a diminué 30 fois plus vite au cours des trois dernières années que dans la période 1963-1978.

Sous les latitudes moyennes et élevées de l'hémisphère nord, on note une augmentation de 2 à 4 % de la fréquence des fortes précipitations. Le total des précipitations s'y est accru de 0,5 à 1 % par décennie. Par ailleurs, la fréquence et l'intensité des sécheresses subies par l'Asie et l'Afrique ont augmenté.

Reste à déterminer dans quelle mesure ces phénomènes apportent la preuve d'un changement climatique majeur à l'œuvre à l'échelle de la planète…

Le réchauffement planétaire mis en question

En dépit de la somme de données appuyant la théorie selon laquelle les activités humaines influent sur l'évolution climatique, la communauté scientifique compte des dissidents.

Ceux-ci estiment que la collecte des données est source d'erreur : trop de sites de collecte sont proches des zones urbaines et donc susceptibles d'être affectés par la chaleur. Il existerait en outre des incohérences entre les données recueillies au sol et celles qui le sont dans les couches supérieures de l'atmosphère. Si le réchauffement planétaire a lieu, alors les températures devraient augmenter dans la basse atmosphère comme en altitude. Les modèles informatiques sont peut-être erronés eux aussi, les machines étant incapables de reproduire l'immense complexité de l'atmosphère. Dernier point : les chercheurs sous-estiment peut-être l'influence du Soleil ; or, une activité solaire accrue entraînerait la diminution de la couverture nuageuse, et une quantité supérieure d'énergie atteindrait la surface terrestre – ce qui réchaufferait l'atmosphère.

Ci-dessus : voici l'aspect que devraient avoir des coraux en bonne santé. Les tentacules rouges des organismes coralliens filtrent les particules nutritives. La plupart des coraux se nourrissent de minuscules animaux, plantes ou algues.

Ci-dessous : ce corail a blanchi pour avoir perdu ses algues symbiotiques (zooxanthelles). Le mécanisme déclencheur du blanchiment n'est pas connu avec précision, mais on sait que tout changement dans l'environnement des coraux joue un rôle. L'accroissement des températures provoqué par le réchauffement planétaire et la pollution des mers figurent parmi les causes probables de la mort des coraux.

Ci-dessus : on pense actuellement que l'effet d'assombrissement planétaire serait dû à la présence accrue de particules dans l'atmosphère ; ces particules absorbent l'énergie solaire et réfléchissent la lumière vers l'espace. L'une des causes résiderait dans la combustion des sources d'énergie fossiles (déjà responsable de la pollution, des pluies acides et du réchauffement planétaire).

Ci-contre : le smog, sombre et épais brouillard sulfureux contenant des particules de poussière et de suie, enveloppe une rue animée de Buenos Aires, capitale de l'Argentine.

L'assombrissement

En 2001, le britannique Gerry Stanhill publia un rapport montrant que la quantité de lumière solaire atteignant la Terre avait diminué. Stanhill, qui travaillait en Israël, y avait comparé les relevés d'insolation des années 1950 jusqu'à l'orée du XXIe siècle et découvert une baisse de 22 % de la quantité de lumière reçue. Il entreprit alors d'étudier les relevés d'ensoleillement du monde entier et découvrit des chutes de 10 % aux États-Unis, de 33 % dans certaines régions de l'ex-Union soviétique et de 16 % dans des contrées des îles Britanniques. La moyenne planétaire par décennie entre les années 1950 et les années 1990 était comprise entre 1 % et 2 %. Ce phénomène fut nommé « assombrissement planétaire ». Ses résultats furent accueillis avec scepticisme par les scientifiques, mais ses conclusions ont été récemment confirmées par des chercheurs australiens ayant fait appel à une méthode entièrement différente.

Cet assombrissement serait dû à la consommation de combustibles fossiles, qui produisent du dioxyde de carbone mais aussi de la suie, de la cendre et des composés sulfureux ; en somme, le responsable du phénomène n'est autre que la pollution. Les particules polluantes réfléchissent une partie de la lumière solaire (renvoyée dans l'espace) et modifient les propriétés optiques des nuages. Elles jouent le rôle de noyaux hygroscopiques, autour desquels les molécules d'eau se condensent, de sorte que les nuages des secteurs pollués contiennent plus de gouttes d'eau que ceux des zones non polluées. Selon des études récentes, une proportion croissante du rayonnement solaire serait ainsi renvoyée vers l'espace.

On estime que l'assombrissement est responsable des sécheresses qui ont frappé l'Afrique subsaharienne dans les années 1970 et 1980. En réduisant l'insolation des mers, l'assombrissement perturberait les situations météorologiques, dont le régime des précipitations.

Certains scientifiques pensent que si le phénomène d'assombrissement est attesté, le réchauffement de la planète aura des conséquences plus graves encore. Selon eux, la Terre ne s'est pas réchauffée autant qu'on aurait pu s'y attendre étant donné la quantité de dioxyde de carbone supplémentaire rejetée dans l'atmosphère ; le réchauffement dû aux gaz à effet de serre serait donc contrebalancé par le refroidissement dû à l'assombrissement. Il se pourrait donc que le climat de la Terre soit en fait plus sensible à l'effet de serre qu'on ne le jugeait initialement. Du fait des améliorations dans la lutte contre la pollution, la quantité de particules dans l'atmosphère se réduit plus rapidement que ne surviennent les réductions dans les émissions de gaz à effet de serre. Les effets de l'assombrissement tendraient donc à se réduire à l'avenir et les températures mondiales se mettraient alors à croître beaucoup plus vite qu'on ne le craignait.

Ci-contre : vendeuses de maïs, denrée de base locale, sur un marché de Galufu, au Malawi. D'aucuns estiment que l'assombrissement planétaire pourrait être lié à de nombreuses et graves sécheresses. Au Malawi ainsi que dans d'autres régions d'Afrique australe, les récoltes ont été médiocres ces dernières années, et les rendements futurs sont incertains en raison du manque de pluie. La sécheresse a provoqué une aggravation de la pauvreté, et maintes contrées d'Afrique australe ont été frappées par la famine. Le Malawi est l'un des pays les plus touchés, et Galafu est typique de ces villages entraînés dans une spirale de paupérisation.

La désertification

Les grands déserts du monde, tels que le Sahara, sont apparus selon des processus naturels, au fil des millénaires. Durant ces périodes, ils ont progressé et reculé de façon tout à fait indépendante des activités humaines. Mais il existe désormais toutes les raisons de penser que le rythme d'agrandissement des zones désertiques s'accélère, en partie à cause des activités humaines et du réchauffement planétaire.

Ci-dessous : ossements d'animal dans les dunes de Sossusvlei, en Namibie. Les sables poussés par les vents se déposent en formant des crêtes, des sillons et des cordons parallèles à la direction des vents dominants. On distingue trois grands types de déserts : déserts sableux (ergs – un quart seulement des déserts du monde), déserts pierreux (hamadas), déserts rocheux (regs). Les déserts se forment de différentes façons, mais toujours sous l'effet d'un manque d'eau.

Il est difficile d'assigner des limites précises à un désert, la transition avec d'autres milieux s'effectuant de façon graduelle. Là où la population s'accroît, se dessinent souvent de fortes pressions sur les écosystèmes des zones de transition arides et semi-arides. Surpâturage, déforestation et piètres techniques agricoles provoquent une dégradation des sols, ce qui rend plus difficile le maintien de la végétation. Les couches superficielles, fertiles, sont réduites en poussière et emportées. Selon une prévision concernant la seconde moitié du XXIe siècle, les pays d'Afrique de l'Est devraient connaître un léger réchauffement, entraînant une sécheresse persistante. Les conséquences inéluctables en seront une grave menace sur les approvisionnements en denrées provenant des terres céréalières de la région. Des températures plus élevées vont accroître les phénomènes d'évaporation dans des zones déjà vulnérables, ce qui aggravera les problèmes auxquels les populations sont déjà confrontées. L'Europe occidentale et septentrionale devrait connaître une érosion accélérée des sols sous l'effet d'une réduction des précipitations ; les sols desséchés seront alors emportés par des vents de plus en plus forts. Cette région du monde très productive actuellement pourrait bien subir à l'avenir des pénuries alimentaires. Si la France est fortement exportatrice de produits agricoles, un pays comme le Royaume-Uni n'est autosuffisant qu'à 60 % – il a néanmoins les moyens d'importer des produits agroalimentaires, mais toute réduction future de la production pourrait lui poser de graves difficultés. Les sécheresses inhabituelles de 1976 et 2006 ont donné un aperçu de problèmes qui risquent fort de devenir plus courants sous l'effet du réchauffement planétaire.

Ci-dessus : formation rocheuse dans le parc national de Golden Gate, en Afrique du Sud. Des grains de sable balayés par les vents frappent les rochers et les érodent lentement. Trop lourds pour être emportés en altitude, ces grains de sable attaquent les rochers à proximité du sol – ce qui explique l'aspect de champignons géants que prennent certains de ces rochers sculptés par le vent et le sable.

El Niño

En septembre 2006, un rapport fit état d'une élévation de la température de surface de la mer de 1,5 °C en deux semaines, dans le Pacifique est. Il s'agissait d'un début du phénomène El Niño. Sécheresses, inondations et activité cyclonique accrue sont associés à El Niño et à son pendant dans le Pacifique équatorial, La Niña.

El Niño est une perturbation du système océan-atmosphère dans le Pacifique tropical. Il est associé à des eaux chaudes du Pacifique et à des événements météorologiques inhabituels dans le monde entier. Ce phénomène fut perçu pour la première fois au large de la côte pacifique d'Amérique du Sud par des pêcheurs qui trouvèrent l'eau inhabituellement chaude au début de l'année. *El niño* est un terme espagnol signifiant « l'Enfant [Jésus] » – ce phénomène se dessine autour de Noël. On pense qu'il revient tous les 11 ans environ, mais il peut apparaître plus souvent (ce qui est arrivé par exemple en 1986-1987, 1991-1992 et 1997-1998).

Normalement, les alizés soufflent vers l'ouest dans les zones tropicales du Pacifique. Sous leur effet, l'eau chaude de surface s'accumule dans le Pacifique ouest : la surface de l'océan est plus élevée de 50 cm près de l'Indonésie que près du littoral de l'Équateur, à la même latitude. Les températures de surface sont plus élevées de 8 °C dans les régions de l'ouest que dans les régions de l'est – des eaux froides y remontent des profondeurs, apportant une profusion de nutriments conférant une grande biodiversité à la région. Ce secteur reçoit peu de précipitations ; celles-ci sont plus abondantes dans la zone ouest, où l'air réchauffé par la mer s'élève avant d'être poussé vers l'ouest.

La situation diffère quand sévit El Niño : les alizés faiblissent dans le Pacifique centre et ouest et les températures de la surface des mers s'élèvent dans le Pacifique est, ce qui provoque un accroissement des précipitations (jusqu'à des niveaux d'ordinaire propres aux terres émergées plus à l'ouest). Ceci provoque des inondations dans les régions occidentales de l'Amérique du Sud, et à l'inverse des précipitations moindres à l'ouest – voire des sécheresses dans des pays tels que l'Australie et l'Indonésie.

El Niño joue aussi sur la circulation océanique et atmosphérique mondiale. En 2002, ce phénomène fut responsable des graves inondations survenues en Europe et de sécheresses tout aussi graves qui sévirent aux États-Unis, en Australie et dans diverses régions de l'Asie du Sud-Est.

Ci-dessous : image satellite en couleur de l'humidité atmosphérique au-dessus de l'océan Pacifique, liée à El Niño. Les couleurs vont du rouge (forte humidité) au bleu (faible humidité) en passant par le jaune et le vert. L'air s'humidifie au-dessus des secteurs où la surface de la mer est chaude : de grandes quantités d'eau s'y évaporent en formant des nuages. Ici, la vapeur d'eau se situe à une altitude d'environ 10 000 m.

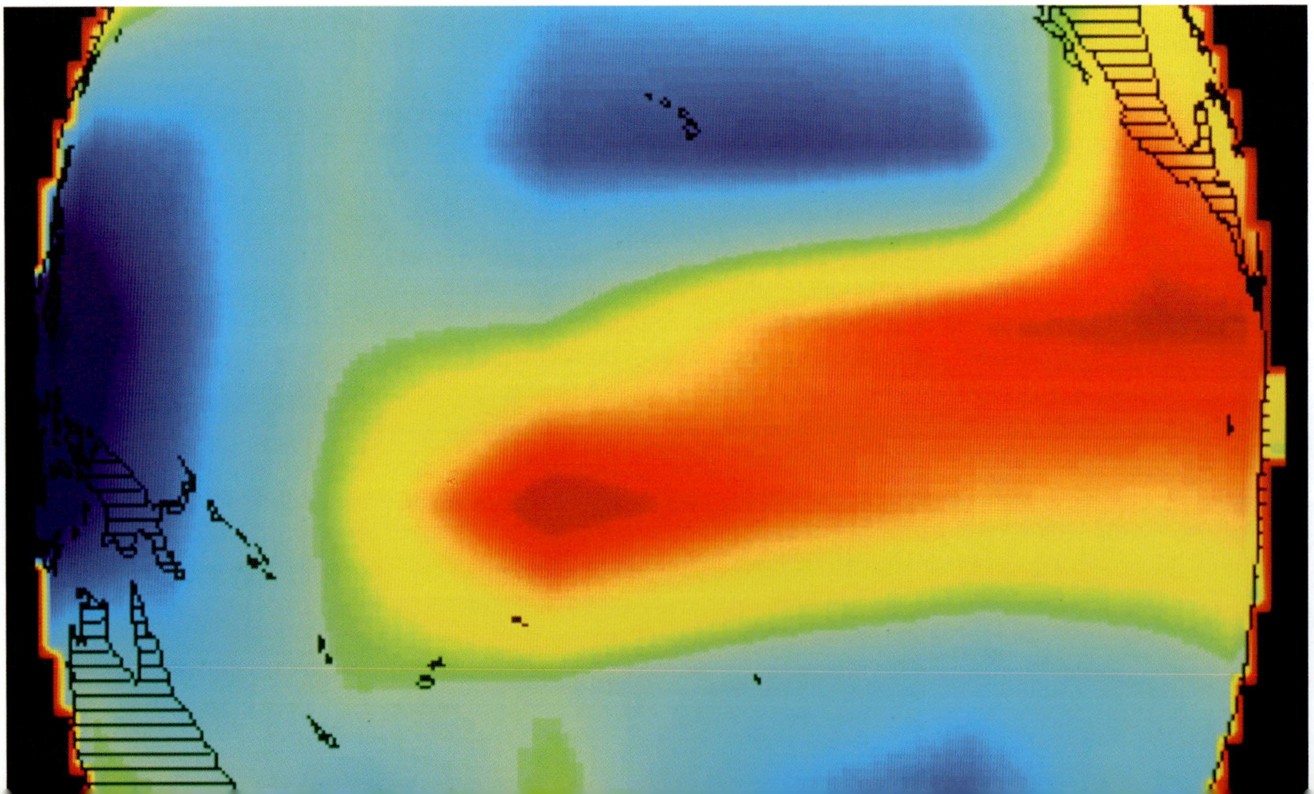

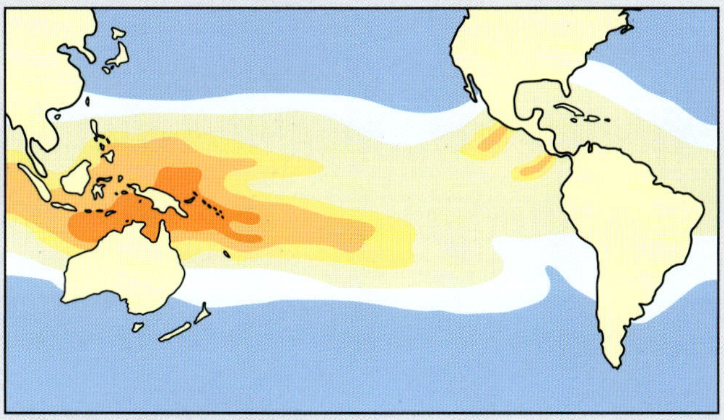

La Niña (janvier-mars 1989)

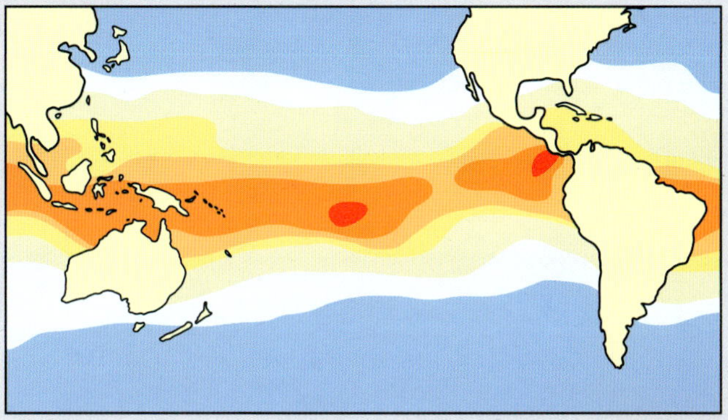

El Niño (janvier-mars 1998)

En haut : en temps normal, les alizés soufflent vers l'ouest et la mer est plus chaude dans l'ouest que dans l'est. Ci-dessus : les années où se produit le phénomène El Niño, les alizés faiblissent et les températures de la surface des mers s'élèvent dans le Pacifique est.

En haut à droite : El Niño, nom qui désigne l'Enfant Jésus, a été ainsi baptisé car le phénomène se produit à Noël au large des côtes sud-américaines. La Niña est un retour aux remontées d'eau froide au long du littoral péruvien et chilien, qui annonce le retour d'une abondance de fruits de mer.

Ci-contre : ces données sur El Niño 2002-2003 mettent en évidence des anomalies dans la température superficielle de la mer (en anglais, Sea Surface Temperature ou SST) et la direction des vents dans l'océan Pacifique. Les terres émergées apparaissent en gris. Les données SST montrent des zones plus chaudes et d'autres plus froides que la normale. La direction des vents est indiquée par des flèches. Le cycle météorologique associé à El Niño est dû au courant marin équatorial chaud observé dans le Pacifique. Le phénomène El Niño est ici d'ampleur réduite : la zone chaude se situe principalement au milieu du Pacifique, plutôt qu'à proximité des côtes d'Amérique du Sud. Un El Niño puissant provoque des tempêtes hors de saison ainsi que des sécheresses.

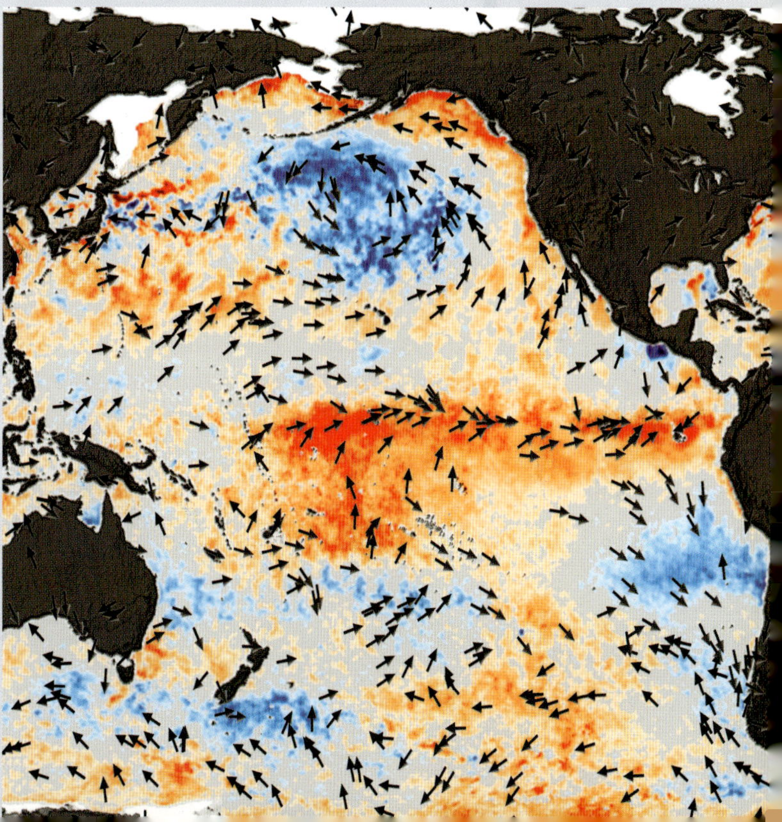

L'élévation du niveau des mers

Parmi les effets les plus inquiétants du réchauffement planétaire (qu'il soit naturel ou anthropogénique) figure l'élévation du niveau des mers. Certaines nations insulaires de faible altitude, dont Tuvalu, sont confrontées à des problèmes d'inondations. Tout donne à penser que ce phénomène va se poursuivre, s'étendre et s'aggraver.

Dans un rapport de 2006, des scientifiques australiens dirigés par le docteur John Church se sont aperçus que le niveau des mers s'était élevé de 20 cm entre 1870 et 2004, la majeure partie de cette élévation étant intervenue au cours du dernier demi-siècle. L'Organisation pour la recherche scientifique et industrielle du Commonwealth (CSIRO), organisme gouvernemental australien pour la recherche scientifique, s'est servie de marégraphes installés de par le monde pour parvenir à ses conclusions. Elle a ensuite prédit que le niveau des mers allait s'élever de plus de 30 cm au cours du XXIe siècle, si les tendances actuelles se confirmaient. Le GIEC (Groupe d'experts intergouvernemental sur l'évolution du climat) est parvenu à des conclusions similaires, à ceci près que dans la pire éventualité l'élévation pourrait atteindre 90 cm.

L'élévation envisagée a pour cause le réchauffement de l'atmosphère terrestre, appelé à produire diverses conséquences – parmi lesquelles la fonte des glaciers mais aussi des banquises, dont celle du Groenland. La dilatation thermique de l'eau de mer, également prévue, aboutirait aussi à une hausse du niveau des mers. La banquise de l'Antarctique occidental suscite des inquiétudes dans la communauté scientifique : on estime que si elle fondait, le niveau des mers pourrait s'élever de 6 m, soit plus que durant la dernière période interglaciaire, qui vit la Terre pratiquement dépourvue de glaces permanentes.

De nombreux glaciers et banquises du monde sont actuellement en net recul. La fonte totale de la banquise groenlandaise provoquerait une élévation de 7 m du niveau des mers. Une fonte même partielle se solderait par une hausse de 1 m. Or, une élévation de cet ordre submergerait les Maldives et dévasterait des pays tels que le Bangladesh, qui s'étend pour plus de la moitié de sa superficie à moins de 5 m d'altitude. Des régions comme le delta du Nil seraient inhabitables. Ces catastrophes ne manqueraient pas d'entraîner des mouvements de populations massifs. Les millions de personnes déplacées placeraient les autorités nationales et internationales face à un gigantesque problème d'accueil des réfugiés – sans même évoquer maintes autres conséquences sociales et politiques, tout aussi graves.

Ci-contre : des icebergs détachés du glacier alpin de Roseg flottent dans un lac de la vallée de Roseg. Cette vallée des Alpes suisses était naguère envahie par les glaciers de Roseg et Tschierva, qui ont reculé au cours de ces dernières décennies sous l'effet du réchauffement du climat. Une moraine laissée par le retrait du glacier de Tschierva a bloqué la vallée et entraîné la formation du lac. Le glacier de Roseg s'écoule jusqu'au lac, dans lequel il produit des icebergs.

Le Gulf Stream

Le film *Le Jour d'après* (2004) a attiré l'attention du public sur l'importance du Gulf Stream dans le climat de l'hémisphère nord. Le héros est un météorologue qui prédit l'arrêt du Gulf Stream, avec pour conséquence une succession de catastrophes climatiques propres à précipiter une nouvelle ère glaciaire.

Le Gulf Stream est le plus puissant des courants de l'hémisphère nord. Il transporte 135 milliards de litres d'eau à la seconde. Il s'agit d'une ramification de la circulation thermohaline mondiale (THC) animée par des différences de température et de salinité. Le Gulf Stream apporte de l'eau tiède des Caraïbes vers le nord-ouest de l'Europe, qui lui doit son climat tempéré. Par exemple, bien qu'elle se situe à la même latitude que l'est canadien, la Bretagne ne connaît en rien les froids qui y sévissent en hiver et y font geler la mer. Le Gulf Stream allonge la saison de croissance de la végétation sur le littoral de l'Europe occidentale (il est ainsi possible de cultiver des plantes semi-tropicales jusqu'en Écosse, de par l'effet de réchauffement qu'induit le grand courant océanique).

Si les températures mondiales continuent de s'élever, on craint que la calotte glaciaire groenlandaise ne fonde. Les pluies remplaceraient les chutes de neige à des latitudes élevées, ce qui provoquerait des perturbations en accroissant les apports d'eau douce et donc en diminuant la salinité de l'Atlantique nord. La circulation nord-atlantique pourrait alors cesser. Il existe divers modèles climatiques informatiques qui tous prédisent des scénarios légèrement différents. Il n'en demeure pas moins que tous indiquent un bouleversement des situations climatiques normales.

Si le Gulf Stream s'arrête, alors l'Europe du Nord-Ouest se refroidira terriblement. Cela prendrait bien plus de temps toutefois que ne le suggère le film – bien que des études récentes, dont les résultats ont été publiés en 2006, évoquent un laps de temps de quelques décennies seulement. La façade occidentale de l'Europe verrait ses températures baisser de 3 ou 4 °C, ce qui se traduirait par des hivers plus rigoureux (l'éventualité de cette évolution a été mise en avant par le Hadley Centre, institut de recherche britannique spécialisé dans l'étude du climat planétaire). Il faut savoir que la différence de températures entre le Petit Âge glaciaire des XVIe et XVIIe siècles et la période médiévale chaude ne fut que de 1 ou 2 °C (on perçoit mieux, dès lors, ce qu'une chute de 3 ou 4 °C aurait de cataclysmique). Les étés deviendraient plus courts et plus frais, ce qui raccourcirait la saison de croissance de la végétation, avec toutes les implications que l'on devine dans le domaine de l'agriculture.

Des carottes de glace extraites dans les régions polaires montrent que des changements climatiques réguliers se sont produits par le passé, avec des fluctuations de températures atteignant jusqu'à 10 °C en un laps de temps aussi bref qu'une décennie. Des études récentes indiquent que la circulation océanique joua un rôle décisif dans nombre de ces variations.

Page ci-contre : l'écoulement des eaux du Gulf Stream observé de la navette spatiale Endeavour. Cette vue orientée en direction du sud-ouest montre la limite entre les eaux du Gulf Stream et les eaux côtières depuis l'est des États-Unis. Le scintillement des eaux sous le soleil met en évidence la différence entre les unes et les autres : le Gulf Stream (en bas de l'image), dont les eaux tièdes se déplacent rapidement, forme des tourbillons complexes, alors que les eaux littorales paraissent nettement plus calmes.

En haut à droite : montbrétia (ou *Crocosmia*) en fleur dans une île des Hébrides, Easdale, au large de la côte ouest de l'Écosse. Ce littoral occidental est baigné par le Gulf Stream, qui y apporte un air tropical, humide venu de la mer des Caraïbes, par-delà l'Atlantique. Ce courant permet à une flore et à une faune richement diversifiées de prospérer là où sans lui le milieu serait fort hostile pour de nombreuses espèces.

Ci-contre : le parcours du Gulf Stream.

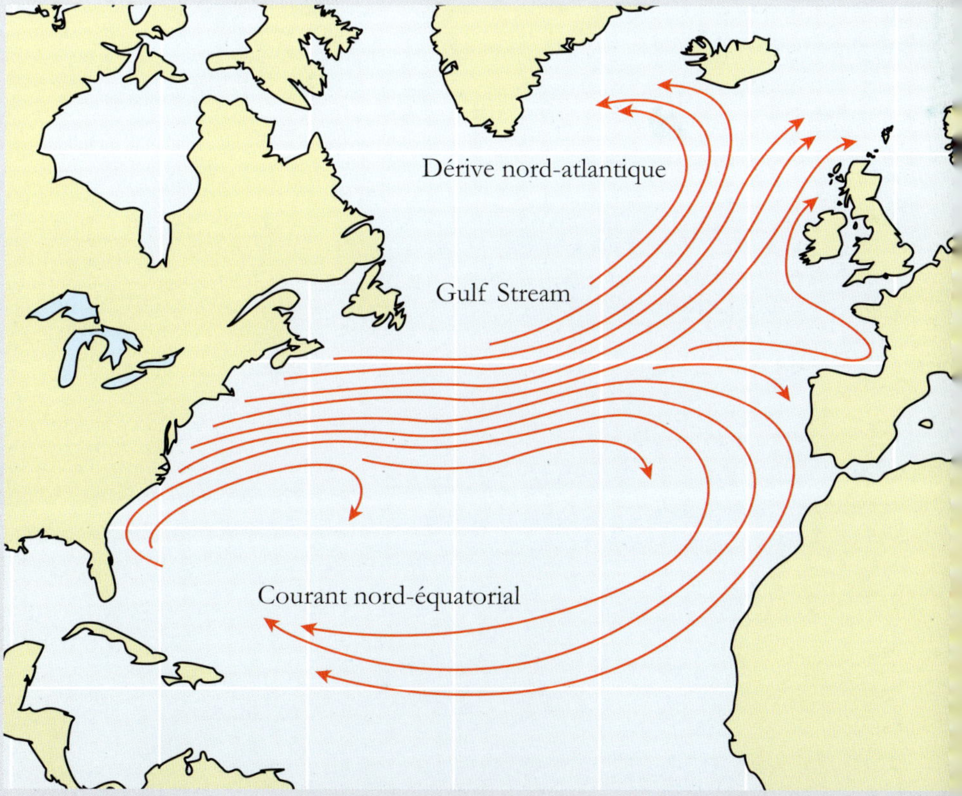

Davantage de tempêtes

La saison cyclonique estivale de 2005 se fit remarquer à cause de l'ouragan Katrina, qui dévasta des contrées du littoral du golfe du Mexique. Cet ouragan et d'autres tempêtes tropicales survenues au cours de la même saison ont alimenté les rumeurs selon lesquelles il s'agirait de signes annonciateurs d'un accroissement des effets du réchauffement planétaire.

Selon un rapport du Georgia Institute of Technolgy de 2004, la période allant de 1975 à 1989 fut marquée par 171 ouragans classés 4 ou 5 sur l'échelle de Saffir-Simpson. Ce nombre est passé à 269 pour la période 1990-2004. Pour les auteurs de l'étude, cela serait dû à l'élévation de la température superficielle de la mer, manifestation du réchauffement planétaire – cette température s'établissant actuellement à environ 1 °C au-dessus de la moyenne à long terme.

Au moyen de 22 modèles informatiques mettant en œuvre différents scénarios, on déduisit qu'il y avait 84 % de chances que les activités humaines soient responsables de 66 % de la hausse de la température de surface dans les régions touchées par les typhons (dans le Pacifique) et les ouragans (dans l'Atlantique).

On note des variations d'une année sur l'autre (2006 fut plus « tranquille » que 2005), aussi convient-il d'observer plusieurs années à la fois. Il faut aussi prendre en compte le fait que les techniques modernes sont bien plus perfectionnées que celles du passé. L'emploi de satellites pour traquer les ouragans n'a que quelques décennies, de sorte qu'il est très délicat de vouloir établir des comparaisons directes et précises avec des événements survenus avant le XXe siècle.

On comprend néanmoins que la formation des ouragans sur l'Atlantique semble se produire par phases, avec des changements intervenant toutes les quelques décennies. Les années 1940 et 1950 furent actives, ce qui ne fut pas le cas des années 1970 et 1980. La phase actuelle, active à son tour, paraît avoir commencé en 1995. Par ailleurs, n'oublions pas que

Ci-contre : les pluies torrentielles qui accompagnent ouragans et autres tempêtes provoquent souvent des inondations, des glissements de terrain et des coulées de boue qui parfois emportent routes, ponts ou voies ferrées, voire des villes entières.

En bas à droite : image satellite en couleurs codées de l'ouragan Floyd (en bleu, au centre gauche) au-dessus de l'Atlantique. Cette image fut utilisée par l'équipe des « chasseurs d'ouragans » de l'US Air Force pour définir le plan de vol de son appareil. L'avion est équipé d'instruments permettant de mesurer des paramètres météo tels que la vitesse du vent, l'humidité de l'air et la pression atmosphérique. Ces données alimentent ensuite des modèles informatiques qui contribuent à la prévision de la trajectoire de l'ouragan. Ces modèles ont une précision de 70 %, ce qui permet aux autorités de mettre en place de mesures d'alerte et de prévention.

Page ci-contre : maisons et automobiles près d'Oklahoma City, aux États-Unis, détruites par une tornade de force 5 (F5). Dans une telle tornade, les vents atteignent des vitesses comprises entre 420 et 512 km/h. Les dévastations qu'ils provoquent sont terrifiantes.

tous les ouragans n'atteignent pas les terres et donc que tous ne sont pas aussi célèbres que Katrina.

En Europe, la tempête de 1987 qui frappa la Bretagne et le Cotentin avant d'atteindre les îles Britanniques, ainsi que les inondations qui sévirent dans une grande partie de l'Europe à l'été 2002 (Vienne, en Autriche, connut ses pires inondations depuis un siècle), ont compté parmi les événements météorologiques catastrophiques. On fait souvent état dans le monde de crues locales provoquées par des orages d'une violence inhabituelle. Ces incidents font l'objet d'une intense couverture médiatique, en partie parce qu'ils répondent à l'inquiétude croissante suscitée par la fréquence et la violence des tempêtes autres que les ouragans tropicaux, en lien probable avec le réchauffement planétaire. Nous devrons en outre réfléchir au fait que des populations plus nombreuses qu'auparavant vivent dans des plaines inondables : il est donc inévitable que des crues même modestes aient davantage d'impact sur les biens et les personnes.

Les vagues de chaleur

Environ 740 morts à Chicago durant l'été 1995, 15 000 en France à l'été 2003 : ces décès et bien d'autres ont été attribués à des vagues de chaleur d'une intensité inhabituelle. De tels chiffres paraissent alarmants, et pourtant de nombreux climatologues pensent que nous devrions nous attendre à les voir se répéter.

Un organisme américain, le National Center for Atmospheric Research (NCAR), s'est servi de techniques de modélisation des climats pour prédire la géographie des vagues de chaleur à venir, et en a conclu que l'Europe et l'Amérique du Nord étaient les plus à même de connaître des canicules fréquentes, longues et intenses. Ceci devrait coïncider avec un accroissement de la circulation atmosphérique lié à une augmentation de la présence de gaz à effet de serre.

Des vagues de chaleur très sévères devraient se produire le long d'une bande s'étendant vers le nord à partir de la Méditerranée et de l'ouest des États-Unis. Les Balkans, la France et l'Allemagne pourraient être de plus en plus exposés à des canicules comme celle de 2003. Chicago devrait subir un accroissement de 25 % de tels événements, cependant que Paris verrait les épisodes caniculaires augmenter de 31 %.

Chicago 1995

En juillet 1995, le thermomètre est monté jusqu'à 41 °C dans cette ville, alors que les températures nocturnes ne descendaient guère au-dessous de 25 °C. Une humidité record s'installa en outre, qui rendit les conditions de vie presque insupportables pour la population. Les habitants équipés de systèmes de climatisation s'en tirèrent mieux que les autres. Ceux qui souffrirent le plus – et qui contribuèrent le plus au total des décès – furent les pauvres et les personnes âgées, qui même s'ils disposaient de climatiseurs n'avaient pas les moyens de s'en servir quotidiennement ou craignaient de laisser leurs fenêtres ouvertes par peur d'actes de délinquance. La répartition géographique des décès est à cet égard instructive : les quartiers les plus pauvres furent les plus rudement touchés.

Dans une ville comme Chicago, l'effet « îlot de chaleur » contribue au problème. Les édifices absorbent la chaleur le jour et la restituent lentement la nuit. Par conséquent, les villes chauffent et restent chaudes. De plus, une inversion de température se dessine ; la température de l'air est plus fraîche au niveau du sol, ce qui va à l'encontre du schéma habituel. L'air frais, donc plus dense, retient les polluants au niveau du sol. Cette situation apparaît en l'absence (ou la quasi-absence) de vent, de sorte que les polluants ne se dispersent pas – d'où une aggravation du problème.

Chicago n'était absolument pas prêt à faire face à de telles circonstances ; il y eut des coupures d'électricité, les services d'intervention médicale d'urgence furent bientôt débordés, ainsi que les hôpitaux. Or, une telle situation est appelée à se reproduire de plus en plus souvent. Les événements de 1995 auront-il servi de leçon ?

Paris 2003 et 2006

À la fin de juillet et au début d'août 2006, des records de températures furent enregistrés dans toute l'Europe. Paris et Berlin atteignirent les 35 °C, et l'on releva 36,5 °C dans les faubourgs de Londres. Plusieurs centaines de personnes en seraient mortes, mais ce bilan n'est rien si on le compare aux quelque 35 000 morts de l'été 2003.

Avec des températures diurnes de 40 °C dans un pays où l'air conditionné est aussi rare que de telles

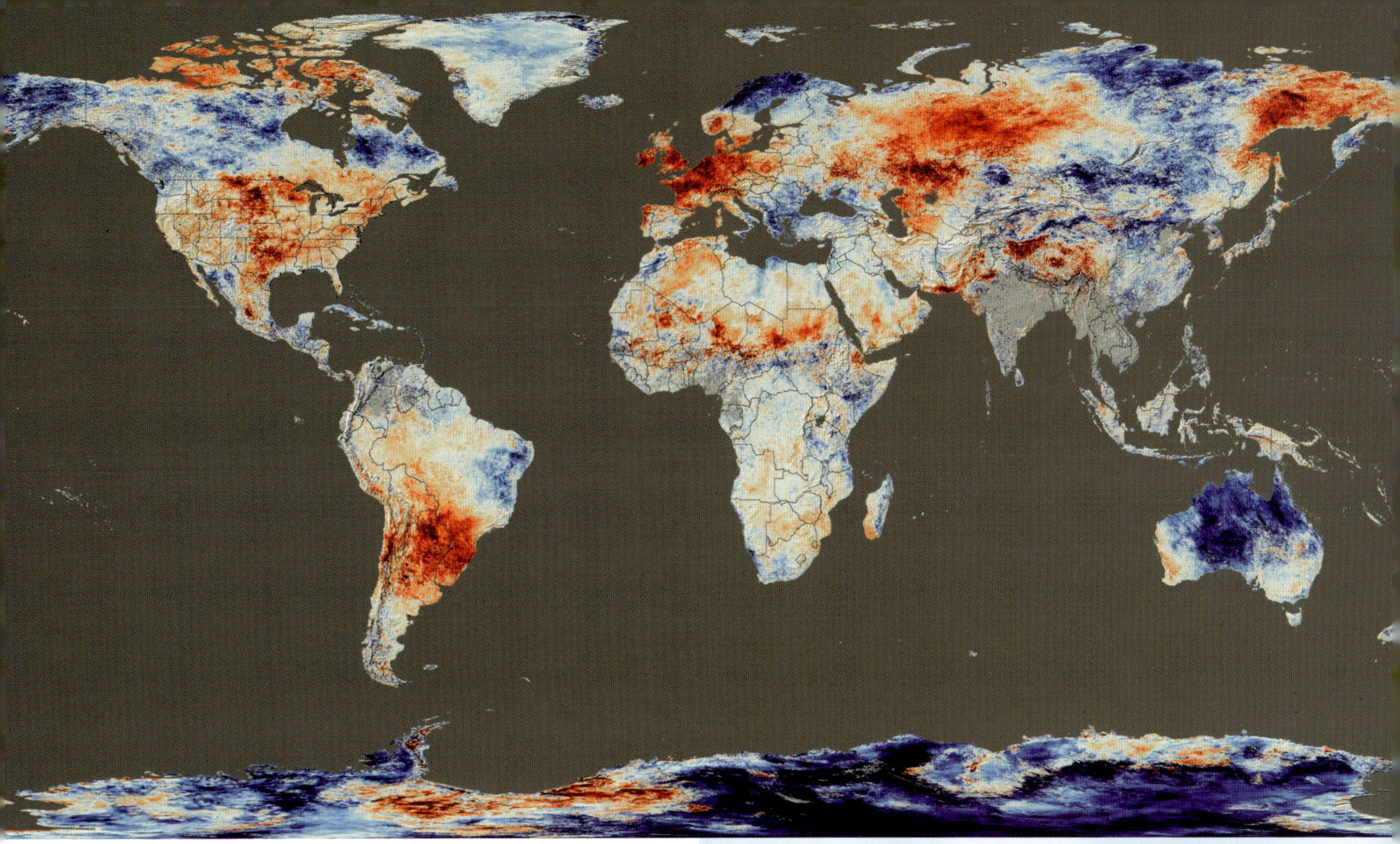

chaleurs, il n'est pas surprenant que la France ait tant souffert durant la canicule qui frappa différents pays d'Europe. Des chercheurs de l'Inserm (Institut national de la santé et de la recherche médicale) publièrent en septembre de la même année un rapport faisant état de 14 802 morts, dont une forte proportion de personnes âgées.

Un nombre de victimes aussi élevé provoqua de vives controverses quant à l'efficacité des services médicaux et d'urgence. Au mois d'août, Paris est traditionnellement déserté par ses habitants, partis en vacances. Les températures exceptionnellement élevées incitèrent certainement d'autres Parisiens à se joindre à l'exode, mais les services de santé furent accusés d'avoir manqué de personnel à ce moment critique ; les responsables du bien-être des personnes âgées furent tout particulièrement vilipendés. Si l'été 2003 se révèle caractéristique du climat européen à venir, alors les gouvernements du continent devront mettre en œuvre des plans de grande ampleur pour éviter la répétition de telles catastrophes.

Le bilan moins lourd de 2006 est, pour une part tout au moins, à mettre sur le compte des leçons tirées du désastre de 2003.

Ci-dessus : carte du monde figurant les augmentations de température par rapport aux années précédentes lors de la vague de chaleur de l'été 2006 dans l'hémisphère nord. La température terrestre moyenne du 12 au 19 juillet 2006 a été comparée à la température moyenne de la même période pour les six années précédentes (2000-2005). En rouge, les températures supérieures, en bleu, les températures inférieures. Les extrêmes (bleu foncé et rouge foncé) sont plus froids et plus chauds de 10 °C. Parmi les régions touchées par la vague de chaleur, mentionnons les États-Unis et le nord-ouest de l'Europe. Des records de température pour juillet furent battus dans une grande partie de l'Europe, qui connut des pertes de récoltes et de fortes demandes d'électricité. Données collectées par le capteur Modis du satellite Terra de la Nasa.

Page ci-contre : le 10 août 2004, les visiteurs du parc d'attractions Yongin Everland, en Corée du Sud, goûtent aux joies de la baignade. La fréquentation du parc augmenta fortement, du fait que les habitants de la capitale, Séoul, cherchaient à échapper aux 35° C – température maximale depuis une décennie – qui sévissaient sur la ville.

Les maladies

Le réchauffement planétaire devrait modifier la répartition planétaire des maladies. Certaines de celles qui ne sévissent que sous les tropiques risquent de devenir communes sous des latitudes plus élevées.

Il est une maladie pour laquelle il n'existe pas de vaccin préventif et qui affecte quelque 600 millions de personnes dans le monde : la malaria, transmise par la femelle de l'anophèle (*Anopheles gambiae*). Lorsque le moustique pompe le sang d'une personne infectée, il peut absorber le plasmodium, parasite à l'origine de la maladie. Le moustique pond ses œufs à la surface d'une eau stagnante ; les larves seront donc porteuses du parasite et contribueront à répandre la maladie. Si le réchauffement planétaire produit ses effets aux latitudes moyennes, il se peut que la maladie gagne des pays qui pour l'heure en sont exempts, en Europe notamment. La malaria a d'ores et déjà été décelée dans de nouvelles régions et à des altitudes nouvelles en Indonésie. Le coût subi par les économies des pays atteints sera assurément énorme, sans même évoquer l'impact sanitaire sur l'humanité.

Des moustiques vecteurs d'autres maladies se répandent déjà dans des contrées qui leur étaient naguère inhospitalières, et où les changements climatiques leur permettent désormais de survivre. Ainsi, les moustiques vecteurs du virus de la dengue ne se trouvaient jamais à plus de 1 000 m d'altitude ; récemment pourtant, ils sont apparus à 2 200 m dans les Andes, en Colombie.

Les régions actuellement touchées par les maladies de ce genre sont parmi les plus pauvres du monde.

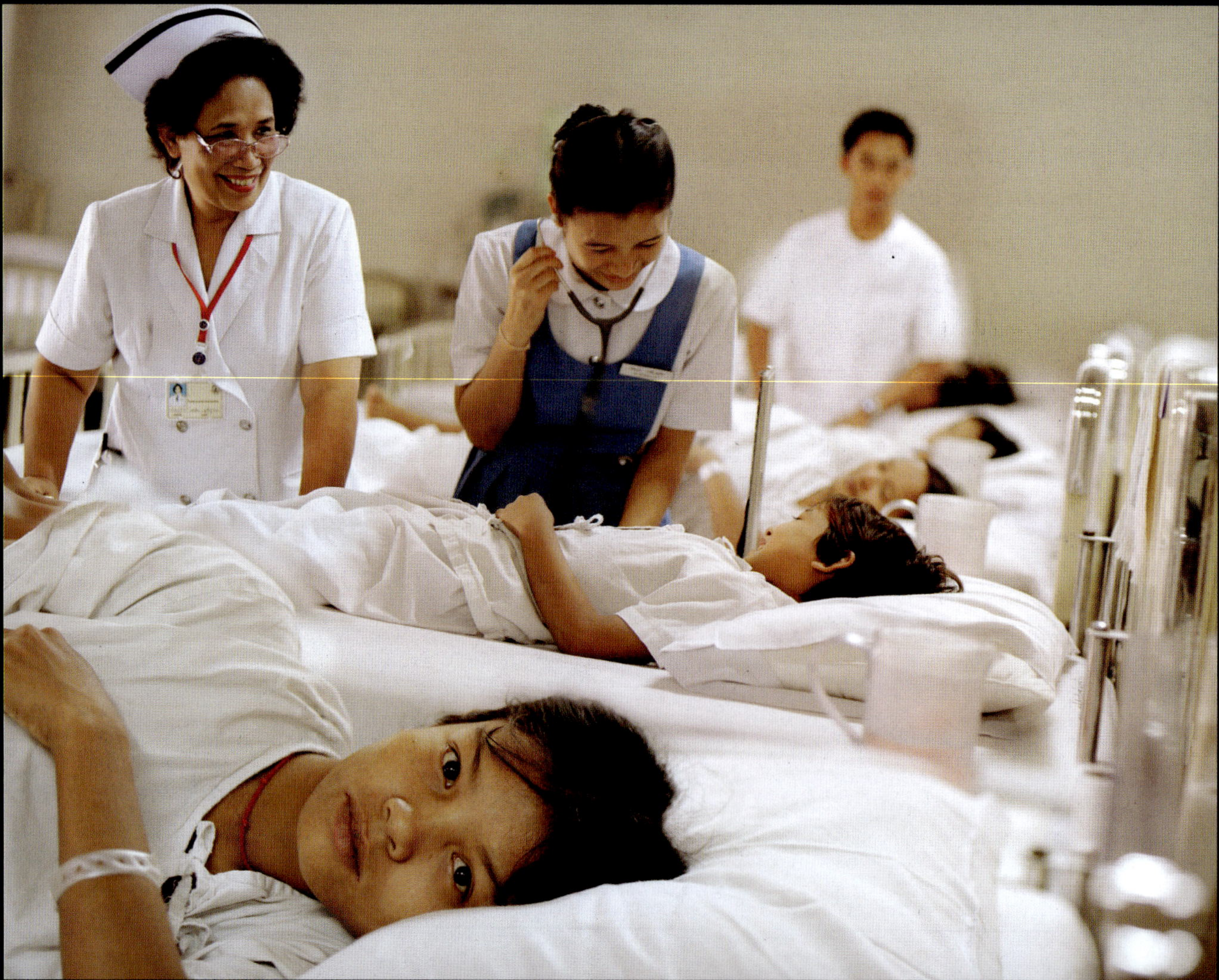

La migration des populations

Il y a 12 700 ans, un refroidissement de 15 °C s'est produit au Groenland, ainsi que de grands changements dans toute la région nord-atlantique, qui ont duré quelque 1 300 ans. Cela eut un impact sur l'océan et sur les terres de l'Europe. Ainsi, des icebergs descendirent jusqu'aux côtes du Portugal. Aujourd'hui, les effets seraient de plus grande portée car la population de l'Europe est beaucoup plus nombreuse.

Les périodes de refroidissement les plus récentes, comme le Petit Âge glaciaire, du XVIe au XVIIIe siècle, ont entraîné divers bouleversements, des troubles ont éclaté ; des terres jusqu'alors fertiles sont devenues inexploitables et des populations ont disparu.

Près de 400 millions de personnes vivent dans des régions subtropicales, souvent surpeuplées et pauvres. Le changement climatique est un risque pour la stabilité politique, économique et sociale de maintes nations. Dans les pays pauvres, le problème se trouve exacerbé. Des mouvements migratoires massifs pourraient alors se dessiner, dans la mesure où des personnes chercheront une vie meilleure dans des pays disposant plus grandes ressources économiques. Parmi les pays déshérités, citons le Bangladesh : les prévisionnistes pensent qu'au milieu du XXIe siècle des typhons répétés et des ondes de tempête plus importantes provoqueront une forte érosion du littoral, ce qui rendra une partie du pays inhabitable. L'élévation du niveau des mers contaminera les réserves d'eau, déclenchant une crise humanitaire qui aboutira à une émigration de masse, laquelle ne fera qu'accroître les tensions entre le Bangladesh d'une part, la Chine et l'Inde d'autre part, (pays confrontés à leurs difficultés propres, et vers lesquels afflueront les migrants).

Plusieurs études suggèrent toutefois que le continent le plus rudement touché par le changement climatique sera l'Europe. Une chute de température de 3 °C en moins d'une décennie a été prédite. Des baisses encore supérieures au long des côtes du nord-ouest rendront le climat plus sec, plus venteux, plus « sibérien ». L'émigration en masse de la Scandinavie et d'autres pays d'Europe septentrionale pourrait se dessiner, du fait de la recherche de cieux plus cléments. L'Europe méridionale risque d'être prise en tenaille entre les vagues migratoires venues du nord de l'Europe et celles qui afflueront des régions les plus infortunées de l'Afrique. L'émigration en provenance de ce dernier continent constitue depuis des décennies une réalité et une source de controverses en Europe. Il est difficile de prédire comment l'Europe réagira, mais l'on peut penser que cela ne sera pas facile.

Ci-dessus : les Inuits, descendants de la culture de Thulé, sont un peuple nomade venu de l'ouest de l'Alaska il y a plus d'un millier d'années pour essaimer vers l'est à travers l'Arctique. En 1300, les Inuits s'étaient installés dans l'ouest du Groenland, puis, au siècle suivant, ils gagnèrent l'est du Groenland.

Page ci-contre : de nombreux scientifiques redoutent que les changements climatiques ne favorisent l'expansion de certaines maladies.

CLIMATS DU MONDE

AMÉRIQUE DU NORD

Canada

Les Provinces maritimes

Le climat de la côte est du Canada, qui comprend Terre-Neuve, le Labrador, le Nouveau-Brunswick, la Nouvelle-Écosse et l'Île-du-Prince-Édouard, connaît l'influence maritime modératrice de l'océan Atlantique – qui tend à donner des températures hivernales moins glaciales et des températures estivales plus fraîches que dans l'intérieur du pays. Le temps est cependant très variable tout au long de l'année, du fait notamment des nombreuses dépressions qui traversent la région en provenance des Grands Lacs. Nuages et précipitations sont très fréquents, et l'hiver est marqué par d'abondantes chutes de neige. Le brouillard est une autre caractéristique des Provinces maritimes, en particulier à Terre-Neuve et dans le golfe du Saint-Laurent (Saint John's, à Terre-Neuve, est la ville du Canada qui subit le plus de brouillard). Les brouillards marins, souvent très persistants en été, résultent de la rencontre des eaux froides du courant du Labrador et de celles, plus chaudes, du Gulf Stream. Des icebergs qui dérivent vers le sud dans le courant du Labrador représentent un danger supplémentaire pour la navigation estivale. Les hivers sont assez doux dans la région, avec des températures moyennes comprises entre -7 °C et 0 °C en février ; en été, la moyenne de juillet s'établit entre 11 °C et 20 °C. Des records de froid de -51 °C et de chaleur de 42 °C ont toutefois été enregistrés à Terre-Neuve. Les précipitations annuelles moyennes des Provinces maritimes sont comprises entre 1 150 et 1 500 mm.

Le Québec, l'Ontario (sud et centre)

Cette région connaît un climat continental tempéré, avec des étés plutôt doux et des hivers froids, mais, comme dans les Provinces maritimes de l'est du Canada, la météo est très variable tout au long de l'année. Des précipitations relativement abondantes se répartissent entre les différentes saisons, et les conditions météo sont étroitement liées à de fréquents épisodes dépressionnaires donnant lieu à des tempêtes.

Le sud de la région, bordé par les États-Unis et les Grands Lacs, est la partie la plus méridionale, la plus densément peuplée et la plus développée du Canada ; la latitude et la présence des lacs en font aussi l'une des moins froides. Cependant, si les hivers sont moins glacials que dans certaines parties du nord et de l'ouest du Canada, il restent froids et prolongés ; comme dans les contrées des Rocheuses, ils sont marqués par des chutes de neige abondantes – le sol est fréquemment recouvert de neige entre décembre et mars. Les températures hivernales moyennes à Ottawa et Québec vont de -15 °C à -6 °C environ (elles sont moins basses à Toronto, au bord du lac Ontario). Les étés sont plutôt doux et ensoleillés. Les températures de juillet vont de 15 °C à 26 °C environ dans une grande partie de la région.

Les Prairies

À l'exception de l'extrême nord de la région et des contrées montagneuses de l'Alberta (Rocheuses), les provinces du Manitoba, du Saskatchewan et de l'Alberta connaissent un climat continental, aux hivers et aux étés nettement marqués. Les hivers sont longs et rudes (les températures les plus basses sont équivalentes à celles qu'on rencontre plus au nord, dans les régions subarctiques). Les étés, relativement brefs, sont doux, voire chauds. De plus, si les Grandes Plaines du sud sont dans l'ensemble semi-arides, et si les Prairies canadiennes sont elles-mêmes relativement sèches (les précipitations annuelles sont comprises entre 250 et 1 000 mm), de spectaculaires orages se déchaînent parfois en été, saison la plus arrosée ; en Alberta, les tempêtes de grêle sont fréquentes. En hiver, chutes de neige et blizzards ne sont pas rares, mais la neige est moins abondante que dans l'est du pays (elle tend à fondre entre deux épisodes neigeux).

La région se distingue par son caractère ensoleillé, ce tout au long de l'année – avec une insolation quotidienne comprise entre 3 et 5 heures en hiver, entre 8 et 10 heures en été. La ville d'Estevan, dans le Saskatchewan, est la plus ensoleillée du Canada, avec 2 540 heures d'ensoleillement annuel. L'Alberta est parfois surnommée « la province ensoleillée ».

Les températures de ces provinces sont en moyenne de 19 °C en été, et de -13 °C à 0 °C en hiver. À Calgary, en Alberta, la moyenne hivernale est souvent relevée par le chinook, vent venu du Pacifique et tiédi au passage des Rocheuses.

La Colombie-Britannique

Le climat de la Colombie-Britannique est assez doux dans l'ensemble, avec cependant d'amples variations liées à la topographie : une grande partie de la région est montagneuse, avec de hauts plateaux et de profondes vallées, cependant que certaines contrées s'étendent jusque dans les prairies et que d'autres bordent le littoral pacifique.

Au long de la côte du Pacifique et dans certaines des vallées de l'intérieur, les étés comme les hivers sont plutôt doux ; l'amplitude thermique y est la plus faible de tout le Canada, avec une moyenne de 4 °C

Ci-contre : une grande partie du Canada est inhabitée en raison de la sévérité du climat. Les températures des mers y sont souvent très basses. En été, les icebergs constituent une menace pour la navigation au long de la côte est.

En haut : des vents réguliers font tourner les éoliennes expérimentales de Crowsnest Pass, dans l'Alberta. Ce site spécialisé dans les essais d'énergies renouvelables est implanté dans les Rocheuses canadiennes, non loin des Prairies.

Page ci-contre : somptuosité des couleurs automnales de Larch Valley, dans l'Alberta.

environ en janvier et de 16 °C environ en juillet. La côte se signale aussi par les températures hivernales les plus douces du pays, et par ses précipitations abondantes (de 1 500 à 3 000 mm par an), en altitude surtout, et notamment dans les Coast Mountains où une grande partie tombe sous forme de neige. Dans certaines vallées toutefois, les pluies annuelles ne dépassent guère 375 mm. Au long du littoral, nuages et brouillards sont fréquents, qui réduisent l'insolation hivernale à 2 ou 3 heures par jour ; en été, cette insolation quotidienne atteint de 8 à 10 heures. Dans l'intérieur, et en particulier dans les Grandes Prairies, le climat est plus continental, avec des hivers plus longs et plus rigoureux, des étés plus chauds et une amplitude thermique nettement supérieure d'une saison à l'autre et même entre jour et nuit. Dans l'ensemble néanmoins, le climat de la Colombie-Britannique est considéré comme l'un des plus agréables du Canada.

Le Nord canadien

Le climat du Nord canadien – qui comprend le Yukon, les Territoires du Nord-Ouest, le Nunavut ainsi que les parties les plus au nord de la Colombie-Britannique, des Prairies, de l'Ontario et du Québec – est le plus rude du pays. On le qualifiera d'arctique ou de subarctique, en fonction de la latitude. Les hivers y sont très longs et très froids : ils durent jusqu'à 11 mois par endroits, et au long du cercle arctique les températures glaciales peuvent se prolonger pendant sept mois de l'année, avec des moyennes de janvier comprises entre -35 °C et -20 °C. À l'inverse, les étés du Nord canadien sont brefs et ensoleillés, plutôt doux aussi : la moyenne de juillet s'établit entre 10 et 14 °C dans certaines parties du Yukon, des Territoires du Nord-Ouest et du Nunavut ; plus au sud, elle est légèrement supérieure. Cependant, à Alert, lieu habité le plus au nord du monde, les températures moyennes ne dépassent que brièvement 0 °C au cœur de l'été. Globalement, les précipitations sont plutôt faibles tout au long de l'année ; elles prennent la forme de pluies légères en été, de chutes de neige peu abondantes en hiver.

Une importante portion de la côte nord du Canada demeure gelée en permanence, et la baie d'Hudson elle-même est prise par les glaces une bonne partie de l'année. Sur terre, le permafrost (ou pergélisol) s'étend par endroits sur plusieurs centaines de mètres de profondeur, au long d'une bande qui va du Yukon au sud de la baie d'Hudson et jusqu'au Labrador. Les variations saisonnières de la durée du jour jouent un rôle majeur dans le climat de la région (le jour se prolonge jusqu'à 24 heures en juin, les ténèbres durent elles aussi jusqu'à 24 heures en décembre) ; de plus, le refroidissement éolien abaisse parfois de façon spectaculaire les températures, surtout en hiver.

États-Unis

Alaska

Séparé géographiquement de l'ensemble des États des États-Unis, frontalier du Yukon canadien, l'Alaska présente un climat qui ressemble plus à celui du Nord canadien qu'à celui de toute autre région des États-Unis. Au sein même de l'Alaska, on note toutefois des variations liées à la latitude, à la topographie et aux influences maritimes.

Le nord de l'Alaska possède un climat arctique ou subarctique ; la côte de l'océan Arctique, au nord, reste gelée une grande partie de l'année. Des glaces et des neiges éternelles sont présentes en altitude, et dans les contrées plus basses règne le permafrost. Les hivers sont longs et rudes ; dans la ville de Barrow par exemple, située le plus au nord, les températures chutent régulièrement à -30 °C en février. Les étés, certes brefs, sont parfois étonnamment doux, avec des températures de plus de 20 °C par endroits. Les chutes de neige sont peu abondantes, les pluies faibles : Barrow connaît des conditions désertiques, avec moins de 100 mm de précipitations par an.

L'intérieur de l'Alaska connaît également des hivers très rigoureux, mais le climat y est plus continental, avec une amplitude thermique extrême entre l'été et l'hiver. Les températures peuvent se maintenir à -50 °C pendant des semaines en hiver, pour dépasser les 30 °C en été.

Vers le Sud, au long des côtes de la mer de Béring et du golfe d'Alaska, les conditions sont encore différentes. Les hivers sont nettement plus doux mais souvent marqués par d'abondantes chutes de neige, alors que les étés sont plus frais que dans l'intérieur. Les précipitations annuelles les plus élevées sont enregistrées dans le Sud-Est : Little Port Walter est le site le plus humide de l'Alaska, avec des précipitations annuelles de près de 5 600 mm.

Le nord-ouest des États-Unis

Le nord-ouest des États-Unis, qui s'étire de la côte pacifique aux Grandes Plaines, comprend les États de Washington, de l'Oregon, de l'Idaho, du Montana et du Wyoming. L'on peut établir une distinction au sein de cette région entre le climat du Nord-Ouest Pacifique (Washington et Oregon), à caractère doux et maritime, et celui, plus continental, de l'intérieur (Idaho, Montana et Wyoming).

Ci-dessus : les arbres géants que sont les séquoias croissent à proximité du littoral en Oregon et en Californie.

Page ci-contre : le mont McKinley, en Alaska, est couronné de neiges éternelles.

Dans l'intérieur du nord-ouest des États-Unis, l'influence modératrice de l'océan se fait sentir dans certaines parties de l'Idaho, du Montana ainsi que du Wyoming, en particulier dans l'Ouest, où la présence des montagnes accroît la quantité de précipitations. Les zones situées plus à l'est sont plus arides, plus continentales, avec des précipitations moindres, des hivers froids (adoucis parfois par le chinook) et des étés chauds. Les températures moyennes vont de -12 °C à -6 °C en hiver ; les maxima vont de 29 °C à 35 °C en été. Les précipitations annuelles sont de 125 à 300 mm seulement dans les plaines ; elles dépassent les 500 mm dans les montagnes, qui reçoivent des chutes de neige parfois importantes. Les averses de grêle, souvent violentes, caractérisent en outre cette région.

En haut : le monarque tire parti de la diversité du climat américain, puisqu'il passe l'hiver dans les États du Sud pour regagner le Nord au printemps.

Page ci-contre, en haut : tornades, orages et averses de grêle se produisent fréquemment en été dans les États du Midwest.

Page ci-contre, en bas : ces habitants de Chicago tentent de dégager leurs voitures de l'épaisse couche de neige qui les recouvre.

Les Grandes Plaines

Les États du Minnesota, du Dakota-du-Nord, du Dakota-du-Sud, du Nebraska et du Kansas constituent les Grandes Plaines, région au climat semi-aride dans l'ensemble, aux précipitations annuelles faibles et imprévisibles, aux amplitudes thermique très fortes d'une saison à l'autre. Les hivers y sont rudes, en particulier dans le Nord (Minnesota, Dakota-du-Nord) où les températures tombent régulièrement au-dessous de -13 °C, voire de -18 °C. Le froid est un peu moins intense plus au sud : dans certaines contrées du Kansas, les températures les plus basses s'étagent entre -8 °C et 3 °C. Dans le Nord-Ouest, le chinook qui souffle du Pacifique contribue à adoucir les températures hivernales ; les précipitations, faibles en hiver, prennent principalement la forme de chutes de neige. Les parties les plus méridionales de la région sont plus chaudes en été, avec des moyennes maximales de 32 °C dans certaines parties du Kansas (28 °C dans le Dakota-du-Nord, 24 °C dans le Minnesota). La température la plus élevée qui ait été enregistrée dans la région le fut à Steele, dans le Dakota-du-Nord, en juillet 1936 : 49 °C. Les précipitations estivales sont relativement faibles en été ; les Grandes Plaines connaissent de fréquents épisodes de sécheresse, même si de violents orages y surviennent, qui apportent en quelques jours une grande partie des précipitations annuelles. Dans l'ensemble de la région, on note moins de 500 mm de pluies par an ; le Sud et le Nord-Est sont les zones les plus humides, et les précipitations tendent à diminuer à mesure que l'on va vers l'ouest.

Le Midwest et la vallée de l'Ohio

Le climat de cette région qui comprend l'Iowa, le Missouri, le Wisconsin, l'Illinois, le Michigan, l'Indiana, l'Ohio et le Kentucky, est à la fois humide et continental. Il assure la transition entre le climat subtropical humide des États situés au sud et au sud-est (d'où l'air chaud remonte vers le nord) et le climat subarctique du Canada au nord (d'où descend un air froid).

La Nouvelle-Angleterre et le Moyen-Atlantique

Malgré la proximité de l'océan Atlantique, la région de la Nouvelle-Angleterre et des États du Moyen-Atlantique présente un climat continental humide plutôt que maritime ; ce climat est plus influencé par les masses d'air venues de l'ouest que par celles de l'Atlantique. Au sein de cette zone, on peut distinguer les États du Nord (Maine, New Hampshire, Vermont et nord de l'État de New York) aux hivers plus longs et plus froids, aux étés doux ou frais, et la partie qui comprend le sud de l'État de New York, le Massachusetts, le Rhode Island, le Connecticut, la Pennsylvanie, le New Jersey, le Delaware, le Maryland, le District de Columbia, la Virginie-Occidentale et la Virginie, où les étés sont plus chauds et souvent plus humides.

Dans la partie nord de la région, les neiges perdurent souvent en hiver. En janvier, la moyenne des températures peut s'établir aux environs de -15 °C. Plus au sud, à Richmond (Virginie) par exemple, on

Cette zone se caractérise par ses quatre saisons bien marquées : hivers froids, printemps doux, étés chauds (et parfois très secs), automnes doux et humides. L'amplitude thermique annuelle est plutôt forte. Les gelées sont habituelles en hiver (la neige se maintient longtemps sur le sol), mais les températures s'élèvent à 20-24 °C en été. Les étés sont parfois humides – orages, averses de grêle et tornades surviennent à cette époque de l'année.

Dans cette région, les hivers sont plus rudes au nord, autour des Grands Lacs et aux abords de la frontière canadienne, où les chutes de neige sont souvent abondantes. La température la plus basse qui y ait été enregistrée le fut en janvier 1922 dans le Wisconsin : -48 °C. La moyenne hivernale habituelle de cet État se situe entre -13° C et -3 °C. Plus au sud, dans certaines parties de l'Ohio et du Missouri par exemple, les températures de janvier dépassent souvent les 4 °C. Les étés y sont également plus chauds, cependant que l'Est tend à être plus humide, en hiver surtout. Les précipitations moyennes du Midwest et de la vallée de l'Ohio vont de 500 à 1 000 mm par an.

note pour la même période des moyennes comprises entre -2 °C et 8 °C. En hiver, les « tempêtes du nordet » remontent la côte en apportant de fortes précipitations dans les zones littorales et d'abondantes chutes de neige dans l'intérieur.

En été, les températures du Nord vont de 14 à 26 °C ; dans le Sud, les 30 °C sont souvent dépassés, et des vagues de chaleur portent même parfois les températures au-delà de 38 °C. Les précipitations sont relativement abondantes tout au long de l'année (de 800 à 1 000 mm en moyenne) ; elles tendent à prendre une forme orageuse durant l'été chaud et humide. Hormis ces orages, les étés sont plutôt ensoleillés dans toute la région – les brouillards ne sont pas rares toutefois, en particulier aux abords des côtes.

Ci-dessus : coucher de soleil sur la côte du golfe du Mexique, en Alabama, parfois frappée par des ouragans.

En bas à gauche : couleurs automnales à New York.

Page ci-contre : dans le parc national de Yosemite, les conditions météorologiques sont très fortement influencées par l'altitude.

Le sud-est des États-Unis

Le sud-est des États-Unis comprend le Tennessee, la Caroline-du-Nord, la Caroline-du-Sud, la Géorgie, l'Alabama ainsi que la Floride. Son climat est de type subtropical humide, caractérisé par de longs étés chauds, humides et ensoleillés ainsi que par des hivers frais, doux mais souvent nuageux. Les températures hivernales moyennes sont comprises entre 4 °C et 10 °C dans la région, mais peuvent être plus basses dans le sud des Appalaches (dans certaines régions du Tennessee et de l'Alabama) et plus élevées en Floride (entre 10 °C et 22 °C dans ces contrées presque tropicales). Les gelées et les chutes de neige sont des phénomènes rares dans le sud de la Géorgie et en Floride. La majeure partie des neiges que reçoit le sud-est des États-Unis tombent beaucoup plus au nord et plus à l'intérieur des terres.

D'abondantes précipitations surviennent en été, sous forme d'orages principalement. Ceux-ci sont plus fréquents dans le sud de la zone, à tel point que la Floride connaît plus d'épisodes orageux – souvent plus d'une centaine par an – que tout autre État des États-Unis. Des ouragans atlantiques se produisent aussi dans la région, entre juillet et octobre le plus souvent, qui apportent non seulement de fortes pluies mais aussi des dévastations sur le littoral du golfe du Mexique. En dépit de ces tempêtes, le sud-est des États-Unis bénéficie d'une importante insolation tout au long de l'année ; en été, les températures y sont en moyenne de 26 °C environ. Dans le sud de la zone, et en particulier en Floride, les influences maritimes modèrent les chaleurs, ce qui explique la relative faiblesse de l'amplitude thermique annuelle.

La moyenne des précipitations annuelles est d'environ 750 mm dans l'ouest de la zone et dépasse les 1 500 mm dans le Sud.

Le Sud-Ouest

Une bonne partie de la région Sud-Ouest, qui comprend le Nevada, l'Utah, le Colorado, l'Arizona, le Nouveau-Mexique et l'intérieur de la Californie, est extrêmement aride (désertique ou semi-désertique), alors qu'une grande portion de la côte californienne jouit d'un climat de type méditerranéen.

En dehors de la bande littorale, les conditions désertiques qui caractérisent l'intérieur de la région s'expliquent largement par le phénomène de « l'ombre de la pluie » que produisent la Chaîne côtière du Pacifique et de sierra Nevada. Ces chaînes jouent un rôle de barrière pour les masses d'air humide venant de l'ouest, de sorte que les précipitations interviennent sur le versant au vent et que l'air se réchauffe en descendant le versant sous le vent. L'absence d'humidité donne des ciels de désert très purs, ce qui apporte des températures très élevées dans la journée, températures qui baissent aussi rapidement que fortement la nuit.

Les précipitations de la zone sont inférieures à 250 mm par an, et l'on note même par endroits des quantités de pluies annuelles inférieures à une centaine de millimètres – alors que dans les contrées montagneuses du Nouveau-Mexique et du nord de l'Arizona, les chiffres annuels peuvent dépasser les 750 mm. Les étés sont longs et torrides dans le désert, les hivers brefs et doux. Les températures moyennes sont de 30-35 °C en été pour s'établir à 18-24 °C en hiver. La température la plus élevée, enregistrée dans la Vallée de la Mort, est de 57 °C, la plus basse, de -9 °C.

Le climat côtier du nord de la Californie est comparable à celui du Nord-Ouest Pacifique, mais plus au sud il se fait plus chaud et sec en été, plus doux en hiver (avec des précipitations modérées). San Francisco connaît toutefois un microclimat ; les étés y sont rafraîchis par les brouillards marins, de sorte que la moyenne maximale, en juillet, n'est que de 22 °C – à comparer aux 27 °C de Los Angeles.

Hawaii

L'archipel hawaiien est le seul État des États-Unis à être situé hors du continent nord-américain, le seul aussi dont le climat soit tropical. Cependant, du fait des influences maritimes modératrices et de la topographie, le climat hawaiien est souvent considéré comme plus proche d'un climat subtropical : les températures et l'humidité sont moindres qu'il n'est courant dans les îles tropicales de latitudes proches. Dans les zones de basse altitude, les brises marines contribuent à ces effets modérateurs ; dans l'intérieur des îles, aux reliefs marqués, l'altitude joue un rôle important.

Les températures ne varient guère au cours de l'année. À Honolulu, par exemple, elles vont de 23 °C en janvier à 27 °C en juillet. Elles peuvent tomber à moins de 18 °C par endroits en hiver et en altitude (il arrive même que se produisent des chutes de neige hivernales).

Outre leurs effets prononcés sur les températures, les vents dominants, des alizés de nord-est, apportent de fortes précipitations sur les versants nord-est des îles – qui comptent parmi les lieux les plus arrosés du monde. Un record de 18 780 mm de pluie en un an a été relevé à Kukui (Maui) ; il est arrivé que plus de 300 mm de pluie tombe en une heure à Kauai, où le mont Waialeale reçoit en moyenne plus de 11 600 mm de précipitations par an. En raison du phénomène d'ombre de la pluie cependant, certaines zones situées sur le versant sous le vent des collines et montagnes, dans les secteurs sud-ouest en particulier, ne reçoivent chaque année que moins de 650 mm de pluie.

Entre mai et novembre, les îles Hawaii sont exposées à des tempêtes tropicales, relativement rares toutefois, et moins violentes que les ouragans et typhons qui frappent maintes autres régions comparables.

Ci-contre : palmiers sur la plage de Waikiki, à Oahu (Hawaii).

Page ci-contre : vestiges mayas d'El Castillo (« le château ») au sein du site archéologique de Tulum, sur la côte caribéenne du Mexique.

Le Mexique et l'Amérique centrale

Mexique

Dans le domaine climatique, le Mexique est scindé en deux régions – l'une, tempérée, au nord, et l'autre, tropicale, au sud – par le tropique du Cancer. La topographie produit cependant des effets marqués sur le climat : des montagnes et des hauts plateaux occupent une grande part du pays. L'influence de l'océan Pacifique et celle du golfe du Mexique se font également sentir. Des portions de la côte nord-ouest, dans les environs de Tijuana, jouissent par exemple d'un climat de type méditerranéen, caractérisé par sa douceur, ses brouillards marins et ses hivers humides. Ailleurs, les conditions varient de la chaleur humide de maintes régions littorales (dans le Sud, en particulier) à la relative douceur du Plateau central, où règne une sorte de perpétuel printemps. Des variations saisonnières existent néanmoins. Dans le nord du Mexique, le climat est plus continental, avec des étés chauds et des hivers froids.

Les températures du Sud (y compris la péninsule du Yucatán) sont en moyenne de 24-28 °C tout au long de l'année ; plus au nord, elles sont de 20-24 °C dans les zones basses, de 8-12 °C en altitude.

Les niveaux de précipitations sont très variables eux aussi, tant d'une saison à l'autre que d'un endroit à l'autre : l'aridité marque une grande partie du Nord et du Plateau central (qui reçoit de 300 à 600 mm de pluie par an en moyenne), alors que certaines contrées du sud-est du pays reçoivent plus de 2 000 mm de précipitations annuelles (entre juin et octobre surtout, lors de ce qui peut être qualifié de « saison des pluies »). Des chutes de neige se produisent parfois dans le Nord en hiver, et la menace des ouragans pèse sur les deux côtes de juin jusqu'à la fin de novembre.

Amérique centrale

Les climats qui prédominent en Amérique centrale sont de type subtropical et tropical humide, tout particulièrement dans les régions littorales basses ; en altitude, on trouve des climats plus tempérés, voire alpins. Dans certaines contrées côtières, au Belize par exemple, les alizés de nord-est modèrent les températures ; l'intérieur tend à être plus chaud. Les températures de la région sont plutôt élevées tout au long de l'année (de 16 à 32 °C en moyenne, en janvier et en juillet respectivement) ; en altitude, notamment dans les montagnes du Guatemala, du Costa Rica et du Panama, les moyennes s'établissent entre 10 et 27 °C (la fraîcheur s'impose au-dessus de 1 500 m).

L'humidité relative est en moyenne de 80 % environ dans maintes zones d'Amérique centrale, dont la majeure partie ne connaît que deux saisons (l'une sèche, l'autre humide). La saison des pluies s'étend de mai à octobre au Belize, au Guatemala, au Salvador et au Honduras, de mai à novembre au Nicaragua, de mai à décembre au Costa Rica, de mai à janvier au Panama. Certaines contrées sont en revanche touchées en juillet et août par la *canicula*, caractérisée par de longs épisodes de sécheresse. Pour ce qui est des précipitations, à l'exception de certains secteurs de l'intérieur du Salvador, plutôt arides, une grande partie de l'Amérique centrale reçoit des précipitations annuelles importantes : de 830 mm dans le sud du Honduras à 3 800 mm au Belize et jusqu'à 6 350 mm au long de la côte des Mosquitos, au Nicaragua. Les pluies tombent surtout sous forme de violents orages, et il n'est pas rare que des ouragans viennent frapper l'intérieur de la région.

Les îles caraïbes et atlantiques

Le climat des Caraïbes, comme celui des Bermudes (dans l'océan Atlantique), est subtropical, avec des températures annuelles plutôt élevées et de faibles variations saisonnières ; les températures sont modérées par les alizés et les influences maritimes. Dans certaines parties de la Jamaïque et d'Haïti cependant, et plus au sud dans des îles telles que la Dominique, Sainte-Lucie, Saint-Vincent, les Grenadines, la Barbade ou Trinité-et-Tobago, le climat est plus tropical. En altitude en revanche, les températures tendent à chuter de manière significative, ce qui donne des conditions plus tempérées. La majeure partie de la région connaît une saison sèche (de décembre à mars, environ) et une saison humide (de mai ou juin à octobre ou novembre). Certains sites comptent toutefois deux saisons des pluies : à la Jamaïque par exemple, elles se produisent en mai-juin et de septembre à novembre, alors qu'à Haïti elles interviennent d'avril à juin et en octobre-novembre. Les orages et les averses torrentielles sont courants lors des saisons humides ; les ouragans sont des phénomènes fréquents (et parfois dévastateurs) d'août à octobre ou novembre. Si l'amplitude thermique est faible d'une saison à l'autre, les températures les plus élevées tendent à survenir lors de la saison des ouragans, les plus basses dans la période qui suit. Les températures moyennes s'étagent de 18 °C environ en hiver à 35 °C environ en été. Les précipitations annuelles sont très variées, de 530 mm dans les îles Turques-et-Caïques (ou Turks et Caïcos) et 650 mm dans la baie de Guantanamo à Cuba, jusqu'à 3 800 mm sur les sommets de Sainte-Lucie et 5 000 mm sur les montagnes Bleues et la côte nord-est de la Jamaïque.

Ci-contre : la majeure partie des îles des Caraïbes ont un climat subtropical, aux faibles variations saisonnières. Les températures y sont modérées par l'influence des mers et celle des alizés.

En haut et page ci-contre : dans les forêts tropicales humides, il pleut presque chaque jour ; une chaleur moite y règne tout au long de l'année. La quantité de vapeur d'eau contenue dans l'air est importante car une grande partie de l'évaporation, dans l'incapacité de s'élever au-dessus de la canopée pour être emportée par les vents, retombe sous forme de pluie.

AMÉRIQUE DU SUD

Le Nord

Une grande partie de l'Amérique du Sud s'étend sous les tropiques (entre tropique du Cancer et tropique du Capricorne), ce qui n'empêche pas les variations climatiques. Dans les parties les plus au nord du continent, à proximité de l'équateur et au nord de celui-ci (en Colombie, au Venezuela, en Guyana, au Suriname et en Guyane française), le climat est chaud, humide, tropical avec une saison des pluies survenant lors de l'été de l'hémisphère nord, des environs de mai jusqu'en août. Dans certaines zones, une seconde saison humide se présente entre novembre et janvier ; d'autres contrées connaissent des pluies presque permanentes. Dans certains secteurs du bassin de l'Amazone, la moyenne des précipitations annuelles atteint ou dépasse les 3 000 mm. En revanche, les côtes du nord de la Colombie et du Venezuela sont étonnamment arides – les sécheresses y sont sévères lors de la saison sèche, tout comme dans certaines contrées du nord-est du Brésil. L'amplitude thermique annuelle est faible : les températures se maintiennent en moyenne entre 28 et 31 °C, mais dépassent souvent les 32 °C juste avant la saison des pluies. Les zones d'altitude sont généralement plus fraîches ; les côtes de Guyana et du Suriname bénéficient de l'influence modératrice des alizés de nord-est.

Le centre de l'Amérique du Sud

Une bonne part de la région sise entre l'équateur et le tropique du Capricorne est occupée par le Brésil et le vaste bassin tropical de l'Amazone, où la saison des pluies, entre novembre et avril (2 000 mm de pluie tombent durant l'été de l'hémisphère sud) est suivie d'une saison sèche de mai à octobre. En Équateur et dans les montagnes du Pérou à l'ouest, la saison des pluies dure généralement de décembre à mai, cependant que le littoral du Pérou et du nord du Chili est désertique (il ne reçoit presque aucune pluie).

Les températures moyennes vont de 17-21 °C en hiver à 23-27 °C en été ; elles se rafraîchissent en altitude, jusqu'à dessiner des climats tempérés et même alpins. En Amazonie, les températures s'établissent dans la fourchette des 29-33 °C (sans variations saisonnières). Dans les hautes terres de l'Est et dans le sud-est du Brésil pénètrent parfois des fronts froids venus de l'Argentine (au sud), qui apportent des nuages et des pluies hivernales. Les températures tombent alors à 10 °C, ou parfois moins encore – même si des maxima de 32 °C peuvent être relevés en hiver, ainsi que des températures de 38 °C et davantage en été.

Dans le sud-ouest de la région, le climat de la Bolivie varie de la chaleur moite des forêts pluviales et des prairies de l'Est à l'aridité des hauts plateaux de l'Altiplano, où l'amplitude thermique peut être considérable.

Le Sud

Au fur et à mesure que l'on s'éloigne du tropique du Capricorne vers le sud, le climat se fait de plus en plus tempéré dans une grande portion de l'Argentine, du Chili et de l'Uruguay ; la tendance se poursuit en Patagonie, jusqu'au climat maritime froid des îles Malouines et aux glaciales conditions subarctiques de la pointe australe de l'Argentine. Plus au nord en revanche, au Paraguay, le climat va de doux et humide dans le Nord, à subtropical dans le Sud. Les précipitations varient elles aussi, de 1 500 à 750 mm environ ; quant aux températures, elles s'étalent de 16 °C en hiver jusqu'à 38° C en été.

Au Chili, qui s'étire interminablement au long du Pacifique, l'océan et les Andes constituent les

influences majeures. Les climats vont de l'aridité du désert d'Atacama au nord jusqu'à la rigueur du Sud où soufflent des vents violents (quarantièmes rugissants et cinquantièmes hurlants) et où les précipitations annuelles dépassent souvent les 4 000 mm, en passant par la douceur méditerranéenne (étés chauds et secs, hivers doux et humides) du centre du pays.

En Uruguay et dans le centre de l'Argentine, les étés sont chauds (sans être torrides) et humides, avec des températures d'environ 25 °C, cependant que les hivers sont généralement doux (15 °C environ). Les précipitations se répartissent au long de l'année. Elles atteignent environ 1 000 mm par an en Uruguay, mais décroissent d'est en ouest. Une grande partie de la Patagonie argentine est très sèche, abritée qu'elle est par les Andes chiliennes, mais les précipitations peuvent y intervenir à toute période de l'année, et le temps nuageux est chose fréquente en hiver aussi bien qu'en été. Les températures de la région sont assez fraîches ; elles tombent souvent en dessous de 0 °C en hiver, notamment dans le Grand Sud battu par les vents, mais en été des vents chauds descendent des montagnes.

Page ci-contre, en haut : la Vallée de la Mort du désert d'Atacama (dans le nord du Chili) est l'un des lieux les plus arides de cette partie du monde, voire de la planète entière. En règle générale, l'année s'y écoule sans que tombe la moindre pluie.

Page ci-contre, en bas : le Machu Picchu se défait lentement de ses brouillards matinaux. Cette région du Pérou connaît un climat presque subtropical, alors que d'autres contrées du pays, très arides, ne reçoivent que très peu de précipitations.

En haut : les Andes abritent de vastes régions de l'Argentine, de sorte que le climat est plutôt sec dans la pampa (bien que les nuages n'y soient pas rares). Les températures peuvent être fraîches.

EUROPE

L'Europe du Nord

Danemark

Le climat du Danemark est considéré comme tempéré, ainsi que soumis à des influences maritimes. Les étés y sont doux et ensoleillés, les hivers, froids, nuageux, souvent pluvieux – la majeure partie des précipitations surviennent cependant à la fin de l'été et au début de l'automne. En automne et en hiver, de puissants vents venus de l'Atlantique abaissent parfois la température.

Le mois le plus froid est février (de -3 °C à 2 °C), le plus chaud est juillet (14-22 °C environ). La moyenne annuelle des précipitations s'établit aux environs de 600 mm, dont un dixième survient sous forme de neige (entre janvier et mars, le plus souvent).

Estonie

En règle générale, l'Estonie connaît des hivers froids et des étés frais ; l'intérieur du pays est marqué par un climat continental, avec une forte amplitude thermique. Le littoral, baigné par la Baltique, bénéficie d'un climat maritime : les hivers y sont relativement plus doux.

Les précipitations annuelles vont de 500 à 700 mm environ (les pluies les plus importantes surviennent à la fin de l'été) ; quant aux températures, elles s'étalent de -7 °C à -3 °C en janvier jusqu'à 15-18 °C en juillet.

Finlande

Malgré sa situation géographique septentrionale, la Finlande jouit d'un climat que tempèrent les eaux du golfe de Botnie, du golfe de Finlande, de la mer Baltique et du courant nord-atlantique, ainsi que celles de ses milliers de lacs. Ce climat n'en demeure pas moins froid (on pourrait ainsi le qualifier de « tempéré froid »). Les hivers sont longs et glacials, dans le Nord en particulier, où la neige persiste une bonne partie de l'année, cependant que les étés sont frais, avec parfois une vague de chaleur.

Les températures moyennes, -9 °C environ en février, peuvent monter jusqu'à 23 °C en juillet ; la moyenne annuelle des précipitations est d'environ 450 mm dans le Nord et 700 mm dans le Sud (neige comprise).

Groenland

S'il fait géographiquement partie du continent nord-américain, le Groenland est ici associé au Danemark, auquel il est rattaché en tant que territoire autonome. Plus des quatre cinquièmes des terres sont recouvertes en permanence par une calotte glaciaire ; le climat peut être qualifié de polaire ou d'arctique dans le Nord, de subarctique dans le Sud (en particulier dans les régions littorales où s'exerce une influence maritime modératrice). Les hivers sont longs et glacials, les étés brefs et frais.

Dans le nord du Groenland, les températures vont de -23 °C en février à 5 °C en juillet (dans le Sud, -8 °C et 10 °C, respectivement). Les précipitations annuelles sont en moyenne de 1 200 mm environ.

Page ci-contre, en haut : l'abondance des précipitations, dans l'Ouest notamment, vaut à l'Irlande ses surnoms d'Île d'Émeraude ou d'Île verte.

Ci-dessous : les icebergs vêlés par le glacier de Vatnajökull gisent dans le lac glaciaire de Jökulsárlón, en Islande.

Irlande

Le climat de l'Irlande est tempéré, mais modifié par diverses influences maritimes (dont celle du courant nord-atlantique) ainsi que par les vents dominants, venus de l'Atlantique. Les conditions météo sont généralement douces et humides, très variables aussi. Les pluies sont fréquentes dans tout le pays et à tout moment de l'année, mais elles tombent surtout en hiver et dans l'Ouest, les basses terres de l'Est étant dans l'ensemble moins arrosées.

Les précipitations moyennes sont comprises entre 750 et 1 250 mm par an, les températures entre 4 et 7 °C en hiver et entre 14 et 16 °C en été (elles sont donc plus élevées de 15 °C en hiver, et plus basses de 4 °C environ en été que celles de nombre de contrées sises aux mêmes latitudes).

Islande

En dépit de l'étymologie qui fait de l'Islande une « terre de glace », son climat est relativement modéré car réchauffé par les courants de la dérive nord-atlantique et du Gulf Stream. La neige est toutefois susceptible de recouvrir une grande partie du pays de novembre à avril, et le temps est généralement très venteux et nuageux pendant une grande partie de l'année. Les régions septentrionales et orientales sont en outre refroidies par des glaces dérivantes et des courants polaires.

Dans le Nord, les précipitations annuelles sont d'environ 500 mm, quand dans le Sud elles vont de 1 200 à 2 000 mm environ. Les températures moyennes relevées à Reykjavík, la capitale, vont de -1 °C en janvier à 11 °C en juillet.

Lettonie

Le climat letton est dans l'ensemble tempéré ; le golfe de Riga et la mer Baltique apportent une influence maritime aux zones littorales. Les régions occidentales du pays connaissent des étés frais et des hivers relativement doux ; des variations de plus grande ampleur se font sentir dans l'intérieur, où les étés sont parfois chauds et les hivers plus rigoureux (avec une persistance de l'enneigement).

Les températures sont en moyenne de 20 °C en juillet et de -1 °C environ en janvier ; les précipitations annuelles sont comprises entre 550 et 800 mm.

Lituanie

Le climat de la Lituanie, tempéré, opère la transition entre le climat continental de la Russie et les climats plus modérés, à caractère maritime, de l'Europe occidentale. Au long des côtes de la Baltique, les hivers sont doux et les étés frais ; dans l'intérieur, les variations entre hiver et été sont un peu plus marquées.

La moyenne des températures s'établit à 17 °C environ en juillet et à -4 °C en janvier, celle des précipitations est comprise entre 600 mm dans les basses terres centrales et 850 mm dans les hautes terres proches du littoral.

Les précipitations annuelles, dont la moyenne s'établit à quelque 530 mm, se concentrent dans le sud-ouest du pays.

Norvège

Eu égard à sa situation septentrionale, la Norvège jouit d'un climat tempéré, avec des hivers doux et des étés frais, ce surtout long de la côte – qui bénéficie d'un effet de réchauffement dû à la dérive nord-atlantique, ramification du Gulf Stream. Les étés sont plus froids et les hivers plus sévères dans l'intérieur, où les chutes de neige sont plus abondantes en altitude (même si la côte occidentale reçoit davantage de pluie).

La moyenne des précipitations annuelles est proche de 1 000 mm, celle des températures de 2 °C en hiver et de 13-18 °C en été.

Suède

La climat de la Suède est de type continental tempéré ; le pays est cependant soumis – à l'instar de la Finlande et de la Norvège voisines – à des influences maritimes. Il peut donc être considéré comme relativement modéré, dans le Sud en particulier. Les hivers sont toutefois longs et rudes dans le Nord subarctique, alors que les étés sont brefs et doux dans tout le pays.

Dans le Nord, les températures moyennes vont de -11 °C en février à 15 °C en juillet. Pour les mêmes périodes, elles vont de -3 °C à 18 °C dans le Sud.

Royaume-Uni

Angleterre

Le climat anglais est tempéré et, comme celui du reste du Royaume-Uni, soumis à des influences maritimes modératrices (celle du Gulf Stream principalement, qui explique que le climat de l'Angleterre soit plus doux que celui de Terre-Neuve ou du Labrador, au Canada, pourtant à la même latitude). Les étés sont doux et les hivers également, et les précipitations les plus abondantes surviennent en automne. Les régions de l'est du pays sont moins arrosées que celles de l'Ouest, et les chutes de neige se concentrent dans le Nord.

La moyenne des précipitations annuelles dépasse les 750 mm dans tout le pays, tandis que celle des températures est de 9 °C dans le Nord et de 11 °C dans le Sud (elle est plus élevée à Londres, où règne un microclimat, que dans les contrées voisines).

Écosse

Comme celui du reste du Royaume-Uni, le climat de l'Écosse est influencé par les mers qui baigne le pays, et dont les effets modérateurs donnent des hivers et des étés relativement doux. L'Écosse tend toutefois à être plus froide et plus nuageuse ; dans certaines contrées comme les Highlands, les hivers sont fort rudes et les chutes de neige abondantes, alors que la côte occidentale doit au Gulf Stream des conditions plus clémentes.

La moyenne des températures est d'environ 2 °C en janvier et de 16 °C en juillet ; celle des précipitations annuelles varie de plus de 3 000 mm dans les hautes terres de l'Ouest à moins de 800 mm dans certains secteurs de l'Est.

Irlande du Nord

L'Irlande du Nord partage le climat tempéré humide qui caractérise l'Irlande dans son ensemble. Soumise à des pluies fréquentes, elle est sous l'influence du Gulf Stream et des vents qui sont associés à ce courant, de telle sorte que les étés sont généralement plus frais et les hivers plus doux que dans le reste

du Royaume-Uni. Cependant, Belfast et la côte est sont fréquemment battus par des vents froids en hiver.

La moyenne des températures est de 4 °C en janvier et de 14 °C en juillet, celle des précipitations dépasse les 1 000 mm dans les régions montagneuses et s'établit à environ 750 mm partout ailleurs.

Pays de Galles

Le climat du pays de Galles est tempéré, modéré, avec des étés doux et souvent pluvieux ainsi que des hivers peu rigoureux qui résultent tant du relief que de la proximité de l'océan Atlantique et de la prédominance des vents d'ouest qui apportent l'humidité dans l'intérieur. Les précipitations varient cependant d'une région à l'autre ; elles s'accroissent avec l'altitude, de telle sorte qu'elles sont le plus abondantes dans le massif du Snowdon (où de fortes chutes de neige hivernales sont en outre chose fréquente).

L'Est et les régions littorales reçoivent moins de 1 000 mm de précipitations annuelles, et la Snowdon la région du plus de 3 000 mm. Les températures moyennes sont de 5 °C en janvier et de 16 °C en juillet.

Europe occidentale

Allemagne

Le climat de l'Allemagne est tempéré, avec des influences maritimes – surtout dans le Nord-Ouest, où les hivers sont relativement doux, alors que dans l'intérieur les variations saisonnières sont plus marquées, les hivers plus froids et les étés plus chauds. Les régions orientales connaissent des conditions relativement modérées, alors qu'en altitude dans l'intérieur et dans le Sud le climat est alpin (précipitations plus abondantes, températures plus basses, enneigement fréquemment prolongé).

Selon les régions, les températures moyennes vont de -6 °C à 1 °C en janvier et de 16 °C à 20 °C en juillet ; les précipitations varient de 700 mm dans les basses terres du Nord à près de 2 000 mm dans le Sud (où elles prennent surtout la forme de neige).

Autriche

L'Autriche est un pays très montagneux, dont le climat connaît de fortes variations liées à la topographie régionale – il fait généralement plus froid au fur et à mesure que l'on gagne en altitude, mais en hiver l'air froid descend parfois dans les vallées. Le pays est soumis à trois influences majeures, atlantique, méditerranéenne et continentale, ainsi qu'à des vents locaux chauds comme le foehn, qui généralement provoque la fonte des neiges au printemps. L'hiver autrichien est froid, l'été chaud et humide, le printemps et l'automne, doux.

Les températures moyennes annuelles vont de 7 à 9 °C (18 à 20 °C dans les grandes villes telles

En haut : arc-en-ciel sur Kyleakin, dans l'île écossaise de Skye. L'ouest de l'Écosse reçoit plus de 3 000 mm de précipitations par an.

Ci-contre : le climat tempéré de l'Angleterre convient parfaitement aux arbres à feuillage caduc tels que le hêtre. Les campanules tapissent les bois au début du printemps, lorsque les jeunes frondaisons ne sont pas encore assez denses pour s'opposer au passage de la lumière.

Page ci-contre : Ålesund, en Norvège, jouit d'un climat relativement doux de par la présence de la dérive nord-atlantique, ramification du Gulf Stream.

que Vienne lors du mois le plus chaud, juillet). Les précipitations annuelles (surtout abondantes en été) varient de 500 à 1 000 mm.

Belgique

Le climat de la Belgique est dans l'ensemble tempéré ; dans les régions littorales, l'influence maritime explique une certaine douceur humide et la fréquence des brouillards. Dans l'intérieur, les étés sont parfois chauds ; les secteurs les plus élevés connaissent des pluies abondantes et des gelées, mais les précipitations sont plutôt constantes au long de l'année.

La moyenne des précipitations annuelles est en moyenne de 700 mm, celle des températures de 8 °C (à Bruxelles, de -1 °C à 4 °C en janvier et 12 à 23 °C en juillet).

France

Le climat de la France peut être considéré comme tempéré, mais le pays est parcouru de nettes distinctions régionales, entre le Midi méditerranéen (aux étés chauds et secs, aux hivers doux et humides), les côtes du Nord et de l'Ouest (où les vents dominants et les courants atlantiques exercent leurs effets modérateurs) et les contrées intérieures et orientales (où le climat est plus continental, l'hiver plus rude, l'enneigement plus fréquent et prolongé, l'été parfois torride) ; le Sud-Est est soumis au mistral, vent froid venu du nord qui s'engouffre dans la vallée du Rhône.

Les températures moyennes vont d'environ 5 °C en janvier à 22 °C en juillet ; les précipitations annuelles sont d'environ 600 mm à Paris, un peu moins à Marseille, beaucoup plus dans les régions montagneuses où sévissent de fortes chutes de neige.

Liechtenstein

Le Liechtenstein est un minuscule pays sans littoral, qui s'étend pour partie dans la plaine inondable de la haute vallée du Rhin et pour partie dans les Alpes, ce qui lui confère un climat à la fois continental et alpin. Les hivers sont parfois froids et nuageux, pluvieux et enneigés, mais souvent aussi relativement doux, du fait des vents tièdes venus du sud – du foehn notamment, qui hâte l'arrivée du printemps. Les étés sont frais ou doux, souvent humides.

La moyenne des températures à Vaduz, la capitale, est d'environ 1 °C en janvier et 18 °C en juillet ; les précipitations annuelles vont de seulement 150 mm dans certaines contrées à quelque 1 200 mm en altitude dans les secteurs alpins.

Luxembourg

Le climat du Luxembourg est tempéré, modéré ; il représente une transition entre celui, continental,

Ci-contre : la glace festonne les branchages dans une vallée enneigée du sud de l'Allemagne, près du Königssee. Le climat de l'Allemagne, plutôt modéré, ne connaît généralement pas de périodes de froid ou de chaleur prolongées.

Page ci-contre, en bas : les étés sont doux et ensoleillés en Autriche, où d'agréables brises de montagne soufflent pour parfaire les conditions dont bénéficient les randonneurs.

de l'Europe de l'Est et celui, plus maritime, de l'Europe du Nord-Ouest. Les étés sont relativement frais et les hivers cléments ; dans le Nord toutefois (notamment en altitude, dans les Ardennes), les hivers sont plus rigoureux.

Les précipitations sont plus abondantes dans le sud-ouest du pays, mais dans l'ensemble la moyenne annuelle s'établit aux alentours de 750 mm. Les températures peuvent tomber au-dessous de 0 °C en hiver et dépasser les 30 °C en été, ce qui donne une moyenne annuelle d'environ 10 °C.

Monaco

Le climat de Monaco est méditerranéen, avec des étés chauds, des hivers doux et quelque 300 jours d'ensoleillement annuel, sans presque aucune interruption par la pluie. Les mois les plus chauds sont ceux de juillet et août, les plus froids ceux de janvier et février.

Les précipitations annuelles, qui atteignent environ 730 mm, se concentrent surtout en octobre et novembre. Les températures moyennes vont de 8-12 °C en janvier à 22-26 °C en août.

Pays-Bas

Le caractère continental du climat tempéré des Pays-Bas est modéré par les influences maritimes de l'Atlantique et de la mer du Nord. On note de légères variations dans l'intérieur. Le temps est fréquemment calme et nuageux, et les pluies se répartissent assez également dans l'année. En hiver, des vents froids et des masses d'air humides abaissent souvent les températures, en particulier dans les zones littorales (ce que font aussi parfois des masses d'air glaciales venues de l'Arctique et de la Sibérie) ; la douceur tend à régner de mai à septembre.

Les moyennes de températures sont comprises entre -1 °C et 4 °C en janvier, entre 12 °C et 22 °C en juillet. Les précipitations annuelles atteignent environ 750 mm.

Suisse

Le climat de la Suisse est tempéré, mais les conditions varient régionalement en fonction de la topographie du pays, qui compte aussi bien des vallées et plateaux bas que les montagnes des Alpes aux vastes glaciers et aux neiges éternelles – or, on sait que la température décroît à mesure que l'on s'élève en altitude. Les températures hivernales sont fréquemment inférieures à 0 °C dans tout le pays, alors que les étés sont doux, voire chauds, surtout à basse altitude. Des vents soufflent en été dans les vallées, qui se réchauffent dans la journée et se refroidissent la nuit. En hiver, le foehn chaud et sec parcourt parfois les Alpes.

Les températures moyennes sont de -2 °C en janvier et de 16 °C en juillet. La moyenne des précipitations annuelles est proche de 1 000 mm dans le Nord, de 900 mm dans le Sud.

Europe de l'Est

Biélorussie

Le climat de la Biélorussie est tempéré et continental, modéré par l'océan Atlantique et la mer Baltique. Il est généralement frais et humide, avec des étés chauds et moites, des hivers froids et des précipitations plutôt abondantes, surtout dans l'intérieur.

Les températures moyennes vont de 18 °C en juillet à -7 °C en janvier (des températures beaucoup plus glaciales sont parfois relevées dans le nord du pays). Les précipitations annuelles varient entre 550 et 700 mm environ.

Bulgarie

Le climat de la Bulgarie est dans l'ensemble continental, avec des étés chauds et des hivers froids ; dans le Sud cependant, il prend un aspect plus méditerranéen, avec des étés plus secs et des hivers doux et humides. L'hiver tend en outre à être plus clément sur les côtes de la mer Noire, mais les vents venus de Russie au nord-est apportent souvent des périodes plus froides.

Les précipitations moyennes sont d'environ 630 mm par an, février étant le mois le plus sec et mai le plus arrosé dans la majeure partie du pays. Dans le Sud toutefois, les pluies surviennent davantage en automne et en hiver.

La température moyenne de janvier est de 2 °C, celle de juillet, de 21 °C.

Hongrie

La Hongrie connaît un climat tempéré, continental, aux variations saisonnières marquées. Le printemps y est souvent doux, l'été chaud, humide et orageux, l'automne sec, l'hiver froid, nuageux et fréquemment neigeux.

Les températures moyennes vont de -1 °C en janvier à 21 °C en juillet. Les précipitations annuelles sont en moyenne de 650 mm environ.

Moldavie

Le climat de ce pays est dans l'ensemble tempéré et continental, influencé cependant – dans une certaine mesure – par la mer Noire. Les hivers sont plutôt doux et secs, les étés plutôt chauds et humides. Les précipitations sont variables, souvent plus élevées dans le nord du pays, en altitude ; quand au Sud, il connaît de fréquentes sécheresses.

Les précipitations annuelles vont de 350 mm dans le Sud à 600 mm dans le Nord ; la moyenne des températures va de -5 °C en janvier à 24 °C en juillet.

Pologne

Le climat de la Pologne est dans l'ensemble continental, avec des étés relativement doux et humides, marqués par de fréquents orages, et des hivers rigoureux ; la neige recouvre le sol des semaines durant, en particulier dans le nord et l'est du pays, alors que la mer Baltique exerce une influence modératrice sur les régions occidentales.

La majeure partie des précipitations surviennent en été ; leur abondance est très variable entre régions basses et zones montagneuses ; la moyenne annuelle dépasse légèrement les 600 mm pour le pays dans son ensemble, où les températures moyennes vont de -5 °C à 0 °C en janvier et de 17 °C à 24 °C en juillet.

République tchèque

Le climat tchèque est généralement tempéré et continental, avec des étés chauds et humides, des hivers froids et plutôt secs, en particulier dans les régions plates de l'intérieur (dans les zones montagneuses du Nord, les hivers sont plus rudes, souvent marqués par de fortes pluies et des chutes de neige persistantes ; dans le Sud en revanche, les étés sont torrides et les hivers, doux).

Les températures moyennes de janvier vont de -4 °C à 1 °C, celles de juillet, de 14 °C à 23 °C ;

la moyenne des précipitations annuelles s'établit aux environs de 700 mm.

Roumanie

Le climat de la Roumanie est tempéré et continental, avec de longs hivers froids et neigeux, des étés chauds, voire torrides. Dans les zones montagneuses, les températures hivernales sont particulièrement basses (un rude vent du nord-est, le crivat, souffle de Russie), alors qu'en été les Carpates sont fraîches et humides – quand les vents dominants dans les régions de plaine sont tièdes et secs, de sorte que ces zones connaissent de fréquentes sécheresses.

Les températures vont de -7 °C en janvier à 30 °C en juin, et les précipitations annuelles sont en moyenne de 650 mm environ.

Slovaquie

La Slovaquie se caractérise par un climat continental tempéré, fréquemment humide, avec des hivers froids et des étés plutôt chauds. Les plaines de l'Est connaissent des étés plus chauds et plus secs. Dans les Hautes Tatras et la Carpates, les hivers sont rigoureux ; c'est là que tombent les précipitations les plus abondantes – elles peuvent atteindre annuellement 1 000 mm, voire 2 000 mm, alors qu'elles sont en moyenne de 500 mm pour l'ensemble du pays. La moyenne des températures est d'environ -1 °C en janvier, de 21 °C en juillet.

Ukraine

L'Ukraine est principalement tempérée et continentale, avec quatre saisons distinctes, de longs hivers froids et des étés torrides (cependant, sur la côte de Crimée, dans le sud du pays, le climat est plutôt de type méditerranéen, avec des hivers plus doux et des étés plus secs). Dans l'est du pays les étés sont réchauffés et les hivers refroidis par les masses d'air venues des steppes d'Asie.

Dans le Nord, les températures moyennes vont de -8 °C en janvier à 29 °C en juin (de -2 °C à 32 °C dans le Sud). La moyenne des précipitations annuelles s'établit à 500 mm environ pour l'ensemble du pays – le Nord et les zones montagneuses en recevant souvent deux fois plus que le Sud.

Europe du Sud

Albanie

Le climat de l'Albanie est généralement tempéré ; cependant, les côtes basses jouissent de conditions méditerranéennes, avec des étés chauds et secs, des hivers doux. La plupart des précipitations surviennent en hiver – marqué par des orages dans les plaines et de fortes chutes de neige dans les montagnes, qui toutefois tendent à recevoir davantage de pluie en été.

Le mois le plus chaud est août (températures moyennes comprises entre 17 °C et 31 °C), le plus sec

Page ci-contre, en haut : la pêche dans un lac gelé en Biélorussie. Ce pays dépourvu de littoral connaît des hivers froids et des étés plutôt chauds et humides.

Ci-contre : les Carpates, aux confins de la Pologne et de la Slovaquie, reçoivent de très abondantes précipitations. En hiver, les pentes se couvrent d'une épaisse couche neigeuse.

étant juillet (précipitations moyennes d'environ 30 mm). Janvier est le mois le plus froid (températures moyennes allant de 2 °C à 12 °C), décembre le plus humide (précipitations moyennes d'environ 200 mm).

Andorre

Le climat d'Andorre, petite principauté sise sur les pentes méridionales de la chaîne des Pyrénées, peut être qualifié d'alpin, avec des étés secs, doux ou plutôt chauds selon l'altitude, et des hivers rigoureux (certaines vallées du nord d'Andorre demeurent enneigées plus de la moitié de l'année).

Les températures moyennes vont de -1 °C à 6 °C en janvier, de 12 °C à 26 °C en juillet ; la moyenne des précipitations annuelles est d'environ 800 mm.

Bosnie-Herzégovine

Le climat de la Bosnie-Herzégovine varie selon les régions : on peut le qualifier de « subméditerranéen » dans le sud du pays (étés plutôt chauds et ensoleillés, hivers relativement doux), de plus continental dans le Nord et l'intérieur, de plus alpin en altitude (hivers plus longs et plus froids, glacials même parfois).

La moyenne des températures de janvier est de 0 °C, celle de juillet, de 22 °C. La moyenne des précipitations est d'environ 625 mm.

Croatie

La Croatie se signale par ses variations climatiques régionales marquées. La côte dalmate, au sud de Split, connaît un climat méditerranéen (étés chauds et secs, hivers doux), quand la plaine pannonienne se caractérise par son climat continental (étés chauds, hivers froids) ; les Alpes dinariques connaissent des étés doux et des hivers aux fortes précipitations ; le climat d'une grande partie de la côte peut être qualifié d'adriatique (étés longs et plutôt chauds, hivers brefs et secs, placés sous l'influence du bura, vent froid du nord-est).

Les précipitations annuelles sont de 875 mm. Quant aux températures, elles vont dans l'intérieur de 0 °C en janvier à 24 °C en juillet, et sur la côte de 9 °C à 25 °C.

Espagne

Le climat de l'Espagne présente des variations considérables, entre la fraîcheur humide de la côte nord, le caractère continental du plateau central (aux étés chauds et aux hivers froids), celui, méditerranéen, du sud et de l'est du pays, sans oublier le climat subtropical de l'extrême Sud, où les températures hivernales sont les plus élevées de toute l'Europe continentale : 14 °C en moyenne.

Ailleurs, les températures hivernales/estivales sont de 10/19 °C à Bilbao et de 8/23 °C à Madrid.

Ci-contre : brumes et brouillards sur les champs en Italie, pays dont le climat très diversifié comprend cinq zones principales. La zone alpine, se caractérise par ses hivers froids, ses étés doux et ses précipitations abondantes ; la plaine du Pô connaît un climat continental avec des hivers froids et des étés plutôt chauds ; la zone tyrrhénienne occidentale présente des hivers frais et des étés plutôt chauds ; sur la côte adriatique, les étés sont plutôt chauds également, mais les hivers froids ; quant au Sud, il est méditerranéen, avec ses hivers doux et humides ainsi que ses étés chauds et secs.

Page ci-contre, en haut : la Grèce jouit d'étés chauds, d'hivers doux et d'un ensoleillement généreux, mais le sud et l'est du pays sont souvent très secs.

Les précipitations annuelles, qui atteignent ou dépasse les 900 mm dans le Nord, sont comprises entre 300 et 600 mm dans le Sud.

Grèce

Le climat de la Grèce est méditerranéen, avec une insolation prolongée tout au long de l'année, de longs été très chauds et secs, des hivers doux et humides. Des variations régionales existent cependant : mentionnons le climat plus sec dans le sud et l'est que dans le nord et l'ouest du pays.

Les précipitations annuelles moyennes vont de 500 à 1 200 mm dans le Nord, de 400 à 800 mm dans le Sud. Les températures estivales sont en moyenne comprises entre 29 °C et 35 °C en juillet et août, mais dans les régions côtières, un vent du nord rafraîchissant, l'étésien, souffle fréquemment de la mer Égée. En janvier et février, mois les plus froids, les températures moyennes, qui passent sous le zéro dans le Nord, sont comprises entre 5 et 10 °C sur les côtes et entre 0 et 5 °C dans l'intérieur – ce qui n'empêche nullement le soleil de briller.

Italie

Le climat de l'Italie est à la fois tempéré et très diversifié régionalement, avec cinq grandes zones climatiques : la zone alpine, aux hivers froids, aux étés doux et aux précipitations abondantes ; la plaine du Pô, au climat continental avec des hivers rigoureux et des étés doux ; la zone tyrrhénienne occidentale, aux hivers frais et aux étés plutôt chauds ; la côte adriatique, aux étés plutôt chauds également, mais aux hivers froids (sous l'influence du bora, vent froid de nord-est) ; enfin le Sud, méditerranéen, aux hivers doux et humides, aux étés chauds et secs (sous l'effet du torride sirocco venu d'Afrique).

Les températures moyennes annuelles vont de 11 °C à 19 °C, les précipitations de 500 mm dans certaines contrées du Sud à plus de 1 500 mm dans certaines régions du Nord.

Macédoine

Le climat macédonien est essentiellement continental, avec des étés chauds et secs, particulièrement dans les régions montagneuses, des automnes secs et des

hivers froids. En altitude, les chutes de neige hivernales sont abondantes, alors qu'un climat plus doux tend à régner dans les zones les plus basses.

La moyenne des précipitations s'établit autour de 500 mm par an ; les températures moyennes vont de -20 °C à 0 °C en janvier, de 20 °C à 23 °C en juillet.

Malte

Le climat de Malte est méditerranéen, avec des étés chauds, secs et ensoleillés, des hivers doux et humides, parfois ponctués de périodes de brouillard.

En haut : vignoble de Slovénie. Le climat, continental modéré à l'intérieur du pays est idéal pour la culture de la vigne.

Page ci-contre, en bas : on enregistre dans l'extrême sud de l'Espagne les températures hivernales les plus élevées d'Europe continentale, avec une moyenne d'environ 14 °C.

La majeure partie des précipitations surviennent entre octobre et janvier ; la moyenne annuelle de ces précipitations est d'environ 550 mm, décembre étant le mois le plus humide et juillet le plus sec. Les températures moyennes vont de 9 °C environ en hiver à 31 °C en été, janvier étant le mois le plus froid et août, le plus chaud.

Monténégro

Le climat du Monténégro est principalement continental, dans l'intérieur en particulier – un climat méditerranéen prévaut cependant au long de la côte adriatique, qui connaît des étés secs et chauds ainsi que des hivers doux. Sur le littoral, les températures s'étagent de 4 °C à 12 °C en janvier, et de 19 °C à 29 °C en juillet. En altitude, elles sont respectivement de -7 °C à 2 °C et de 9 °C à 23 °C pour les mois précités. Par ailleurs, signalons que les montagnes côtières reçoivent des précipitations annuelles parmi les plus abondantes d'Europe.

Portugal

Le climat du Portugal varie très nettement selon les régions et la topographie : dans le nord du pays, il est maritime et tempéré (les hivers y sont doux et humides, les étés frais), dans le centre, les étés sont chauds, dans le Sud, il fait plus chaud encore, et beaucoup plus sec.

La moyenne annuelle des températures est de 16 °C pour l'ensemble du Portugal. Les précipitations sont plus abondantes dans le Nord, où des chutes de neige peuvent survenir en hiver : de 1 250 à 1 500 mm par an, quand dans le Sud elles se limitent à 500 mm.

Saint-Marin

Saint-Marin partage le climat de l'Italie du Nord-Est dans laquelle est enclavé ce minuscule pays : méditerranéen, avec des étés plutôt chauds et ensoleillés, des hivers doux ou frais (les températures chutant parfois au-dessous de 0 °C à la saison froide).

En été, les températures moyennes vont de 20 °C à 30 °C, et en hiver elles ne descendent pas en dessous de -6 °C. Les précipitations sont modérées : entre 550 mm et 800 mm par an en moyenne.

Serbie

La Serbie présente un climat continental modéré, aux hivers froids et aux étés plutôt chauds et humides ; dans le sud du pays, un caractère plus adriatique ou méditerranéen s'affirme, avec des étés plus secs. Dans l'intérieur, les chutes de neige sont parfois abondantes en hiver, en altitude notamment. Les moyennes de températures vont de 2-3 °C environ en janvier à quelque 23 °C en juillet.

Les précipitations se répartissent tout au long de l'année dans le nord du pays, alors que dans le Sud elles se concentrent surtout en été (elles prennent fréquemment une forme orageuse). Les précipitations annuelles vont de 1 000 à 1 500 mm dans les secteurs de basse altitude et jusqu'à 3 800 mm dans les régions montagneuses.

Slovénie

La Slovénie connaît un climat méditerranéen dans ses régions littorales, plus continental dans l'intérieur – où les étés sont chauds et les hivers froids, ce en particulier dans les vallées et sur les plateaux de l'Est. Dans les contrées montagneuses du Nord, les étés sont souvent arrosés et les hivers plus rigoureux.

Les températures moyennes vont de 0 °C à 2 °C en janvier (mois le plus froid) et jusqu'à 18-19 °C en juillet (le plus chaud). La moyenne annuelle des précipitations varie de 800 mm dans les secteurs de basse altitude les plus secs à quelque 2 000 mm dans les montagnes.

AFRIQUE

Afrique de l'Ouest

Sur le littoral ouest, du Sénégal à la Sierra Leone, les conditions sont tropicales, avec une saison des pluies chaude et humide de juin à novembre, suivie par une saison sèche plus fraîche, qui dure le reste de l'année. Durant la saison des pluies, les températures se situent en moyenne entre 26 °C et 32 °C, alors que lors de la saison sèche elles s'établissent entre 18 °C et 27 °C. Toutefois, les températures sont généralement un peu moins élevées et les précipitations souvent plus abondantes sur la côte que dans les contrées du nord et de l'intérieur de cette région. Au Sénégal et en Gambie, par exemple, l'harmattan qui souffle du Sahara peut porter les températures jusqu'à 38 °C. Les précipitations annuelles s'élèvent jusqu'à 2 000 mm environ, voire à 2 800 mm et plus dans les hautes terres de Guinée, et à 3 800 mm sur la côte de la Sierra Leone.

Des conditions comparables se rencontrent dans les régions du nord du Liberia, de la Côte d'Ivoire, du Ghana, du Togo et du Bénin, mais plus au sud le climat est équatorial, avec une longue saison des pluies (de mars à juillet) suivie d'une courte saison sèche (jusqu'à mi-septembre), puis de nouveau une courte saison humide (jusqu'à mi-novembre) et enfin une longue saison sèche (jusqu'en mars). Au Nigeria, le climat est très variable – des pluies persistantes, qui tombent tout au long de l'année dans les régions littorales du Sud, apportent jusqu'à 4 000 mm de pluie, alors que dans le centre du pays la saison des pluies, qui dure d'avril à octobre, en apporte de 1 000 à 1 500 mm. Dans l'extrême nord du Nigeria, la saison humide est beaucoup plus brève et les précipitations annuelles sont souvent inférieures à 500 mm. Les températures sont toute l'année comprises entre 25 °C et 28 °C, mais par endroits elles peuvent tomber au-dessous de 12 °C la nuit et dépasser les 38° C le jour.

Au Mali et au Niger, dans l'intérieur de l'Ouest africain, le climat est chaud et sec, désertique dans le Nord (aux températures extrêmement élevées et aux précipitations inférieures à 125 mm par an), semi-aride dans le Sahel, différent encore dans le Sud, où une brève saison humide (de juin à septembre) apporte entre 800 et 1 400 mm de précipitations.

Ci-contre : le sol ridé du désert de Namib, où les précipitations annuelles ne dépassent guère les 50 mm ; le climat est ici influencé par le courant océanique froid de Benguela.

Page ci-contre, en haut : le Kenya jouit d'un climat tropical, chaud et humide sur la côte, tempéré dans l'intérieur, très sec dans les régions du nord et du nord-est du pays.

Page ci-contre, en bas : l'altitude influe sur les conditions météorologiques et climatiques, de sorte qu'en dépit de leur latitude, certaines régions montagneuses de l'Afrique connaissent des hivers froids, et parfois même des chutes de neige.

Afrique centrale

À l'instar d'une grande partie du continent, l'Afrique centrale connaît des climats variés, qui vont de la chaleur et de l'aridité presque continuelles de déserts comme celui du nord du Tchad, par exemple, aux trois saisons distinctes de certaines régions, dont le centre de ce même pays (avec une saison sèche et chaude de mars à juillet, une saison des pluies jusqu'en octobre puis une saison fraîche le reste de l'année) et à la chaleur tropicale humide de pays tels que Centrafrique et Cameroun (avec une saison humide et une longue saison sèche, voire deux saisons sèches). Plus au sud, dans les régions équatoriales (Guinée équatoriale, certaines parties du Congo), les pluies se font persistantes pendant une grande partie de l'année, notamment sur certains versants des montagnes, ou bien l'on distingue une saison humide et une saison sèche, ou encore deux saisons humides et deux saisons sèches dans des contrées sises tant au nord qu'au sud de l'équateur. De plus, la neige tombe parfois en abondance en haute altitude, par exemple dans les montagnes de la RDC ; dans les montagnes moins élevées et sur les contreforts, le climat est plus tempéré. Plus au sud encore, en Angola, les variations climatiques sont considérables, aussi bien entre le Nord et le Sud au long de la côte qu'entre les régions littorales et l'intérieur. Le Nord humide reçoit jusqu'à 1 500 mm de précipitations annuelles, puis la sécheresse s'impose à mesure que l'on va vers le sud (le désert de Namib n'en reçoit guère que 50 mm), sous l'effet notamment du courant froid de Benguela – même si le plateau central est plus froid encore. La température moyenne de l'Angola pris dans son ensemble s'établit à 20 °C environ.

En prenant en considération l'Afrique centrale dans sa globalité, les températures moyennes s'étagent entre 14 °C et 33 °C – elles peuvent descendre jusqu'à -12 °C la nuit dans le désert tchadien et monter jusqu'à 50 °C dans ce même désert ainsi que dans l'extrême nord du Cameroun. Les différences de précipitations annuelles sont tout aussi marquées, qui vont de 25 mm dans le nord du Tchad à des records de plus de 10 500 mm au Cameroun.

Afrique de l'Est

Les conditions climatiques de l'Afrique de l'Est vont d'une chaleur et d'une sécheresse extrêmes (en particulier dans le nord de la région, dans des pays tels que l'Érythrée, Djibouti et certaines contrées de Somalie), à une certaine modération due à l'altitude (notamment en Éthiopie, en Ouganda et au Rwanda) et à une alternance de sécheresses et d'inondations saisonnières (dans diverses zones tropicales et subtropicales).

Certaines des températures les plus élevées sont enregistrées dans la dépression géographique de Dancalie (ou Danakil, ou encore dépression de l'Afar), dans le sud de l'Érythrée, où les 50 °C sont fréquemment atteints et où les pluies sont rares. Plus à l'intérieur, dans les hauteurs, il fait plus frais et plus humide. Djibouti et la Somalie connaissent aussi chaleurs torrides et fréquentes sécheresses, mais si les précipitations annuelles sont généralement inférieures à 125 mm à Djibouti, les pluies y sont imprévisibles et des crues éclairs peuvent s'y produire.

De l'Éthiopie à la Tanzanie, vers le sud, les conditions varient, mais la plupart des pays concernés connaissent une saison des pluies longue et une autre brève. Dans toute cette région cependant, la topographie et l'altitude exercent des effets marqués sur le climat : ainsi l'Ouganda, bien qu'équatorial, connaît une certaine douceur, avec des températures moyennes annuelles comprises entre 16 °C et 29 °C.

En Zambie, au Zimbabwe, au Malawi et au Mozambique, une saison des pluies s'étend des environs de novembre jusqu'à mars ou avril ; elle est suivie d'une saison sèche et fraîche, de mai à août, et dans la plupart des régions d'une saison sèche et chaude, d'août jusqu'au retour des fortes pluies, en novembre. Au Mozambique toutefois, la saison des pluies est suivie d'une saison sèche prolongée (d'avril à octobre) lors de laquelle la sécheresse pose de graves problèmes ; ce pays connaît en outre de fortes inondations à la saison des pluies. Les précipitations annuelles moyennes du Mozambique vont de 300 mm dans le Sud à plus de 1 400 mm dans le centre. Dans certains secteurs du Malawi et de Madagascar, ces précipitations atteignent respectivement 1 800 et 3 000 mm – Madagascar est parfois victime de cyclones dévastateurs. Les températures de la région vont des 5 °C nocturnes et hivernaux de Zambie aux 38 °C estivaux du Zimbabwe.

Afrique australe

Le climat de l'Afrique australe varie de l'aridité torride des déserts de la Namibie à la semi-aridité subtropicale du Botswana voisin et aux conditions généralement plus douces, tempérées ou presque, qui règnent aux latitudes moyennes dans diverses régions de l'Afrique du Sud, du Lesotho et du Swaziland.

La Namibie, dont les déserts s'étendent jusqu'au littoral, présente le climat le plus sec du continent africain. Si ce pays peut recevoir des précipitations annuelles comprises entre 550 et 700 mm dans ses contrées les plus au nord, ces quantités décroissent jusqu'à 350 mm dans le centre, 150 mm dans le Sud et 50 mm aux abords de la côte. Les précipitations tendent à survenir entre novembre et mars, mais dans maints secteurs on note souvent une absence totale de pluie, ce depuis des décennies par endroits. Sur le littoral, une grande partie de l'humidité reçue l'est sous forme de brouillards épais, qui donnent parfois de petites bruines. Les températures en Namibie vont de 23 °C à 29 °C en janvier (en été, donc), à 13 °C en juillet (en hiver).

Au Botswana, la saison des pluies est un peu plus longue, la majeure partie des précipitations survenant entre décembre et avril (avec une moyenne annuelle de 450 mm), mais les sécheresses y sont courantes aussi. En hiver, les températures chutent parfois au-dessous de 10 °C, la nuit en particulier ; en été, elles vont de 22 °C à 33 °C environ, octobre étant généralement le mois le plus chaud.

La climat de l'Afrique du Sud est dans l'ensemble doux et tempéré, modéré par les influences maritimes et l'altitude, mais l'on note de nettes variations de températures entre les côtes occidentale et orientale. Dans l'Est, baigné par le courant chaud des Aiguilles, les températures vont de 11 °C à 22 °C en hiver et de 21 °C à 27 °C en été ; dans l'Ouest, sous l'effet du courant froid de Benguela, les températures peuvent baisser jusqu'à environ 7 °C en hiver et même 12 °C en été.

Les précipitations sont variées et imprévisibles dans la majeure partie de l'Afrique du Sud, où les sécheresses succèdent parfois aux inondations. Si la moyenne annuelle est d'environ 450 mm pour l'ensemble du pays, l'Ouest est généralement bien plus aride (avec souvent moins de 200 mm de pluie par an).

ASIE

Russie

La Russie est un pays immense, qui s'étire du nord-est de l'Europe jusqu'au Pacifique à travers l'Asie septentrionale. Elle connaît pour une grande part un climat continental, avec des étés brefs, plutôt chauds, et de longs hivers très froids, dont la rudesse s'explique notamment par l'absence d'influences maritimes ainsi que par des latitudes élevées. Dans le Grand Nord, au climat arctique, l'océan Arctique gèle au long d'une grande partie du littoral, alors que dans le Sud de hautes chaînes montagneuses constituent autant de barrières qui s'opposent à l'entrée dans le pays de masses d'air tropicales venues du sud de l'Asie. De même, dans l'Est, l'air tiède du Pacifique atteint rarement les profondeurs du continent car les vents dominants soufflent de l'ouest ; en hiver, le système anticyclonique installé en Mongolie produit un effet de refroidissement. Les influences maritimes les plus perceptibles sont celles qui proviennent de l'Atlantique, à l'ouest ; elles apportent un air doux et humide en été, saison durant laquelle la majeure partie des pluies se produisent dans une grande portion du pays. Dans l'ensemble cependant, l'air est si froid que les précipitations sont relativement faibles tout au long de l'année, même si les ciels sont fréquemment couverts, dans le Nord en particulier.

Les précipitations annuelles sont de 650 à 750 mm dans les régions européennes, de 500 à 800 mm en Sibérie et en Russie extrême-orientale, mais de 1 000 à 2 000 mm dans les montagnes, et de 50 mm dans les déserts d'Asie centrale.

Quant aux températures, elles vont de 13 °C en moyenne à Sotchi, sur la côte de la mer Noire, à -12 °C à Tiksi, dans le nord de la Sibérie. La température la plus élevée enregistrée dans le pays est de 38 °C, alors que des températures proches de -70 °C ont été relevées à Verkhoïansk et à Oïmiakon, lieux habités les plus froids du monde.

Asie centrale

Le climat de l'Asie centrale est dans l'ensemble de type continental, semi-aride dans les steppes qui occupent une grande part de la région, aride dans les déserts du Turkménistan ou de l'Ouzbékistan. Certaines contrées ont un caractère alpin très froid, autant dire polaire : ainsi les monts Tian Shan,

Ci-dessus : un tigre de Sibérie dans une neige profonde. La moyenne des températures sibériennes est de -12 °C.

Page ci-contre : sur la côte de Namibie, une grande partie de l'humidité reçue l'est sous forme d'épais brouillards qui donnent parfois de légères bruines.

Ci-dessous : des yourtes dans les neiges de Mongolie.

au Kirghizistan ou les chaînes du Pamir et de l'Alaï, au Tadjikistan, où glaciers et neiges éternelles caractérisent les paysages.

Dans l'ensemble, l'Asie centrale reçoit très peu de précipitations, même si l'on note des disparités importantes en fonction de la topographie : moins de 100 mm par an dans les déserts, plus de 1 600 mm dans certaines contrées montagneuses.

De même, les différences de températures sont très marquées, selon la situation et l'altitude mais aussi selon les saisons, voire selon l'heure de la journée (l'amplitude thermique entre jour et nuit est importante dans les déserts). Les températures moyennes vont de -5 °C en janvier à 26-32 °C en juillet, mais dans certains lieux les températures hivernales descendent à -45 °C alors que dans d'autres (par exemple dans le désert du Karakoum, au Turkménistan) il fait souvent plus de 50 °C dans la journée en plein été.

Asie du Sud-Ouest et Moyen-Orient

Si le climat de l'Asie du Sud-Ouest et du Moyen-Orient peut être généralement qualifié de semi-aride ou aride, avec de longs étés chauds et des hivers doux et fréquemment humides, on constate d'amples variations régionales, qui recouvrent des types climatiques tempérés, continentaux, méditerranéens, alpins et subtropicaux ; les températures sont très variées elles aussi, comme les taux d'humidité et les précipitations, tributaires de facteurs tels que le relief et les influences maritimes. Au sein même des pays, l'on note parfois des différences météorologiques et climatiques marquées, liées aux saisons et à la géographie. Des journées torrides peuvent être suivies de nuits douces, fraîches, voire froides. Les régions côtières connaissent souvent des conditions plus clémentes et plus humides en hiver, alors que les contrées montagneuses se signalent fréquemment par des températures bien plus basses et des précipitations plus abondantes (comprenant des chutes de neige). Les zones basses de l'intérieur, au climat continental, voient se succéder étés chauds et hivers frais ou froids ; des régions désertiques, dans la péninsule Arabique par exemple, ne reçoivent pratiquement pas de précipitations et les températures y demeurent relativement élevées

En haut : la mousson apporte des précipitations de quelque 7 800 mm dans certaines régions du Bhoutan.

Ci-contre : près d'un cinquième de la surface du globe peut être qualifié de désertique. Des dunes de sable comme celle-ci sont caractéristiques de l'Afrique saharienne et de l'Arabie saoudite. D'autres zones désertiques s'accommodent d'une végétation spécialisée, en particulier à la suite de chutes de pluie.

Page ci-contre, en haut : dans une grande partie de l'Asie, la saison humide est liée à la mousson du sud-est, qui apporte des pluies abondantes de mai-juin à novembre-décembre. Ensuite, une certaine fraîcheur s'installe jusqu'en mars ou avril.

tout au long de l'année. Certaines parties de ladite péninsule Arabique, les côtes sud et sud-ouest notamment, sont soumises aux moussons. À dire vrai, une grande partie de l'Asie du Sud-Ouest et du Moyen-Orient connaît une saison chaude et sèche ainsi qu'une saison fraîche et humide.

Chypre, la Turquie, la Syrie, le Liban, la Palestine et Israël bénéficient d'un climat largement méditerranéen, avec des moyennes de températures hivernales et estivales d'environ 5 °C et 23 °C, respectivement, cependant que les climats de l'Arménie et de l'Irak, par exemple, sont plus continentaux ; ceux de Bahreïn, du Koweït, de l'Arabie saoudite, des Émirats arabes unis et du Yémen sont bien plus arides, avec des moyennes de températures fréquemment supérieures à 30 °C en été, et atteignant par endroits 19 °C en hiver.

Les plus fortes précipitations de la région dans son ensemble sont enregistrées dans les régions qui bordent les mers Caspienne et Méditerranée, ainsi que dans les contrées montagneuses de Turquie, d'Irak et du Liban.

Asie du Sud-Est

De l'Iran à l'ouest à l'Afghanistan, au Pakistan, au Népal, au Bhoutan et enfin au Bangladesh à l'est, à l'Inde, au Sri Lanka et aux Maldives au sud, les types climatiques sont multiples, puisque l'on y trouve des zones extrêmement sèches et torrides, d'autres alpines et glaciales, des contrées tempérées, d'autres subtropicales ou tropicales et soumises aux moussons. Il convient de noter que de grandes variations existent d'un pays à l'autre, mais également au sein même des pays. Par exemple, si le climat d'ensemble de l'Iran est considéré comme continental, avec des hivers froids et des étés chauds, en altitude les hivers sont plus rigoureux et les étés plus doux, les précipitations plus abondantes aussi ; l'intérieur est en revanche aride, alors que certaines régions littorales au climat subtropical sont presque constamment humides.

De même, l'Afghanistan présente des conditions très variables, avec des températures hivernales moyennes d'environ -9 °C par endroits et des maxima estivaux proches de 50 °C ; au cours d'une même journée, les températures peuvent être inférieures à 0 °C la nuit ou à l'aube pour grimper à 40 °C à midi. Dans ce pays, les précipitations prennent la forme de chutes de neige en hiver et au printemps.

Au Pakistan, au Népal et au Bhoutan, les hivers sont également rigoureux dans les montagnes, avec des neiges éternelles à partir de certaines altitudes, mais les contrées situées plus au sud présentent des caractères subtropicaux, avec une saison sèche et chaude – les températures atteignent alors près de 50 °C dans certaines zones du Pakistan, avant l'arrivée des pluies de mousson qui portent les précipitations annuelles jusqu'à 7 800 mm dans des secteurs du Bhoutan.

Hormis dans les hauteurs de l'Himalaya, la mousson domine aussi le climat de l'Inde ainsi que ceux du Bangladesh et du Sri Lanka, essentiellement tropicaux et marqués par une alternance de saisons sèches et humides. La saison des pluies est liée à la mousson de sud-ouest, qui apporte d'abondantes précipitations dans une grande partie du sous-continent indien au long de la période allant de mai ou juin à novembre ou décembre – à la suite de quoi des conditions plus fraîches prédominent jusqu'en mars ou avril sous l'effet de la mousson de nord-est, puis vient un temps chaud et sec jusqu'au retour des pluies. L'Inde connaît des extrêmes météorologiques : le village de Mawsynram, dans le nord-est de l'Inde, reçoit des précipitations parmi les plus abondantes du monde (11 873 mm), alors que certains villages du Rajasthan en reçoivent moins de 130 mm. Quant aux températures, glaciales en hiver dans les montagnes, elles dépassent ailleurs les 52 °C au cœur de l'été.

Asie de l'Est

Les conditions climatiques varient considérablement en Asie de l'Est, du climat continental aride de la Mongolie, qui connaît des hivers très froids, jusqu'aux climats eux-mêmes variés mais surtout tempérés de la Chine et aux conditions continentales des deux Corées, jusqu'aux zones subtropicales et tropicales de Hong Kong, du Japon et de Taïwan. Ces zones reçoivent des pluies de mousson et de fréquents cyclones tropicaux (typhons) en été et en automne.

L'anticyclone sibérien, système de hautes pressions pouvant abaisser les températures hivernales en deçà de -30 °C en Mongolie, exerce aussi ses effets sur les régions avoisinantes : il met en mouvement les vents froids et secs qui balaient en hiver la Chine du Nord, les deux Corées et le nord du Japon en y provoquant souvent de fortes gelées. Les températures sont encore abaissées par le courant d'Okhotsk (ou Oyashio), qui coule en provenance du nord dans la mer du Japon.

En été en revanche, de l'air tiède venu des régions du Sud soumises aux moussons et des pluies, résidus des cyclones tropicaux, atteignent parfois la Mongolie ; c'est ainsi que tombe la plupart des précipitations annuelles dans des régions telles que le désert de Gobi, qui en reçoit habituellement une centaine de millimètres. Les moussons apportent aussi des vents violents, une forte humidité et la majeure partie des pluies qui tombent en été sur la Chine méridionale, Hong Kong, le Japon et Taïwan. Plusieurs typhons touchent chaque année ces zones ; la Corée du Sud est parfois atteinte elle aussi, à la fin de l'été.

Asie du Sud-Est

Le climat de l'Asie du Sud-Est peut être qualifié de tropical. Influencé par les vents marins venant tant de l'océan Indien que de la mer de Chine méridionale, il se caractérise par des températures élevées, une forte humidité et des précipitations abondantes (pluies de mousson). Selon la situation géographique, il peut y avoir chaque année une saison des pluies ou deux – mousson d'été liée aux vents de sud-ouest et mousson d'hiver apportée par les alizés de nord-est. Ces saisons humides sont généralement séparées par une saison fraîche et sèche, une saison chaude et sèche, voire les deux. Certains pays d'Asie du Sud-Est toutefois, comme Brunei et Singapour, ne présentent pas de saison sèche ; s'ils reçoivent des précipitations accrues lors de la mousson, pluies, humidité et température y restent à des niveaux élevés tout au long de l'année.

Au Myanmar (Birmanie), en Thaïlande, au Laos, au Cambodge, au Viêt-nam et aux Philippines, la saison humide commence généralement en avril, mai ou juin pour s'achever en octobre ou novembre, période au cours de laquelle certains secteurs reçoivent plus de 2 500 mm de pluie ; les typhons menacent les Philippines et le Viêt-nam, en particulier. En Indonésie, en Malaisie et au Timor Leste (Timor-Oriental), les pluies les plus fortes tendent à survenir en novembre et décembre ainsi qu'en mars et avril. Dans maintes contrées du Sud-Est asiatique, l'humidité moyenne est d'environ 80 %, cependant que les précipitations annuelles dépassent souvent les 3 000 mm – elles atteignent même 5 000 mm dans les montagnes du Cambodge, de Malaisie et de Birmanie, ce dernier pays possédant les plus hauts sommets d'Asie du Sud-Est, les seuls à être couronnés de neige.

Les températures moyennes de la région sont comprises entre 24 °C et 30 °C tout au long de l'année, avec des minima de 5 °C lors de la saison sèche à Hanoi (Viêt-nam), par exemple, et des maxima de 38-40 °C lors de la saison chaude et sèche au Laos.

Ci-dessus : image intemporelle du Japon au printemps, avec les cerisiers en fleur au premier plan et le mont Iwaki couronné de neige à l'arrière-plan.

Page ci-contre : dans l'intérieur du Territoire du Nord australien, le climat est de type semi-aride.

DU PACIFIQUE

Australie

Le climat de l'Australie est dans l'ensemble plutôt chaud, sec et ensoleillé, mais cette île-continent connaît des conditions très variées, tempérées dans le Sud (avec des températures relativement modérées), chaudes, semi-arides et arides dans l'intérieur, humides dans l'Est, subtropicales et tropicales (avec pluies de mousson) dans certaines contrées du Nord.

Les hivers sont généralement doux ou tièdes, avec des températures de juillet de 9 °C à Melbourne dans le sud-est du pays et de 25 °C à Darwin dans le Nord – à Sydney, on relève alors entre 8 °C et 16 °C. La température descend souvent au-dessous de 0 °C la nuit en raison des ciels le plus souvent dégagés, mais gelées blanches et neiges sont relativement rares, hormis en altitude.

Les températures moyennes de janvier (durant l'été austral) sont de 20 °C à Melbourne, 18 à 26 °C à Sydney et 30 °C à Darwin ; des moyennes estivales plus élevées, comprises entre 33 °C et 38 °C, sont courantes dans une grande partie du pays. Dans l'outback, intérieur aride du pays, les températures dépassent fréquemment les 46 °C.

Les précipitations varient considérablement d'une région à l'autre, mais dans l'ensemble elles sont relativement peu abondantes (un peu plus de 400 mm en moyenne). Un tiers du pays reçoit moins de 250 mm de pluies annuelles, alors qu'un

cinquième environ en reçoit plus de 750 mm. Dans les secteurs les plus arrosés, les pluies tombent surtout lors de la mousson qui suit une saison sèche prolongée, mais le Victoria, la Nouvelle-Galles du Sud et la Tasmanie reçoivent des précipitations modérées tout au long de l'année.

Les vents sont plutôt légers, mais des cyclones peuvent frapper les régions littorales, en particulier dans le nord-est et le nord-ouest du pays.

Nouvelle-Zélande

La Nouvelle-Zélande possède un climat tempéré dans l'ensemble, avec cependant des variations régionales (chaleur subtropicale dans l'extrême nord du pays, climats alpins dans les montagnes qui se dressent dans les deux îles principales). Ces montagnes influent sur le climat et la météorologie de l'ensemble de la Nouvelle-Zélande, en ce qu'elles constituent des barrières face aux masses d'air humides et qu'elles amènent les nuages à libérer leur eau sous forme de pluie et de neige, en particulier au long de la côte occidentale de l'île du Sud (région la plus humide) ainsi que dans les Alpes du Sud (où les précipitations, y compris l'eau de fonte des neiges, peuvent dépasser les 8 000 mm par an). Ailleurs, la majeure partie du pays reçoit en moyenne entre 600 et 1 600 mm de précipitations – mais le phénomène d'« ombre de la pluie » fait que certaines contrées situées sur les versants est, sous le vent, des montagnes, en reçoivent moins de 400 mm. Excepté certaines régions du Sud, la majeure partie du pays reçoit des précipitations accrues en hiver, même si ces précipitations tendent à être modérées tout au long de l'année, avec des variations saisonnières relativement faibles.

Quant aux températures annuelles moyennes, elles vont de 10-12 °C dans le Sud à 15-16 °C dans le Nord, les variations étant là encore peu importantes entre été et hiver. Janvier et février sont toutefois les mois les plus chauds, juillet étant généralement le plus frais. En été, des vents tièdes descendus des montagnes réchauffent parfois nettement certaines contrées de l'intérieur, quand les côtes tendent à bénéficier de brises marines rafraîchissantes.

Îles du Pacifique

On regroupe habituellement les îles du Pacifique en trois sous-régions : la Mélanésie, au nord et au nord-est de l'Australie (elle comprend notamment les Fidji, la Papouasie-Nouvelle-Guinée, les Salomon, le Vanuatu et la Nouvelle-Calédonie) ; la Micronésie, plus au nord et à l'est (elle comprend les Carolines, Palos, les Mariannes, Guam et les Marshall) ; la Polynésie, enfin, forme un triangle entre la Nouvelle-Zélande à l'ouest, Hawaii au nord et l'île de Pâques à l'est (elle comprend plus de mille îles, dont les Tonga, les Samoa, la Polynésie française, les îles Cook, Pitcairn...).

Le climat de la région est essentiellement humide et tropical ou subtropical. Certains secteurs reçoivent tout au long de l'année des pluies aussi fréquentes qu'abondantes, d'autres présentent des saisons sèches et humides marquées. Les variations saisonnières de températures sont le plus souvent faibles : leur moyenne est d'environ 27 °C, et il rare qu'elles tombent au-dessous de 18 °C ou s'élèvent au-dessus de 32 °C. Les précipitations annuelles peuvent atteindre 6 400 mm sur les versants au vent de certaines îles, alors que de nombreux atolls bas et isolés sont fort arides. Cyclones et autres typhons frappent couramment nombre des îles du Pacifique.

Page ci-contre : fougères arborescentes dans une forêt de la zone subtropicale de l'île du Nord, en Nouvelle-Zélande.

Ci-dessous : les îles du Pacifique, au climat tropical ou subtropical, sont fréquemment touchées par des typhons. Les îles Hawaii sont appréciées des surfeurs pour leurs impressionnantes vagues.

INDEX

BIBLIOGRAPHIE

BARD, Édouard, *L'Homme face au climat*, Odile Jacob, 2006.

BURROUGHS, William J., *Comprendre le climat*, Delachaux et Niestlé, 2005.

CHABOUD, René, *Pleuvra, pleuvra pas : la météo au gré du temps*, Gallimard, 1994.

CHÉMERY, Laure, *Petit Atlas des climats*, Larousse, 2006.

COLLECTIF, *Les Climats passés de la Terre*, Vuibert, 2006.

COLLECTIF, *Météorologie. Guide visuel*, Reader's Digest, 2004.

DENHEZ, Frédéric, *Atlas de la menace climatique*, Autrement, 2005.

DUFRESNE, Jean-Louis, YOUINOU, Catherine, *Le Réchauffement de la planète*, Tournon, 2007.

LUDLUM, David, CHABOUD, René, *Photoguide de la météorologie*, Delachaux et Niestlé, 2002.

OLDANI, Jacopo, *La Météorologie : connaître, prévoir le temps et comprendre les phénomènes météorologiques*, De Vecchi, 2007.

RABOURDIN Sandrine, *Changement climatique*, Delachaux et Niestlé, 2005.

SÉCHET, Guillaume, *Quel temps ! Chronique de la météo de 1900 à nos jours*, Herme, 2004.

Météo France : www.meteofrance.com/FR/index.jsp

www.infoclimat.fr/accueil/

CNRS, dossier Climat : www.cnrs.fr/cw/dossiers/dosclim/index.htm

Institut national de la recherche agronomique : www.inra.fr/

Organisation météorologique mondiale : www.wmo.ch/pages/index_fr.html

www.worldclimate.com

REMERCIEMENTS

L'éditeur souhaite remercier les fonds d'archives, centres de documentation et photographes dont les noms suivent, pour avoir accordé l'aimable autorisation de reproduire leurs œuvres dans le présent ouvrage.

Science Photo Library

B & C Alexander 180 ; Doug Allan 69 h ; Jim Amos 224 ; John Beatty 109 h ; Ben Nevis Observatory 223 b ; George Bernard 97 h ; Bettmann 80 ; Adrian Bicker 10/11 ; Howard Bluestein 209 b ; Martin Bond 241, 242, 243, 244, 246, 247 b ; Peter Bowater 240 b ; Brian Brake 53 h ; British Antarctic Survey 218, 228, 229 h ; Chris Butler 226 b ; Cape Grim B.A.P.S 209 h ; Jean-Loop Charmet 203 h ; CNES 1986 Distribution Spot Image 235 h ; Colin Cuthbert 66 h ; Michael Donne 197, 222 ; Bernhard Edmaier 260 ; Eye Of Science 85 ; Simon Fraser 45 h, 67 b, 95 b, 100, 223 h, 225 h ; David R.Frazier 103 ; Gordon Garradd 46 ; Geoeye 41 h ; Geospace 320 ; Mark E Gibson 78 ; Michael Gilbert 254 h, 256 h ; Pascal Goergheluck 108 ; Carlos Goldin 262 b ; Jim W Grace 85 ; David Hay Jones 75 h, 208, 210, 215, 255 b, 259 h ; R.B Hussar 39 h ; Jet Propulsion Lab. 266 ; John Kaprielian 253 ; Russell Kightley 256 bd ; Ton Kinsbergen 238 ; Paulo Koch 52 ; Library of Congress 190 ; Damien Lovegrove 183 b ; Magrath/Folsom 74 ; Marine Biological Laboratory 229 b ; Michael Marten 63 b ; Jerry Mason 257 b ; Will & Deni Mcintyre 252 b ; John Mead 236/237, 240 h ; Peter Menzel 162, 209 ; Astrid & Hanns-Frieder Michler 143 b ; G. Antonio Milani 104 ; Carlos Munos-Yague/Météo France/Eurelios 220, 221 ; Louise Murray 171 h ; NASA 33 b, 34, 38, 44 b, 57 b, 71 b, 75 b, 106, 149 h, 159 h, 196 b, 267 b, 270, 273, 275 b ; NASA/Goddard Space Flight Center 131 b ; NCAR 86 g ; Thomas Nilsen 250, 252 h ; NOAA 153, 217 h ; Ria Novosti 161, 239 h ; NRSC Ltd 44 h, 79 b ; David Nunuk 179 b, 183 h ; Sam Ogden 40, 211 ; David Parker 212, 217 b ; Gary Parker 107 ; Pekka Parviainen 62, 64, 65, 67 h, 68, 71 h, 83, 174, 176, 181, 182 ; George Post 142 ; Paul Rapson 213 ; Jim Reed 77 b, 87, 178, 206/207, 216, 272 ; Dave Reede 186 ; Rev. Ronald Royer 81 b ; Chris Sattlberger 130 b ; Karsten Schneider 93 ; Mark A Schneider 66 b, 69 b, 177 ; Peter Scoones 261 ; Science Photo Library 26, 41 b, 48 b, 141, 192, 195, 214, 223, 227, 259 b ; Sinclair Stammers 248/249, 256 bg ; Kaj R. Svensson 239 ; Szoenyi Michael 231 h, 268 ; Sheila Terry 27, 193 h ; Mike Theiss/Jim Reed Photography 132 h ; Geoff Tompkinson 102 ; Mike Umscheid 58 ; University Of Dundee 43 h, 45 b ; Detlev Van Ravenswaay 196 h ; Jeremy Walker 230 ; Art Wolfe 60

Digital Vision

13, 14 g, 15, 16, 18 b, 19, 20, 22, 24, 25, 29 b, 30, 31, 38, 39, 42, 51 h, 54, 56, 57 h, 58 b, 59, 63 h, 72, 73, 76, 77 h, 79 h, 82, 85, 88, 90, 92, 94 b, 96, 98, 101 b, 110, 115 h, 118, 119, 120, 121, 122, 123, 124, 125, 126, 135, 136, 137, 138, 144, 145, 148, 152, 154, 160, 161 h, 166, 167, 168, 169, 171 b, 172, 176, 180 h, 234, 235 b, 261, 264, 265, 267, 273 h, 278, 282, 283, 284, 285, 286, 287, 288, 290 b, 306, 307 b, 308, 310 b, 315

Corbis

13 b, 14, 17, 18 h, 21, 29, 37, 43 b, 50, 53 b, 78, 80, 91, 101 h, 111, 112, 113, 115, 116, 130, 131, 132 b, 133, 143 h, 146, 149 b, 151 h, 154 h, 155, 156, 157, 158, 165, 170, 184, 187, 190 g, 191 h, 198, 199, 201 b, 203 b, 204, 205 (courtesy of the Philadelphia Museum of Art), 226 h, 247 h, 258, 271 h, 280, 281, 289, 290 h, 291, 292, 293, 294, 295, 296, 297, 298, 299 h, 300, 301, 302 b, 303 h, 304, 305, 307 h, 309, 310 h, 311, 313, 314

Getty

48 h, 49, 70, 81 h, 91 h, 94 h, 99 b, 105, 109 b, 111 b, 114, 128, 140, 150, 188/9 b, 189 hd, 193 b, 197, 199 h, 200, 201, 202, 211 g, 225 b, 231, 243 b, 245 b, 255 h, 262 h, 263 b, 267 h, 274, 276, 285 b, 312